# 广东省中小河流河道综合整治研究

水利部珠江水利委员会技术咨询中心　编著

中国水利水电出版社
www.waterpub.com.cn
·北京·

# 内 容 提 要

本书在总结广东省中小河流治理经验的基础上，进一步研究探索中小河流的治理方法。全书共分十一章，从中小河流治理的必要性、治理思路、治理措施、实际工程案例、水生态与水景观、建设及管护措施等方面进行了研究分析，为广东省后期的中小河流治理工作提供了参考经验。

本书可供水利工程、水资源、水环境等专业方面的科研工作人员及相关专业的高等院校师生参考。

## 图书在版编目（CIP）数据

广东省中小河流河道综合整治研究 / 水利部珠江水利委员会技术咨询中心编著. -- 北京 : 中国水利水电出版社，2019.3
　　ISBN 978-7-5170-8052-7

　　Ⅰ. ①广… Ⅱ. ①水… Ⅲ. ①河道整治－研究－广东
Ⅳ. ①TV882.865

中国版本图书馆CIP数据核字(2019)第219677号

| | | |
|---|---|---|
| 书　　名 | **广东省中小河流河道综合整治研究**<br>GUANGDONG SHENG ZHONG - XIAO HELIU HEDAO<br>ZONGHE ZHENGZHI YANJIU | |
| 作　　者 | 水利部珠江水利委员会技术咨询中心　编著 | |
| 出版发行 | 中国水利水电出版社<br>（北京市海淀区玉渊潭南路 1 号 D 座　100038）<br>网址：www.waterpub.com.cn<br>E - mail：sales@waterpub.com.cn<br>电话：(010) 68367658（营销中心） | |
| 经　　售 | 北京科水图书销售中心（零售）<br>电话：(010) 88383994、63202643、68545874<br>全国各地新华书店和相关出版物销售网点 | |
| 排　　版 | 中国水利水电出版社微机排版中心 | |
| 印　　刷 | 清淞永业（天津）印刷有限公司 | |
| 规　　格 | 184mm×260mm　16 开本　16.75 印张　408 千字 | |
| 版　　次 | 2019 年 3 月第 1 版　2019 年 3 月第 1 次印刷 | |
| 印　　数 | 001—800 册 | |
| 定　　价 | **98.00 元** | |

# 本 书 编 写 人 员

鲁小兵　　李庆林　　张海发　　席望潮

　　广东中小河流众多，大多分布在偏远山区。这些中小河流就像毛细血管一样，把一个个村庄、乡镇、县城以及一座座山、一片片农田紧密地联系在一起。近几十年来，这些中小河流因没有经过系统治理，河道淤塞严重，人为设障和侵占河道问题突出，防洪能力严重偏低，难以抵挡暴雨和台风的袭击，洪水造成的灾害损失越来越严重。

　　2013年8月，台风"尤特"肆虐广东，强降雨导致中小河流洪水暴涨，全省共有805.94万人受灾，43人死亡，直接经济损失134.46亿元。早在2003年，广东省就开始进行大规模的防灾减灾体系建设，大江大河应对洪涝灾害的能力显著增强。但中小河流治理进展缓慢，仅有一部分列入中央规划的治理项目，与建设任务相比有很大缺口，成为整个防洪体系中的短板。

　　广东省水利厅提供的一份资料表明：近十年间，全省因山洪灾害造成的死亡人数占因洪灾死亡人数的70%。中小河流已成为防洪减灾的最薄弱环节和水利建设的最大短板，严重制约着粤东西北地区的协调发展。山洪灾害带来的惨痛教训推动中小河流治理加速进行。2014年，广东省委、省政府决定在中央规划中小河流治理的基础上，对防洪问题最突出的韶关、清远、梅州、河源、云浮等山区五市先行先试，中小河流系统治理就此拉开序幕。按照规划，从2015年起至2020年，广东计划投入159亿元，对山区五市集水面积在50~3000km² 的中小河流进行治理，按照"清障清违先行、清淤护岸并重"的原则，重点解决河道行洪通畅问题，提高流域综合防灾减灾能力，使主要乡镇、重要村庄等防洪标准达到10~20年一遇。近三年的时间，山区五市中小河流治理有序推进，其目标逐步实现。通过治理，中小河流防洪能力大有改观。许多地方村民们自发拉起"整治江河，造福人民，感谢共产党"的红底横幅，表达对中小河流治理这一民生工程的由衷赞美。

　　广东省水利厅的一份统计资料表明，实施中小河流治理以来，山区五市局部性暴雨洪水灾害造成的人员伤亡和经济损失与多年平均相比，降低幅度分别超过80%和40%，河源、梅州、清远等市部分地区降幅尤为明显。巨大的防灾减灾成效，凸显了广东省委、省政府实施中小河流治理的正确性和必要性，得到广大群众的高度认可、广泛赞誉和大力支持，治理区的群众无条件让出土地、牺牲青苗农作物等支持中小河流治理。其他市的群众看到山区五市治理中小河流取得的显著成效，也纷纷要求开展中小河流治理。为顺应群众呼声，广东将山区五市中小河流治理的经验及做法推广至全省，目前正在推进二期中小河流治理。在实施中小河流治理过程中，广东省委、省政府主要领导和分管领导高度重视、亲自研究部署、高位推进。中共中央政治局委员、时任广东省委书记胡春华多次作出批示指示，要求各级各有关部门全力推进治理工作，地方政府足额落实配套资金，确保工程廉洁、高效、安全，同步建立运行管护机制来保证工程长期发挥效益，并要求一鼓作气，抓紧剩余河流治理，全面完成治理任务；省长马兴瑞指示，要加快补齐防灾减灾和民生水利设施短板，加大重点水利工程建设和中小河流治理力度，强化水生态文明建设，努力构建水安全保障体系。广东省委和省人大将治理工作列入年度督办事项，专门听取和审议工作情况报告；省政府将"2017 年度山区五市完成河长 1700km 的中小河流治理任务"列入省十件民生实事，进行重点督办。省直各有关部门各司其职、各负其责、合力推进。

本书在总结广东省中小河流治理经验的基础上，进一步研究探索中小河流的治理方法。全书共分十一章，从中小河流治理的必要性、治理思路、治理措施、实际工程案例、水生态与水景观、建设及管护措施等方面进行了研究分析，为广东省后期的中小河流治理工作提供了参考经验。本书主要由鲁小兵编写，李庆林、张海发、席望潮参与了部分编写工作。在本书编写过程中，得到了广东省水利电力勘测设计研究院、广东省水利水电科学研究院等单位相关专家的大力支持，在本书出版之际，特向支持和帮助过本书编写出版的有关单位领导及专家表示衷心的感谢！

由于时间和作者水平有限，书中内容难免有疏漏和不妥之处，恳请广大读者批评指正。

编者

2019 年 2 月于广州

# 目 录

# 第一章

# 绪 论

## 一、我国中小河流现状

河流具有泄洪排涝、供水灌溉、输水排沙、交通航运、景观休闲、水量调蓄、水质保护、渔业水产及生态等综合功能。中国是世界上河流最多的国家之一，河流总长度约为43万km。除了松花江、黄河、淮河、长江、珠江等七大江河干流及其主要支流以外，全国还存在着数量众多的中小河流，这些中小河流主要是指七大江河干流及其主要支流以外的三、四级支流、独流入海河流、内陆河流、跨国界河流、平原区排涝（洪）河流等。据统计，我国流域面积在100km²以上的江河有50000多条，其中流域面积为200～3000km²、有防洪任务的中小河流有近9000条，这些中小河流是区域河流水系的重要组成部分和水环境的重要载体，对区域及流域均具有重要的作用。

我国中小河流数量众多、分布广，其沿岸城镇、农田、工矿企业等数量众多，人口密度较大，洪涝灾害造成的损失较严重。这些中小河流肩负着保障沿河两岸地区防洪排涝安全、人民群众正常生活和工矿企业正常生产的重任。中小河流还常是农田灌溉和农村生活饮用水的水源，被许多乡镇用来解决供水问题；在河网水系较发达的地区，中小河流还兼具水运和通航功能。山区中小河流由于其河道坡降一般较大，水能资源开发利用较简单，常是沿岸区域的水电能源基地；平原、丘陵区中小河流组成的河网通过蓄泄兼筹，一定程度上削减了进入大江大河主要干支流的洪峰洪量，有效地降低了其洪水水位，有利于大江大河主要干支流的防洪减灾。此外，中小河流对区域或流域防治水体污染、减轻水土流失及改善生态环境等方面也都起到了积极作用。

中华人民共和国成立以来，经过60多年的建设，我国在大江大河干流及其主要支流的治理上取得了显著成效，基本形成了以堤防、防洪控制性枢纽和蓄滞洪区为主的防洪工程体系框架，防汛预警预报及抗洪救灾系统等非工程措施也得到较大改善。与大江大河防洪治理相比，我国中小河流治理严重滞后。全国约有2/3的中小河流达不到国家规定的防洪标准，还有很多中小河流处于不设防的自然状态。大多数中小河流尚未得到系统、有效地治理，随着全球气候变暖，特别是近年来极端天气事件不断增多，中小河流流域易发生集中暴雨，常常导致较大洪水和较严重的洪涝灾害损失。据有关资料，近年来中小河流洪涝灾害造成的损失已成为我国洪涝灾害损失的主体，损失占到了全国洪灾损失的70%～80%，死亡人数也占到全国洪灾死亡人数的2/3。此外，由于水资源过度无序开采利用、经济发展与河争地及污染物排放量不断增加等原因，许多中小河流在洪涝灾害频发的同时，还存在水体污染加剧、河流生态环境不断恶化及水资源严重短缺等一系列问题，河流基本功能不断衰退，河流健康生命受到严重威胁。上述问题不仅直接影响当地全面建设小康社会和社会主义和谐社会建设的进程，而且严重影响区域社会经济的可持续发展。

近年来，国家治水策略与方向发生转变，开始注重中小河流防洪治理工作。2008年中央1号文件曾指出"各地要加快编制重点地区中小河流治理规划"及"引导地方搞好河道疏浚"；2009年中央1号文件又明确要求"加强大江大河和重点中小河流治理"。为了响应2008年、2009年中央1号文件号召，加快重点地区中小河流治理工作进程，水利部、财政部组织开展了全国重点地区中小河流近期治理建设规划编制工作；在各省（自治区、直辖市）重点中小河流近期治理建设规划基础上进行综合平衡，并征询各省（自治区、直辖市）意见后，提出了《全国重点地区中小河流近期治理建设规划》。此外，在推进社会主义新农村建设、抓好水利基础设施建设、完善防洪减灾工程体系的背景下，中小河流治理工作进一步得到重视。2010年10月国务院出台了《关于切实加强中小河流治理和山洪地质灾害防治的若干意见》（国发〔2010〕31号），要求力争用五年时间，基本完成流域面积200km²以上有防洪任务的重点中小河流（包括大江大河支流、独流入海河流和内陆河流）治理，使治理河段基本达到国家确定的防洪标准。2011年的中央1号文件首次对水利工作进行了全面部署，提出把加快中小河流治理作为突出加强农田水利等薄弱环节建设的主要内容。2014年以来，广东省开展中小河流治理试点工作，2015年开展山区五市中小河流治理，2018年在全省十六市开展中小河流治理工作。

**二、广东省中小河流基本情况**

广东省位于我国南疆，北纬20°08′~25°32′、东经109°40′~117°20′，北回归线横贯中部，北倚南岭，与湖南、江西两省相连，东邻福建，西接广西，南濒浩瀚的南海，西南端隔琼州海峡与海南相望。全省面积179638km²，占全国总面积的2.2%，陆地面积17.8万km²，海岸线长3368.1km（未计入岛屿）。广东省境内水系发育、河流众多，省内江河流域主要分为珠江流域（东江、西江、北江和珠江三角洲水系的总称）、粤西沿海诸河、粤东沿海诸河及韩江流域。以珠江流域（东江、西江、北江和珠江三角洲）及属于珠江流域片的河系（韩江流域及粤东、粤西沿海诸小河系）为主，占全省面积的99.81%，另有属长江水系的韶关南雄市和始兴县的桃江和章江以及清远市连山县的禾洞水等，面积共339km²，占本省总面积的0.19%。全省中小河流众多，集水面积在50~3000km²的中小河流共有1211条，河道总长达3.66万km，大多分布在偏远山区，一般交通不便，经济条件差，经常遭受山洪、滑坡泥石流和水土流失等自然灾害的威胁。近年来，极端天气使得暴雨强度加大，加之人类活动使中小河流淤塞严重，人为挤占和涉河建筑物侵占河道问题突出，洪水暴涨暴落，造成的灾害损失越来越严重。据统计，近十年间全省因山洪灾害造成的人员死亡525人，其中韶关市、河源市、梅州市、清远市、云浮市等5市（简称山区五市）死亡265人，占50.5%。

通过防灾减灾工程建设、重点海堤达标加固等不懈努力，广东省大江大河防洪体系基本建成，主要江河防洪形势平稳。但是，近几年台风暴雨对中小流域防洪安全带来严重威胁。2013 年 8 月 14—19 日，广东省接连遭受强台风"尤特"和强烈南海西南季风影响，出现了全省持续性大暴雨到特大暴雨降水过程，是广东省 1951 年以来最极端的一次降水过程。据各市初步统计，16 日至 19 日 14 时，强降雨共造成广州、汕头、韶关、河源、梅州、惠州、汕尾、东莞、肇庆、清远、潮州、揭阳等 12 个市 58 个县（市、区）不同程度受灾，练江、琴江、连江、袂花江流域洪涝灾害严重。2014 年台风"威马逊"、超强台风"天兔"同样给广东中小流域带来严重洪涝灾害。

针对近年来部分地区接连发生重大暴雨洪涝灾害的实际情况，广东省委、省政府及时做出了加快推进中小河流治理的工作部署。2014 年 7 月，广东省委、省政府的统一部署，选取问题最为突出的韶关市、河源市、梅州市、清远市、云浮市等 5 市开展中小河流治理行动，要求坚持远近结合，突出重点，切实做好主要江河支流和中小流域水利设施及防汛能力普查工作，把中小河流整治作为山区防洪减灾工作的重中之重，坚持"防灾减灾、岸固河畅、自然生态、安全经济、长效管护"的治理原则，重点解决河道行洪通畅，提高流域综合防灾减灾能力。力争用 3～5 年时间，使受洪水威胁严重、洪涝灾害较频繁的重要河段防洪能力得到明显提高，主要乡镇、重要村庄等防洪标准达到 10～20 年一遇，人民生命财产和经济社会发展的防洪安全得到基本保障。2015—2018 年，广东省山区中小河流治理初见成效。

### 三、广东省中小河流分布及历史整治情况

（1）中小河流数量及分布。广东省集雨面积为 200～3000km² 的干、支河流共 262 条，广东省境内总集雨面积 14.66 万 km²，占广东省总面积的 85.1%。其中西江流域（广东省境内）35 条，北江流域 68 条，东江流域 39 条，韩江流域 30 条，珠江三角洲 20 条，粤东诸河 20 条，粤西诸河 50 条。

在广东省中小河流中，有 210 条（80%）属于山丘区河流，平原区河流较少，仅 45 条。粤东、粤西沿海的中小河流多为独流入海的干、支河流。

（2）河道历史整治情况。为解决江河洪涝问题，历史上广东省部分地区相继开展了一系列的河道整治工作。整治措施主要是裁弯取直、河道疏浚、拓宽等。1950 年河源市开始对船塘河进行综合治理；五华县自 1956 年开始对梅江上游干支流共 14 条主要河道进行整治；1962 年陆丰县实施了螺河"三河归一"工程方案；1958—1962 年吴川县整治袂花江，开挖了博茂减洪河，建成黄竹尾节制闸；茂名市从 20 世纪 70 年代开始对鉴江干流及袂花江进行整治，到 1985 年按规划全面完成 16 条河流的整治工作。深圳市于 1995 年开始分三期对深圳河进行整治，治理以防洪为主，兼顾城市排水、航运及环境改善。此外，深圳市尚对辖区内的茅洲河、龙岗河、坪山河、观澜河、大沙河等独流入海小河流进行了治理。

1986 年，广东省第六届人民代表会议提出第 85 号"关于进一步加强江河整治工作的议案"。广东省水电厅 1987 年提出执行该议案的实施意见，经省政府决定在 10 年内对韩江、增江、南渡河、榕江、漠阳江、鉴江、罗定江、新兴江、绥江、潖江和连江共 11 条江河进行整治，包括河道整治和堤防建设。1987 年年底全面开展整治工作，至 1996 年基本完成。

2003 年 8 月 30 日，广东省政府下发了关于实施"十项民心工程"的通知，城乡水利防灾减灾工程作为十项民心工程之一在全省范围内正式实施。按照城乡水利防灾减灾工程的目标要求，通过所在流域水库、堤防建设等措施使广东省县级以上城市的防洪标准达到 50 年一遇、地级以上城市达到 100 年一遇。全省城乡水利防灾减灾工程，以梅州市、河源市为城市防洪建设的试点；以佛山市为江堤建设试点；以汕头市、阳江市为海堤建设试点；以茂名市为大中型水库除险加固达标建设试点。

全省城乡水利防灾减灾工程共有 293 宗工程，总投资达到 539 亿元。城乡水利防灾减灾工程实施以来，广东省投入了大量的人力物力和财力进行建设，使主要城市和江河的防洪能力得到了很大提高，成效明显。

近年来，水利部、广东省加强了对中小河流、小流域的治理力度，陆续出台了一系列关于中小河流治理的相关规划，主要包括：《广东省中小河流治理和中小水库除险加固专项规划报告》（2010 年）、《广东省小流域综合治理工程规划》（2011 年）、《广东省中小河流治理重点县综合整治及水系连通试点规划》（2012 年）、《广东省易灾地区生态环境综合治理专项规划》（2010 年）、《广东省山洪灾害防治非工程措施建设规划》（2010 年）等。

广东省列入《全国重点地区中小河流近期治理建设规划》的治理项目共 79 宗。其中，2009—2011 年治理试点项目 26 宗，投资 6.9 亿元；2011—2012 年治理项目 53 宗，投资 13.5 亿元。列入《全国重点中小河流治理实施方案（2013—2015 年）》的治理项目共 258 宗，规划投资 69.6 亿元。

截至 2015 年底，列入 2009 年实施的 26 宗试点项目和列入 2011—2012 年实施的 53 宗项目已全部完工，合计完成投资 18.80 亿元，投资完成率为 91.0%。列入 2013—2015 年实施的 258 宗项目，已有 251 宗完成前期工作，其中已开工 221 宗，已完工 57 宗，累计完成投资 32.64 亿元，投资完成率为 46.9%。其余由于中小河流治理工程要求当地落实 40% 配套资金，但广东省的中小河流治理项目主要集中在欠发达地区，地方配套资金落实有一定难度，造成中小河流治理工程进度滞后。

2014 年 5 月，广东省部署启动山区五市中小河流治理工作，2014 年 11 月广东省水利厅成立中小河流综合治理办公室，2015 年 2 月 12 日省政府批准《山区五市中小河流治理实施方案》：规划在 2017—2020 年期间，对山区五市集水面积在 50~3000km$^2$ 的中小河流进行全面治理。山区五市中小河流共计 536 条，河长 17789km，约占全省集水面积 50~3000km$^2$ 的干、支流总数和总河长的 44.3% 和 48.7%。山区五市规划治理河长共 8264km、匡算总投资 159 亿元。

合计清淤河道 7151km、河道生态护岸 6776km、新建或加固堤防 993km。加上列入中央规划的 127 宗中小河流治理项目，治理的河长总计 9385km，超过山区五市总河长的 52.8%。按照省委省政府的部署，治理工作要求"一年初见成效，三年大见成效，五年基本完成"。其中，前三年要完成 70% 的建设任务。

2016 年 7 月召开的广东省委十一届七次全会，强调要加快中小河流流域治理等基础设施建设，尽快解决制约广东省经济发展和民生改善的基础设施短板问题。8 月，省水利厅印发了《关于开展全省中小河流治理（二期）实施方案编制工作的通知》，正式拉开了把山区五市中小河流治理的做法和经验推广至全省的大幕。

根据《广东省中小河流治理（二期）实施方案》，中小河流治理（二期）河道长度为 8027.6km，新建堤防长度为 165.5km，加固堤防长度为 417.7km，新建护岸长度为 6487.9km，河道清淤疏浚长度为 7412.0km。

# 第二章

# 开展中小河流治理的必要性和紧迫性

## 第一节 中小河流灾害特点及成因分析

### 一、中小河流灾害特点

中小河流大多为大江大河及其主要支流的源头支流，分布较为广泛，地区差异性大。源头支流多数河道存在坡降较陡、流程较短、河道相对狭窄的特点，暴雨短时间内即形成洪峰，冲击力大，破坏性强。总体来讲，中小河流灾害特点主要有以下几点：

（1）时间短、强度大、突发性强。中小河流大部分地处山区，山高坡陡、流程短，河道狭窄，加之河道萎缩，暴雨短时间内即形成洪峰，降雨、产流至汇流成峰整个过程时间很短，经常出现山洪暴发之势，给排洪沟、截洪渠和流域出口的排洪河沟造成很大的压力，河岸、渠堤承受极大的考验，河水暴涨，造成山洪灾害。

（2）破坏性强，危害重，恢复难度大。由于中小河流所处地区地形破碎且坡度较陡，沟道纵横，沟口间距较小，径流的汇流时间较短，容易在短时间内形成洪峰，洪水在流动过程中速度不断加大，加之中小河流内大部分河道较为狭窄，淤积严重，形成较高洪水位。同时，由于土地资源匮乏，沿河岸居住人口较多，大流量、高水位、流速快的洪水会造成沿岸居民大量的人员伤亡和财产损失，对中小河流内的经济发展造成极大负面影响。而且受损程度和资金的影响，很多中小河流内受洪灾损失的耕地和防洪护堤至今难以恢复。

（3）多发性、季节性明显。暴雨频繁、强度大、时段长，汛期一般每年长达7个月，但有的年份3月甚至更早就可以发生较大规模的洪水。降雨主要集中在4—9月，降雨量占全年的80%，其中4—6月主要为前汛期暴雨，7—9月主要是台风暴雨及其他一些热带系统暴雨。历史灾害资料表明，山洪灾害也主要发生在4—9月，但其他时间也会在局地暴雨的作用下发生山洪灾害。据不完全统计，汛期受灾次数占全年受灾次数的95%以上，主汛期占60%以上。

（4）区域性强。从山洪灾害的分布来看，以粤东和粤西分布最为广泛，受灾程度和灾害损失最大，主要分布在粤东的梅州、河源和粤西的云浮、茂名一带，而溪河洪水灾害以粤东最为严重；滑坡以粤西的肇庆和云浮、粤东的河源和梅州分布最广，大多数为人为改变地貌特征和地形坡度后，导致土体失稳，在降雨等外应力作用下形成滑坡，地层岩性以风化层厚度较大的硬质岩石、变质砂页岩和煤系地层为主。

### 二、中小河流灾害成因分析

中小河流成灾原因较多，经分析总结，主要原因有以下几个方面：

（1）特定的水文气象条件。广东省北靠南岭山脉，南面临南海，地势北高南低。北回归线横贯广东省中部，省内多属低纬度亚热带季风气候区。特定的地理位置和地形条件，使暴雨天气系统复杂，中小尺度天气系统十分活跃。

广东省的水汽来源主要是西南方向的印度洋孟加拉湾、东南方向的太平洋以及南部的南海。前汛期由于西太平洋副高西伸北抬，西南槽活跃，广东省盛吹西南季风，水汽丰沛，它与南下的冷空气相遇，常造成暴雨。后汛期广东省受付高南部和西部影响，东南季风占优势，加之热带辐合带活跃，太平洋及南海生成的热带气旋带来大量水汽，形成热带气旋雨。据统计，广东省年均受热带气旋影响 5.1 次，其中登陆 3~4 次。热带气旋常常伴随着暴雨，热带气旋暴雨是广东省暴雨的主要形式之一，这种短历时高强度的降水很容易形成山洪灾害。

（2）特殊的地形、地质因素。从广东省的暴雨分布情况来看，北江中游和东江中游的清远、英德、龙门、新丰等地，南部为宽广平坦的珠江三角洲，水汽可长驱直入，其东北部的九连山和北部的大罗山、笔架山等，辐合和抬升作用明显，使该区成为仅次于沿海地区的暴雨中心，发生山洪灾害的潜在威胁大。

同时，山区地质结构复杂，褶皱断裂发育，沟壑密度大，岩石表面覆土浅薄，土壤经长时间降雨饱和后，容易引起岩崩、滑坡、泥石流等自然灾害。

（3）防洪工程标准偏低，设施不健全，抗洪能力不足。广东省中小河流防洪工程多建于 20 世纪五六十年代，防洪标准较低，运行时间长，防洪能力下降，难于抵挡强度大的暴雨、洪水、台风和风暴潮的袭击。山区河流防洪工程少，如粤北山区多数河流处于未设防状态。现有堤防工程防洪标准低，存在不同程度和类型的工程安全隐患，险堤险段多，主要表现在堤身单薄、超高不足、基础渗漏、穿堤涵闸损坏、防洪抢险道路及配套设施严重不足等方面，导致抗御洪水能力差。而河流上游又常常缺乏调节性水库，或者水库带病运行，拦洪、削峰、错峰能力差。

（4）人类活动的负面影响。随着国民经济的快速发展和城乡建设步伐的加快，擅自围垦河道、大量废弃物倒入江河、河滩地无序开发等现象不断发生。河流上游开垦种植、林木砍伐、矿藏开采等开发建设，使地表植被破坏，造成水土流失，削弱了土壤植被蓄纳水源的作用、加快了径流汇集过程，同时加重了下游河道淤积。河道行洪能力降低，导致遭遇洪水容易成灾。

河道的人为设障，致使河道淤积、变浅变窄，河道萎缩，影响了行洪能力。城镇和农村建设不重视防洪排水问题，甚至侵占防洪设施，使洪水泛滥成灾。超采、滥采河砂，破坏堤防等水利工程设施，改变河水流态，造成河床下切，危及堤防安全，严重地段发生堤防崩塌。

# 第二节　中小河流存在的主要问题

广东省中小河流分布地域广、数目多，覆盖区域主要集中在中小城镇及农村。山区中小河流主要特点是源短流长、洪水暴涨暴落，洪水发生的时候来得猛、去得快，容易造成泥石流、堤防决口、冲毁山庄和道路、淹没农田等重大灾害。

改革开放三十多年来，广东省经济社会、农村城市化和城市工业化得到快速发展，但区域和城乡经济发展不平衡，特别是广大山丘区，特殊的地形地貌、地质条件、气象条件和区域生态环境，导致山洪灾害不断发生，人民生命财产安全经常受到威胁；水土流失得不到有效治理，危害范围也因此扩大。河道防洪减灾压力越来越大，不仅威胁当地人民群众的生命财产安全，也直接影响当地的经济社会发展。因此，为全面落实国家关于建设社会主义新农村的有关政策，改善广东省丘陵山区小河流内群众居住和生产生活条件，河道行洪安全显得越来越重要。

目前，随着城乡水利防灾减灾工程的实施，广东省大江大河的治理已经取得较为显著的成效，防灾减灾能力明显提高。但与大江大河干流相比，中小河流治理工作相对滞后，存在主要问题简述如下。

（1）防洪基础设施薄弱，防洪标准低。中小河流防洪设施少、标准低，多处于不设防状态。堤防作为中小河流防洪的主要设施，大多数修建于20世纪五六十年代，受设计、材料、施工等条件限制，所建堤防大多数为就地取材的土堤，工程质量普遍较差；再加上多年来管理和养护不足，许多工程存在不同程度的隐患，防洪能力差。

一些中小河流水土流失严重，加之不合理的采砂以及拦河设障、向河道倾倒垃圾、违章建筑等侵占河道的现象较普遍，多年未实施清淤，致使河道萎缩严重，行洪能力逐步降低。中小河流堤防标准普遍偏低，一些山区性河流甚至还处于不设防状态，而其上游又往往缺乏调节性水库，不能对洪水进行调控，因此抗御洪水的能力低。此外许多水利工程设施运行多年，由于缺少必要的维护或水毁后没能及时进行恢复，工程安全隐患多，老化失修甚至失效，导致防洪能力低或虽有工程设施却未能发挥其功能和作用，因此，洪患威胁就成为这些地区经济发展缓慢的重要原因之一。堤防遭洪水冲毁现状见图2.2-1。

图2.2-1　堤防遭洪水冲毁现状图

（2）规划相对滞后，治理步伐较缓慢。一直以来广东省都很重视大江大河干流的规划和治理工作，历次规划都以大江大河干流综合治理为重点。目前主要江河防洪除涝、水电开发、灌溉供水等综合治理开发体系已基本建立起来。尤其近年来，随着广东省城市防洪和防灾减灾工程的实施，大江大河和县级以上大中城市的洪涝灾害基本得到解决。而受经济条件等方面制约，中小河流虽然进行过一些规划，但由于中小河流点多面广，因此尚未进行过一次全面、系统的规划，且治理工作滞后。中小河流呈现的种种问题已成为制约广东省实现水利现代化及经济社会可持续发展的因素之一。

（3）河道淤积和占用严重，行洪不畅。导致中小河流防洪能力差的很重要一个原因就是多数中小河流泥沙淤积现象非常严重，由于多数中小河流的绿化水平较低，水土流失较严重，笔者调研时河流内群众反映，许多河流十几年没有进行过彻底清淤，严重影响行洪，成为水灾发生的主要原因。

由于多年未进行疏浚和治理，泥沙淤积问题突出，河床不断抬高，行洪断面不断减小，严重影响了行洪通畅。且中小河流河道管理存在不足，一些中小河流不断受到人为侵占，如围河造地，在行洪河道上违章搭建、种植，向河道内倾倒垃圾、废物等行为屡禁不止，河道堵、卡、占现象严重，河道萎缩，进一步加剧了中小河流防洪的矛盾。河道淤积情况见图 2.2-2。

图 2.2-2　河道淤积情况图

（4）跨河建筑物阻水，阻碍洪水畅泄。为交通及灌溉需求，当地政府及群众在河道内大量兴建乡村便桥、陂头等跨河建筑物，但由于缺乏必要的论证及设计方案，该类跨河建筑物普遍存在阻水现象，个别乡村便桥、陂头阻水较为严重，对洪水畅泄产生了极大地影响，水位雍高导致两岸淹没，且时常出现跨河建筑物被冲垮，加重了洪水灾害损失，因此阻水的跨河建筑物往往成为河道行洪的最大阻碍之一。随着经济快速发展和城镇扩张，开发区、工业区、居民住宅、公路建设等不断向河道要地，河道两岸的建筑物向河道中间延伸，缩窄河道断面。另外，部分跨越河道的桥为了节省造价而缩小跨度和高度，阻水严重。河道建筑物阻水情况见图 2.2-3。

图 2.2-3　河道建筑物阻水情况图

（5）缺乏全面规划，治理方式单一。目前国家、省对大江大河的治理非常重视，各大流域防洪、水土保持、生态建设等专项规划均已经出台或正在抓紧制订，而中小河流由于量大面广，管理权限分散而缺乏相应的全面规划，已有的中小河流治理规划、小流域治理规划治理较为片面，缺乏对整条河流的统一认识和全面规划。在治理措施方面，常常采取"头疼医头、脚疼医脚"的方式，且多数以治堤为主，造成上下游工程标准不统一，已治理堤段不封闭导致效益无法发挥，存在问题无法得到彻底解决。

（6）治理工作相对滞后，缺乏有效治理。广东省中小河流众多，且过大部分位于山丘区，加之台风暴雨多发，这一特殊的自然地理和气候条件，决定了山区中小河流洪水灾害的多发性，防洪治理任务异常繁重和复杂。与大江大河治理相比，中小河流治理工作一直未进行系统、有效的整治。虽然部分项目已列入国家和省相关实施计划，但治理力度仍然不够、治理步伐偏慢，已成为广东省防洪治理的明显短板。

当前，绝大多数的中小河流都没有得到真正、有效的治理，防洪标准过低，抵御灾害能力严重不足，有相当一部分中小河流完全抵御洪水能力非常脆弱，对人民群众的生命财产形成了严重威胁，中小河流治理缺乏对河流系统性作用的重视。

（7）投入严重不足，洪水灾害日益突出。广东省中小河流多处山区，山洪及其引发的地质灾害和水土流失是中小河流治理的主要难题之一，但因河流众多，面广，人口居住相对分散，治理需要的资金巨大，而山区经济能力有限，导致治理步伐较缓慢，因此如何统筹解决治理资金及建立长效、稳定的投入机制成为当前中小河流治理待解决的问题。

由于长期的投入不足，中小河流治理没有健全的投资机制，缺乏有效的渠道，资金存在很大的缺口。近年来，由于农田水利的人员组织和投入机制都发生了较大变化，人民群众对于河流的投资积极性普遍不高，当地政府根本就组织不起来有效的河流治理工作，使中小河流综合治理面临着严峻的形势。由于中小河流大多分布在一些比较偏远的山区、城镇，交通不便利，对中小河流的治理工作得不到充分的开展。经济发展程度不高，治理中小河流的资金不能及时到位，近年来，山区中小河流洪水灾害频发，已成为广东省的心腹之患。山区中小河流洪水来势凶猛、破坏力极大，既带来严重的经济损失，也容易造成人员伤亡，洪水灾害日益突出。

（8）环境污染恶化，水质遭受污染。广东省中小河流的水质污染以面源污染为主，在过去问题并不突出，近年来随着经济社会的快速发展，很多中小河流水质污染日趋严重，尤其是一些流经城镇的河段出现了较为严重的点源污染。如练江、深圳河、茅洲河、淡水河、袂花江、高明河、新兴江新兴段等。同时，随着广东省产业转移的推进，珠三角的一些企业已在逐步向河流上游迁移，给中上游的中小河流带来一些新的水问题，如供水、水资源保护和水污染治理等。

中小河流附近的工厂、居民较多，河流的河道成为日常生活、生产垃圾的主要排放场所，而治污工程建设滞后，造成大量工业废水、生活污水未经处理直接排入河涌，这不仅对河道造成了环境污染还形成了大量的垃圾淤积。

农药、化肥过量使用带来的农业面源污染和禽畜养殖业的高浓度有机废水，水环境污染负荷增长迅速。以上因素造成河涌水体污染严重，水体发黑发臭，水生态环境遭到破坏，水生动植物消失殆尽，很多已经成为完全没有生命的河流，极大地影响了当地居民的生活。在雨期，由于雨污混流，内涝容易造成面源污染物通过排水系统污染河涌和外江，又对饮用水源地的水质造成威胁。

由于中小河流沿岸的垃圾污染以及水资源的过度开发利用，很多地区的中小河流都存在着水资源短缺、环境恶化的现象，长期下去，就会导致河流基本功能的退化，影响中小河流的生态平衡。

# 第三节 开展中小河流治理的必要性和迫切性

随着大江大河防洪体系的逐步完善，中小河流的薄弱环节显得越来越突出，对中小河流的治理需求也就越来越迫切。

（1）开展中小河流综合治理，是贯彻落实党的十九大会议精神的重要举措。党的十八大指出，坚持以维护广大人民的根本利益为宗旨，在大力发展民生水利上取得新成效。保障和改善民生是坚持立党为公、执政为民的本质要求。按照党的十八大要求，广东省牢牢地把解决好人民群众最关心最直接最现实的利益问题作为水利工作的出发点和落脚点，突出抓好病险水库除险加固、中小河流治理、山洪灾害防治、蓄滞洪区安全建设等防洪薄弱环节，消除威胁人民群众生命财产安全的防洪隐患，提高人民群众生产生活条件。开展中小河流综合治理，是贯彻落实党的十八大会议精神的重要举措，是保障广大人民，尤其是山区人民生命财产安全的民生工程。

（2）开展中小河流综合治理，是率先全面建成小康社会的重要保障。广东围绕"三个定位，两个率先"的总目标，提出到 2018 年全面建成小康社会的目标。但当前防洪问题欠账较多，中小河流治理进度滞后，距离全面建成小康社会差距甚远。随着高附加值产业的不断发展、产业园区规模的不断扩大，城市人口的不断集中、大量财富的加速集聚，极端气候发生概率的增加，经济社会发展对防洪安全提出了更高要求。开展清远市中小河流综合治理，提高流域、区域行洪过流能力，最大程度保障经济社会安全，是广东省率先全面建成小康社会的重要保障。

（3）开展中小河流综合治理，是贯彻落实省委、省政府重要指示的重要抓手。广东省委有关领导检查指导救灾复产工作时曾指出，全省各地、各部门要不折不扣落实好三防责任制，坚持救灾、防汛两手抓、两手硬，进一步加强对极端天气的预测预警预报，高度重视做好水利设施的排险加固，准备好抢险救灾物资，完善应急处置预案。此外，要立足长远，把中小河流治理、小流域综合整治摆上全省水利建设总体规划的重中之重，做好大江大河重要支流和小流域水利设施及防汛能力普查工作，抓紧做好相关规划，全力推进河道清障、清违、清淤工作，全面推进防汛能力提升工程，力争三年内使粤北山区五市实现小流域水利设施建设基本达标。开展中小河流综合治理，提高中小河流防汛能力，是贯彻落实省委、省政府重要指示的重要抓手。

（4）开展中小河流综合治理，是保障人民群众生命财产安全的需要。经过多年的水利建设，广东省主要江河初步建成了具有抵御一定洪水能力的防洪除涝体系，特别是 2003—2010 年实施全省城乡水利防灾减灾工程建设后，县级以上城市防洪标准基本达到 50 年一遇，地级以上市城区防洪标准达到 100 年一遇。2011 年以来，为贯彻落实中央和省委、省政府加快水利改革发展的决策部署，广东省大力推进农田水利万宗工程、千宗治洪治涝保安工程、千里海堤加固达标工程、村村通自来水工程、最严格水资源管理制度等民生水利五个工作方案的实施，启动了包括全省中小河流治理、小流域综合治理和山洪灾害防治非工程措施等民生水利项目建设，目前已完成 79 宗中小河治理和 80 个山洪灾害防治县非工程措施建设，正在实施 258 宗中小河流治理、25 条小流域治理和山洪灾害防治二期工程建设，已建成的工程在近年防御暴雨洪涝灾害中发挥了重要作用。

　　但相比大江大河治理，广东省中小河流数量众多，虽然中央从 2009 年开始启动全国中小河流治理，省里也一直将推进中小河流治理作为城乡水利防灾减灾的重要工作，但由于受相关政策的制约，列入中央规划的中小河流治理项目单宗工程投资不得超过 3000 万元，很难对中小河流进行系统治理，具有一定的局限性，与建设任务相比有很大的缺口，治理力度不足。特别是近年来，由于中小河流淤塞严重，人为挤占和设障侵占河道问题突出，洪水暴涨暴落，造成的灾害损失越来越严重。据省"三防"统计，2004—2013 年的 10 年间，全省因山洪灾害造成的人员死亡 525 人，年均死亡 53 人。其中韶关、河源、梅州、清远、云浮五市死亡 265 人，占全省因山洪灾害死亡人数的 50.5%；若加上茂名市"9.21"洪涝灾害死亡人数 115 人（目前茂名市受灾的中小河流已基本治理），则所占比例超过 70%。

　　同时，广东省区域和城乡经济发展不平衡的矛盾依然突出，特别是广大山丘区，特殊的地形地貌、地质条件、气象条件和区域生态环境，导致山洪灾害不断发生，人民生命财产安全经常受到威胁；水土流失得不到有效治理，危害范围也因此扩大；省内部分中小河流、小流域虽然实施了一些整治工程，但相对都比较片面、零散，只对部分河段进行了治理，未对全流域进行综合整治，无法充分发挥治理效果。河道防洪减灾压力越来越大，不仅威胁当地人民群众的生命财产安全，也直接影响当地的经济社会发展。因此，为全面落实国家关于建设社会主义新农村的有关政策，开展中小河流综合治理，改善丘陵山区中小河流、小流域内群众居住和生产生活条件，是保障人民群众生命财产安全的需要。

　　（5）开展中小河流综合治理，是当前解决中小河流治理难题的迫切需要。

　　以清远市佛冈县为例，2013 年 5 月，佛冈县出现特大暴雨，最大降雨量达 325mm，遭受超百年一遇的洪灾，11 人致死 5 人失踪，直接经济损失 11.65 亿元，灾情非常严重。佛冈县政府痛定思痛，决心在全县范围内开展河道溪流"三清"工作，对全县影响行洪的河道、溪流进行全面的清障清淤，确保河道行洪安全。全县耗资 2000 多万元，疏浚河道 52km。河床宽度从原来的 15～20m 扩宽 60～80m，河深由 1～2m 扩到 3～4m，河道行洪能力比原来提高 5 倍以上。2014 年 5 月 23 日，佛冈县普降大暴雨到特大暴雨，防汛压力超 2013 年 5 月，但经济损失仅为 2 亿元，全县零死亡，佛冈县的河道"三清"工作取得了显著效果。

　　但是，河道"三清"工作同时也带来了河道建筑物安全损毁、堤岸崩塌及水土流失等问题，河流行洪及防洪又产生了新的问题，也是中小河流治理的难题。开展中小河流综合治理，把中小河流治理当成综合性、系统性工程，秉承流域综合治理的理念，从上游水土流失治理至河口堤岸防护以及加强逃洪、避洪等应急管理等多方面开展综合治理，是当前解决中小河流治理难题的迫切需要。

　　综上所述，开展中小河流综合治理显得十分迫切和必须。

# 第三章

# 中小河流保护管理范围研究

## 第一节　概　　述

河道保护管理范围是指法律规定对河道实施管理的适用范围，也是政府水行政主管部门行使河道管理权限的区域范围。

管理范围是指水利工程设施本身建设占地以及有关工程安全、生产、管理和观测设施占地的总面积。管理范围内的土地所有权不变，使用权归水利工程管理单位。

保护范围是指在管理范围以外，为确保水利工程的安全和进行正常维护以及水资源保护所必需的范围，保护范围内的土地、林木的所有权和使用权不变，但不得在其范围内进行有污染水资源和危害水利工程安全的活动。

## 第二节　划定河道管理范围的必要性

对河道进行管理，是《中华人民共和国水法》《中华人民共和国河道管理条例》等水法律法规赋予水行政主管部门的法定职责，为明确职责，确保安全，需要划定一定的河道区域作为水行政主管部门管理河道的范围。

水利工程划界的基本原则是确保水利工程的安全，有利于水利工程设施的管护和正常运行，有利于管理单位履行正常的管理职责，并适当考虑水利工程管理单位为实现自我维护和发展的需要。水利工程划界主要是确定管理范围和保护范围。

日本《河川法》规定，河道管理者为了保护河岸或为了实施河流治理控制措施，可以在距河流区域边界一般不超过50m的地方划出一定的区域作为河流保护区，在该范围内禁止一切挖掘土地以及其他改变土地形状的行为和新建或改建建筑物的行为。我国台湾《水利法》授权河道主管机关在河道防护范围内可执行警察职权。

河道管理范围的划定是水行政主管部门实施河道管理的基本条件，是进行依法监管、执法的基础和依据。管理范围不明确，水行政主管部门就没有明确的管理和执法范围，河道的管理界限不清，一旦发生纠纷，河道管理和执法就缺少依据。水利部门想要提高河道管理水平，就需要重视河道划界管理工作，对河道保护以及管理的范围进一步明确，为河道保护管理工作提供可操作性依据，并为河道防洪重点位置以及防洪堤防薄弱地点的建设提供保障，保证河道泄洪、灌溉、供水等功能正常发挥。

开展河道管理范围的划定，一是为依法管理河道奠定基础，河道管理范围划定后，可以对法律法规规定的河道管理范围内的禁止性和限制性行为进行控制，保证了河道及两岸堤防的完好性；二是有利于解决一些水事纠纷问题，可避免因土地权属不清而引起的一些水事纠纷和与土地管理相交叉的混乱；三是为河道管理进行水土资源的综合开发利用创造了有利条件。

## 第三节　保护管理范围划定的依据

《中华人民共和国水法》第四十三条规定：国家对水工程实施保护。国家所有的水工程应当按照国务院的规定划定工程管理和保护范围。国务院水行政主管部门或者流域管理机构管理的水工程，由主管部门或者流域管理机构商有关省、自治区、直辖市人民政府划定工程管理和保护范围。其他水工程，应当按照省、自治区、直辖市人民政府的规定，划定工程保护范围和保护职责。

《中华人民共和国防洪法》第二十一条规定：有堤防的河道、湖泊，其管理范围为两岸堤防之间的水域、沙洲、滩地、行洪区和堤防及护堤地；无堤防的河道、湖泊，其管理范围为历史最高洪水位或者设计洪水位之间的水域、沙洲、滩地和行洪区。流域管理机构直接管理的河道、湖泊管理范围，由流域管理机构会同有关县级以上地方人民政府依照前款规定界定；其他河道、湖泊管理范围，由有关县级以上地方人民政府依照前款规定界定。

《中华人民共和国河道管理条例》第二十条规定：有堤防的河道，其管理范围为两岸堤防之间的水域、沙洲、滩地（包括可耕地）、行洪区，两岸堤防及护堤地。无堤防的河道，其管理范围根据历史最高洪水位或者设计洪水位确定。河道的具体管理范围，由县级以上地方人民政府负责划定。

《南水北调工程供用水管理条例》第三十八条规定：南水北调工程应当依法划定管理范围和保护范围。南水北调东线工程的管理范围和保护范围，由工程所在地的省人民政府组织划定；其中，省际工程的管理范围和保护范围，由国务院水行政主管部门或者其授权的流域管理机构商有关省人民政府组织划定。丹江口水库、南水北调中线工程总干渠的管理范围和保护范围，由国务院水行政主管部门或者其授权的流域管理机构商有关省、直辖市人民政府组织划定。

第三十九条规定：南水北调工程管理范围按照国务院批准的设计文件划定。南水北调工程管理单位应当在工程管理范围边界和地下工程位置上方地面设立界桩、界碑等保护标志，并设立必要的安全隔离设施对工程进行保护。未经南水北调工程管理单位同意，任何人不得进入设置安全隔离设施的区域。南水北调工程管理范围内的土地不得转作其他用途，任何单位和个人不得侵占；管理范围内禁止擅自从事与工程管理无关的活动。

第四十条规定：南水北调工程保护范围按照下列原则划定并予以公告：（一）东线明渠输水工程为从堤防背水侧的护堤地边线向外延伸至50m以内的区域，中线明渠输水工程为从管理范围边线向外延伸至200m以内的区域。（二）暗涵、隧洞、管道等地下输水工程为工程设施上方地面以及从其边线向外延伸至 50m 以内的区域。（三）倒虹吸、渡槽、暗渠等交叉工程为从管理范围边线向交叉河道上游延伸至不少于 500m 不超过 1000m、向交叉河道下游延伸至不少于 1000m 不超过 3000m 以内的区域。（四）泵站、水闸、管理站、取水口等其他工程设施为从管理范围边线向外延伸至不少于 50m 不超过 200m 以内的区域。

《太湖流域管理条例》第四十二条规定：太湖流域管理机构应当组织两省一市人民政府水行政主管部门会同同级交通运输主管部门，根据防汛抗旱和水域保护需要制订岸线利用管理规划，经征求两省一市人民政府国土资源、环境保护、城乡规划等部门意见，报国务院水行政主管部门审核并由其报国务院批准。岸线利用管理规划应当明确太湖、太浦河、新孟河、望虞河岸线划定、利用和管理等要求。太湖流域县级人民政府应当按照岸线利用管理规划，组织划定太湖、太浦河、新孟河、望虞河岸线，设置界标，并报太湖流域管理机构备案。第四十七条规定：太湖流域县级以上地方人民政府及其有关部门应当采取措施保护和改善太湖生态环境，在太湖岸线周边 500m 范围内，饮用水水源保护区周边 1500m 范围内和主要入太湖河道岸线两侧各 200m 范围内，合理建设生态防护林。

《海河独流减河永定新河河口管理办法》第七条规定：根据三河口综合整治规划，三河口管理范围为：（一）海河河口管理范围：1. 纵向为海河防潮闸闸上 500m 至闸下 14300m，横向闸上以河道两岸防洪墙为界，闸下以规划治导线为界，有导堤的以导堤外坡脚线以外 15m 为界；2. 河口防洪清淤排泥场以围堤外坡脚线以外 15m 为界；3. 河口疏浚工作场地。（二）独流减河河口管理范围：1. 纵向为独流减河防潮闸闸上 500m 至闸下 9000m，横向闸上以河道两岸堤防外坡脚线以外 30m 为界，闸下左侧 3080m 以上以左堤为界，3080m 以下至 9000m 以规划治导线以外 200m 为界，闸下右侧 2965m 以上以右堤外坡脚线以外 30m、海挡和大港分洪道南堤及其延长线为界，2965m 以下至 9000m 以规划治导线以外 2500m 为界；2. 河口防洪清淤排泥场以围堤外坡脚线以外 15m 为界；3. 河口疏浚工作场地。（三）永定新河河口管理范围：1. 纵向为永定新河防潮闸闸上 500m 至闸下 19000m，横向闸上以河道两岸堤防外坡脚线以外 30m 为界，闸下左侧 13000m 以上以规划治导线为界，13000m 以下至 19000m 以规划治导线以外 1150m 为界，闸下右侧 9000m 以上以规划治导线为界，9000m 以下至 19000m 以规划治导线以外 1150m 为界；2. 河口防洪清淤排泥场以围堤外坡脚线以外 30m 为界；3. 闸下水下抛泥区；4. 河口疏浚工作场地。规划治导线调整时，河口管理范围相应作出调整。海河和独流减河的河口管理范围由海河水利委员会会同有关县级以上地方人民政府具体界定。永定新河的河口管理范围由天津市人民政府水行政主管部门会同有关县级以上地方人民政府具体界定，并报海河水利委员会备案。

北京：本市各级人民政府应当按照河湖治理及保护管理规划要求划定河湖管理范围和保护范围。水库、塘坝、人工水道和其他水工程及附属的土地、山场属于该工程的管理范围。有堤防的河流（含湖泊），其管理范围为两岸堤防之间的水域、沙洲、滩地（含可耕地）、行洪区，岸边堤防及护堤地；无堤防的河流（含湖泊），其管理范围根据设计洪水位或者参照历史最高洪水位确定。在河湖管理范围的周围，根据河湖重要程度、保护河湖功能的需要，确定河湖保护范围的具体边界。市和区、县管理河湖的管理范围、保护范围，由水行政主管部门按照管辖权限提出方案，征求相关部门意见后，报同级人民政府批准。乡、镇管理河湖的管理范围、保护范围，由乡、镇人民政府提出具体方案，经所在区、县水行政主管部门审核，报区、县人民政府批准。河湖的管理范围、保护范围划定后，应当向社会公告，并标图立界。

天津：河道管理应当设定管理范围，并根据堤防的重要程度、堤基地质条件等实际情况设定保护范围。河道管理范围为岸线之间的水域、沙洲、滩地（包括可耕地）、行洪区，堤防护岸、护堤地及河道入海口。河道保护范围是与河道管理范围相连的堤防安全保护区。水库的管理范围和保护范围，由市和区、县人民政府另行规定。水库以外其他河道管理范围的护堤地，按照下列规定划定：（一）海河、永定新河、独流减河、子牙新河、潮白新河为河堤外坡脚以外各30m；（二）州河、泃河（含引泃入潮）、还乡河（含故道和分洪道）、蓟运河、青龙湾减河（含引青入潮）、永定河、北运河、金钟河、子牙河、南运河（独流减河以上）、大清河、中亭河（左堤）为河堤外坡脚以外各0.5m；（三）北京排污河、马厂减河（独流减河以上）、新开河为河堤外坡脚以外各20m；（四）市管河道以外的河道为河堤外坡脚以外各10m。中心城区和滨海新区建成区内的行洪河道不宜设护堤地的，在河道两侧各设不小于15m宽的防汛抢险通道，视为护堤地。外环河以公路侧、对岸外侧以上河口外缘为准向外延伸15m，视为护堤地。

上海：有堤防（含防汛墙，下同）的河道管理范围为两岸堤防之间的全部水域、滩地，堤防、防汛通道或者护堤地；无堤防的河道管理范围按河道防洪规划所确定的设计洪水位划定。具体管理范围，由区（县）以上人民政府划定。根据河道堤防的重要程度以及堤基土质条件，经市水务局或者区（县）河道行政主管部门报同级人民政府批准后，可以在河道管理范围的相连地域划定堤防安全保护区。

重庆：有堤防的河道管理范围为两岸堤防之间的水域、沙洲、滩地（包括可耕地）、行洪区以及两岸堤防和护堤地。无堤防的河道管理范围，由市人民政府依据国家防洪标准规定。河道的具体管理范围，由区县（自治县）水行政主管部门会同国土、规划等部门划定，报本级人民政府批准公布，并报市水行政主管部门备案。区县（自治县）水行政主管部门应当在河道管理范围设置界桩和公告牌。公告牌应当载明河道名称、管理范围、管理单位以及河道管理范围内禁止行为等事项。

内蒙古：有堤防的河道，其管理范围为两岸堤防之间的水域、滩地（包括可耕地）、行洪区、两岸堤防及护堤地；无堤防的河道，其管理范围为：苏木（乡镇）所在地为五十年一遇洪水位线以下，其他嘎查（村屯）为二十年一遇洪水位线以下。河道管理范围由自治旗人民政府组织水务、国土、规划、住房和城乡建设、林业、交通等部门划定、公布并设立界限标志。

新疆维吾尔自治区：有堤防的河道，其管理范围为两岸堤防之间的水域、沙洲、滩地（包括可耕地、草场、林地）、行洪、两岸堤防及护堤地。无堤防的河道，其管理范围为：有治理规划的，按两岸规划的堤防外边界线之间的区域确定；无规划的按两侧岸坎为界，无岸坎的河道可按历史最高洪水位或设计洪水位线间的区域确定。河道的具体管理范围和护堤地的宽度及其立标定界等工作，由各级河道主管机关根据有关规定结合当地实际情况拟定，报有管辖权的人民政府批准。

西藏自治区：水库：大型水库主坝坡脚和坝端外 300m、副坝坡脚和坝端外 100m 为管理范围，主坝管理范围以外 300m、副坝管理范围以外 200m 为保护范围；中型水库主、副坝坝脚和坝端外 100m 为管理范围，此范围以外 200m 为保护范围；小型水库主、副坝坝脚和坝端外 50m 为管理范围，此范围以外 100m 为保护范围。河道堤防：设计标准为 100 年—遇的防洪堤从外坡堤脚算起每侧 50m 为管理范围，此范围以外 100m 为保护范围；设计标准为 50 年—遇的防洪堤从外坡堤脚算起每侧 30m 为管理范围，此范围以外 50m 为保护范围；设计标准为 20～30 年—遇的防洪堤从外坡堤脚算起每侧 20m 为管理范围，此范围以外 30m 为保护范围；设计标准为 10 年一遇的防洪堤从外坡堤脚算起每侧 10m 为保护范围。灌区、水电站：灌溉排水干渠的渠坡坡脚外 1～3m 为管理范围，此范围外 5～10m 为保护范围；挡水、泄水、引水、提水设施和水电站等水利工程建筑物的管理范围为工程边线以外 5～10m，此范围外 20m 为保护范围；水利工程的生产、生活区的管理范围，按照不少于房屋建筑面积的 2 倍划定。

宁夏回族自治区：流经自治区境内的黄河段及其一级支流，有堤防的，以堤防外坡脚为准，不小于 50m；有规划岸线的，以规划岸线为准，不小于 50m；无堤防或者无规划岸线的，以历史最高洪水位或者设计洪水位为准，外沿向外不小于 50m；蓄滞洪区堤防断面迎水坡堤脚内不小于 300m，背水坡堤脚外不小于 30m；护岸工程从岸肩向外不小于 30m；大型水库大坝坝肩、外坡脚向外不小于 200m；中小型水库大坝坝肩、外坡脚向外不小于 100m；水库库区校核洪水位以外 50～200m；扬水灌区干渠、傍山干渠渠堤外坡脚外 50m；自流灌区干渠、傍山支渠、支渠渠堤外坡脚外 30m；支干渠、支渠渠堤外坡脚外 15m，挖方渠以渠堤内沿向外计算；干沟、支干沟以沟堤内沿向外 30m；支沟以沟堤内沿向外 10m；湖泊迎水坡和背水坡坡脚外 60m；挡水、泄水、输水渡槽和隧洞、扬水泵站、水电站厂房和干渠、支渠上的涵洞等重要水工程建筑物外沿向外 200m；水文测验断面上下游各 500m；供用水管道两侧各 2m。

广西壮族自治区：有堤防的河道，其管理范围为两岸堤防之间的水域、沙洲、滩地（含可耕地）、行洪区、感潮区、河口冲积扇、两岸堤防及护堤地。一、二级堤防护堤地为堤防迎、背水坡脚以外 20～50m；三、四级堤防护堤地为堤防迎、背水坡脚以外 15～30m；四级以下堤防护堤地为堤防迎、背水坡脚以外 8～15m。无堤防的河道，其管理范围按防洪规划确定的河道岸线、治导线或者规划两岸堤防走线之间的行洪区域、堤基地和护堤地确定。无防洪规划的河道，按历史最高洪水位或者设计洪水位之间的行洪河床确定。根据堤防的重要程度、堤基土质条件等，河道主管机关报经县级以上人民政府批准，可以将河道管理范围以外的相连地域 30～50m 划定为堤防安全保护区。流域管理机构直接管理的河道管理范围，由流域管理机构会同有关县级以上地方人民政府依照前款规定界定，并树立界桩；其他河道的管理范围，由河道主管机关会同国土资源、交通、建设等有关部门依照前款规定提出，经同级人民政府批准后界定，并树立界桩。

黑龙江省：有堤防的河道，其管理范围为两岸堤防之间的水域、沙洲、滩地（包括可耕地）、行洪区，两岸堤防及护堤地。无堤防的河道，其管理范围根据历史最高洪水位或者设计洪水位确定。河道的具体管理范围，由县级以上人民政府负责划定。

吉林省：有堤防的河道为两岸堤防之间的水域、整治工程、沙洲、滩地（含耕地、林地）、行洪区以及县级以上人民政府划定的护堤地；无堤防的河道按设计洪水位确定，尚未批准规划设计的河道，按历史最高洪水位确定。县级以上人民政府应当根据当地实际情况，按照下列标准划定护堤地：主要江河堤防迎水面 30～50m，背水面 5～15m；其他河流堤防迎水面 15～30m，背水面 5～10m。

辽宁省：按国家规划修筑的两岸大堤之间为河道的行洪范围。无堤河段，可按设计洪水确定行洪范围。

河北省：县级以上人民政府应当组织有关部门根据省人民政府制定的标准，划定本行政区域内水利工程的管理范围和安全保护范围。国家所有的水利工程管理范围内属于集体所有的土地，应当依法办理土地征用手续；其他投资主体所有的水利工程管理范围内的土地，可以根据需要依法办理土地使用权转移手续。水利工程安全保护范围内的土地，权属不变，使用时不得危害水利工程安全。

山西省：有堤防的河道，其管理范围为两岸提防之间的水域、沙洲、滩地（包括可耕地）、行洪区、两岸堤防及护堤地；无堤防的河道，其管理范围根据历史最高洪水位或设计防洪水位确定。河道的具体管理范围，由县级以上人民政府划定。河道管理范围内的土地属国家所有，由河道主管机关统一管理。汾河、桑干河、滹沱河、漳河、沁河等省内大河的护堤地宽度为：背水坡脚向外水平延伸 10～20m；其他河流的护堤地宽度为：背水坡脚向外水平延伸 5～10m。

青海省：按流域规划和城镇规划确定的两岸堤防之间的水域、沙洲、滩地，以及两岸的堤防和护堤地；无堤防的河道，根据历史最高洪水位或设计洪水位确定。河道两岸堤防护堤地的范围，除设计文件已有明确规定的外，其中迎水面护堤地的范围，由该河段主管机关根据堤防和河道行洪安全的要求并结合河道的实际情况划定，但以垂直堤脚线计算的最小范围不应少于 5m；背水面护堤地的范围，以确保堤防安全为原则。河道的具体管理范围，由河段主管机关和有关部门实地界定后，报当地县级以上人民政府批准。

山东省：有堤防的河道，其管理范围为两岸堤防之间的水域、沙洲、滩地（包括可耕地）、行洪区、两岸堤防及堤脚外侧 5～10m 的护堤地；无堤防的河道其管理范围根据历史最高洪水位或者设计洪水位划定。河道具体管理范围，按照河道管理权限，由县级以上地方人民政府负责划定。根据堤防的重要程度、堤基土质条件等，河道主管机关报经同级或上一级人民政府批准，可以在河道管理范围的相连地域划定 50～200m 的堤防安全保护区。

河南省：有堤防的河道，其管理范围为两岸堤防之间的水域、沙洲、滩地（包括可耕地）、行洪区、两岸堤防及护堤地。无堤防的河道，其管理范围根据历史最高洪水位或者设计洪水位确定。淮河干流、洪汝河、唐白河、沙颍河、北汝河、澧河、伊洛河、卫河、共产主义渠等河道的重要防洪堤段护堤地临河堤脚外 5m，背河堤脚外 8m；上述河道的一般堤段和惠济河、涡河、汾泉河等河道堤防护堤地临河堤脚外 3m，背河堤脚外 5m。险工堤段护堤地，应适当加宽。水闸、水电站：大型的上、下游各 200m，中型的上、下游各 100m。滞洪区：滞洪堤临水坡脚外 10m，背水坡脚外 5m。其他河道的管理范围，由当地河道主管机关根据本《办法》第十九条规定的原则提出意见，报同级人民政府批准划定。

江苏省：有堤防的河道，其管理范围为两堤防之间的水域、沙洲、滩地（包括可耕地）、行洪区、两岸堤防及护堤地；无堤防的河道，其管理范围为水域、沙洲、滩地及河口两侧五至十米，或根据历史最高洪水位、设计洪水位确定。挡潮涵闸下游河道的管理范围可以延伸到入海水域，其中无港堤河段的管理范围为港河两侧 1000～2000m。湖泊的管理范围为湖泊的水域、蓄洪区、滞洪区、环湖大堤及护堤地。

安徽省：有堤防的河道，其管理范围为两岸干堤之间的水域、沙洲、滩地（包括可耕地）、行洪区、两岸堤防及护堤地。无堤防的河道，其管理范围为历史最高洪水位或设计洪水位以内的区域。河道管理范围的具体界线，由市、县人民政府负责划定。新建堤防或尚无护堤地的堤段，由所在县人民政府按批准的堤防设计标准划定护堤地：长江干流大、中型堤防，临水侧不得窄于 50m，背水侧不得窄于 30m；长江干流其他堤防和淮河干流堤防，临水侧不得窄于 30m，背水侧不得窄于 20m；其他河道的堤防，临水侧和背水侧均不得窄于十米。

浙江省：有堤防河道的管理范围为两岸堤防之间的水域、沙洲、滩地（包括可耕地）、行洪区以及两岸堤防和护堤地。平原地区无堤防县级以上河道的管理范围为两岸之间水域、沙洲、滩地（包括可耕地）、行洪区以及护岸迎水侧顶部向陆域延伸不少于 5m 的区域；其中重要的行洪排涝河道，护岸迎水侧顶部向陆域延伸部分不少于 7m。平原地区无堤防乡级河道的管理范围为两岸之间水域、沙洲、滩地（包括可耕地）、行洪区以及护岸迎水侧顶部向陆域延伸部分不少于 2m 的区域。其他地区无堤防河道的管理范围根据历史最高洪水位或者设计洪水位确定。河道的具体管理范围，由县（市、区）人民政府根据规定标准和要求划定并公布。其中，省级河道的管理范围在公布前应当报省水行政主管部门同意；市级河道的管理范围在公布前应当报设区的市水行政主管部门同意。

福建省：有堤防的河道，其管理范围为两岸堤防之间的水域、沙洲、滩地、行洪区、两岸堤防及堤防背水面护堤地；无堤防的河道，其管理范围根据历史最高洪水位或者设计洪水位确定。历史最高洪水位或者设计洪水位由水行政主管部门根据防洪规划确定。江河入海河口管理范围，其宽度为依历史最高洪水位或者历史最高潮水位所确定的水面宽度的一倍至二倍。水库库区、湖泊的管理范围为水库库区和湖泊的水域、蓄滞洪区、环库（湖）大堤及护堤地。

江西省：国有河道工程及设施，由河道主管机关依照下列标准报请县级以上人民政府划定管理范围和保护范围：赣东大堤、抚西大堤、富有大堤、九江长江大堤（九江市区至瑞昌市码头镇）其管理范围为迎水面和背水面堤脚外不少于 50m（水平距离，下同）；保护耕地 5 万亩以上的其他重点堤防，其管理范围为迎水面和背水面堤脚外不少于 30m；其他堤防的管理范围，迎水面和背水面堤脚外不少于 20m。其中险段自压浸台脚起算。水闸、泵站工程的管理范围和保护范围按照《江西省实施〈中华人民共和国水法〉办法》的有关规定，结合工程实际划定。其他河道工程及设施的管理范围和保护范围参照堤防、水闸、泵站工程标准划定。前款第（一）项三类堤防的管理范围边缘分别外延 200m、150m、100m，为保护范围。

湖南省：河道的具体管理范围，按河道管理权限由河道主管机关提出方案，报同级人民政府划定并公告。下列区域应当列入河道管理范围：现已确定或者因历史形成、社会公认的护堤地；加固堤防的堆土区、填塘区；压浸平台、防渗铺盖。新建堤防，在堤防建设的同时，应当依照本实施办法第十五条的规定划定护堤地。凡划入河道管理范围的土地，土地使用者必须服从河道防洪安全的需要，遵守河道、堤防管理的有关规定。

湖北省：本省境内确保堤、干堤及重要支堤的禁脚地、工程留用地和安全保护区范围，由市、县人民政府按照下列标准划定公布：禁脚地：确保堤迎水面 50～100m，背水面 30～50m；干堤及重要支堤迎水面 30～50m，背水面 20～30m（从堤防两侧斜面与平地的交叉点算起）；工程留用地：确保堤、干堤及重要支堤迎水面和背水面均为 200m（从禁脚地外沿算起）；安全保护区：确保堤、干堤及重要支堤迎水面和背水面均为 300m（从工程留用地外沿算起）。涵闸保护区由市、县人民政府按下列标准划定并公布：大型涵闸上游、下游各500m，左右各 200m；型涵闸上游、下游各 200m，左右各 100m；小型涵闸上游、下游各100m，左右各 30m。上述距离均从涵闸外沿算起。划定涵闸保护区涉及集体所有土地的，按照本办法第十九条的规定处理。涵闸保护区由涵闸管理单位负责安全管理。

海南省：无堤防的河道，其管理范围根据设计洪水位确定；有堤防的河道，其管理范围为两岸堤防之间的水域、沙洲、滩地、行洪区、两岸堤防及护堤地；水库周围移民线或者土地征用线以下库区面积为管理范围；水库校核水位线以上顺山坡向上斜距 50～500m以内为造林植被保护区；大坝、溢洪道、电站、渠道枢纽、水闸、船闸周围 200～500m，水轮泵站、压力管道、机电排灌站及变电站等水利水电工程建筑物以及管理机构生活边界以外 20～30m，均为安全保护区；按照河流等级不同，其堤围脚外 20～50m 为护堤地；根据渠道规模，其渠道堤脚外 3～5m 为护渠地。

甘肃省：有堤防的河道，其管理范围为两岸堤防之间的水域、沙洲、滩地、行洪区及两岸堤防、堤防背水面护堤地。无堤防的河道，其管理范围根据历史最高洪水位或者设计洪水位确定。根据堤防的重要程度、堤基土质条件等，可以在河道管理范围的相连地域划定堤防安全保护区。河道的管理范围和堤防安全保护区，由县级人民政府按照本省水利工程土地划界的有关标准划定，向社会公告并设立标志。流域管理机构直接管理的河道由流域管理机构会同当地国土、水行政主管部门提出划定方案。

陕西省：有堤防的河道为两岸堤防之间的水域、沙洲、滩地（包括可耕地）、行洪区，两岸堤防及护堤地；无堤防的河道，根据历史最高洪水位或者设计洪水位确定。河道的具体管理范围，由县级以上人民政府负责划定并公告，由同级水行政主管部门设立界桩。河道堤防护堤地、护岸地的范围，按照以下规定确定：护堤地宽度：黄河禹门口至潼关段，临河、背河堤防两侧各宽 100m（从堤坡脚算起，下同）。渭河宝鸡峡大坝至咸阳铁路桥段，临河 20m，背河 50m；渭河三门峡库区咸阳、西安市段，临河 20m，背河 50m；渭河渭南市段，临河 50m，背河 30m。洛河状头水文站以下河段，临河、背河各宽 20m。三门峡库区南山支流段，临河、背河各宽 10m。汉江平川段从勉县武侯镇至洋县小峡口，临河30m，背河 10m；护岸地宽度：黄河、渭河宝鸡峡大坝以下河段、汉江平川段勉县武侯镇至洋县小峡口、洛河状头水文站以下河段两边从河岸边沿向外各宽 30m；三门峡库区排水干沟两边从沟沿向外各宽 10m，排水支沟两边从沟沿向外各宽 5m；其他河道、河段堤防护堤地、护岸地宽度，由所在设区的市、县（市、区）人民政府确定。护堤地、护岸地由县（市、区）人民政府组织水行政主管部门和国土资源部门划定并公告。集体所有土地划为护堤地的，由县（市、区）人民政府从国有滩地中予以调整。

四川省：河道管理范围：有堤防或护岸的河道。为两岸堤防或护岸之间的水域、整治工程、沙洲、滩地（含可耕地）、行洪区，两岸堤防、护岸及护堤地、护岸地；无堤防的河道的按批准的河道规划范围确定；尚未批准规划的河道可按历史最高洪水位确定。河道的具体管理范围，由县级人民政府批准后划定。护堤地由河道主管机关提出的方案，报县级以上人民政府按以下列规定范围划定：保护城镇或 1 万亩以上（含 1 万亩，下同）农田的堤防，护堤地自背水坡脚延伸 10～20m；保护 1 万亩以下农田的堤防，护堤自背水坡脚延伸 5～10m。现有堤防尚未划定护堤地的，由县级以上人民政府根据实际情况划定。保护重要工矿企业的城镇的护岸，经县级以上人民政府批准，可以划定护岸地。护岸地范围为：自护岸顶端延伸不超过 10m。

贵州省：有堤防的河道为两岸堤防之间的水域、沙洲、滩地（包括可耕地），两岸堤防及护堤地；无堤防的河道按照设计洪水位或者历史最高洪水位确定；湖泊周边界之内的水域、洲滩、出入水道和岩溶暗河按照历史最高洪水位确定；水库按照校核洪水位确定。河道具体管理范围的划定，由县级以上水行政主管部门会同有关部门提出，报同级人民政府批准，并立桩定界。

云南省：有堤防或护岸的河道为两岸堤防或护岸之间的水域、整治工程、沙洲、滩地（含可耕地）、行洪区、两岸堤防、护岸及护堤地、护岸地；无堤防的河道按批准的河道规划范围确定；尚未批准规划的河道可按历史最高洪水位确定河道的具体管理范围。河道两岸堤防护堤地的范围，除原文设计已有明确规定的外，迎水面及背水面的护堤地的范围，以垂直堤脚线计算的最小范围应为 5～100m，以确保堤防安全为原则。

《水法》仅纲领性地提出国家所有的水工程应按规定划定工程管理保护范围。《防洪法》及《河道管理条例》中对河道管理范围河道两侧具体的距离未明确，规定"有堤防的河道的管理范围为两岸堤之间的水域，沙洲、滩地、行洪区，两岸堤防及护堤地；无堤防的河道，其管理范围根据历史最高洪水位或者设计洪水位确定"。《堤防工程管理设计规范》、《堤防工程设计规范》均对堤防管理范围及保护范围作出了规定，《堤防工程设计规范》考虑土地资源开发利用等因素减少堤防护堤地的宽度。

大部分省市河道管理条例或者相关水利工程管理条例对于管理保护范围均未做具体规定，少数省市对于区域内主要河流的管理保护范围均作了较为明确的规定，对于无堤防河流或中小河流大多均未做明确的管理保护范围规定。

## 第四节　广东省水利工程保护管理范围现状研究

根据《广东省水利工程管理条例》《广东省河道堤防管理条例》及相关规定要求，县级以上人民政府应当按照下列标准划定国家所有的水利工程管理范围：

（一）水库。工程区：挡水、泄水、引水建筑物及电话厂房的占地范围及其周边，大型及重要中型水库 50～100m，主、副坝下游坝脚线外 200～300m；中型水库 30～50m，主、副坝下游坝脚线外 100～200m。库区：水库坝址上游坝顶高程线或土地征用线以下的土地和水域。

（二）堤防。工程区：主要建筑物占地范围及其周边：西江、北江、东江、韩江干流的堤防和捍卫重要城镇或 5 万亩以上农田的其他江海堤防，从内、外坡堤脚算起每侧 30～50m；捍卫 1 万～5 万亩农田的堤防，从内、外坡堤脚算起每侧 20～30m。

（三）水闸。工程区：水闸工程各组成部分（包括上游引水渠、闸室、下游消能防冲工程和两岸连接建筑物等）的覆盖范围以及水闸上、下游、两侧的宽度，大型水闸上、下游宽度 300～1000m，两侧宽度 50～200m；中型水闸上、下游 50～300m，两侧宽度 30～50m。

（四）灌区。主要建筑物占地范围及周边：大型工程 50～100m，中型工程 30～50m；渠道：左、右外边坡脚线之间用地范围。

（五）生产、生活区（包括生产及管理用房、职工住宅及其他文化、福利设施等）。其他水利工程的管理范围，由县或乡镇人民政府参照上述标准划定。

县级以上人民政府应当按照下列标准在水利工程管理范围边界外延划定水利工程保护范围：水库、堤防、水闸和灌区的工程区、生产区的主体建筑物不少于 200m，其他附属建筑物不少于 50m；库区水库坝址上游坝顶高程线或者土地征用线以上至第一道分水岭脊之间的土地；大型渠道 15～20m，中型渠道 10～15m，小型渠道 5～10m。

其他水利工程的保护范围，由县或乡镇人民政府参照上述标准划定。

新建堤防和尚未划定护堤地的堤段，当地市（地）、县人民政府应按下列规定划定护堤地：西江、北江、东江、韩江干流的堤防和捍卫重要城镇或五万亩以上农田的其他江海堤防，均从内、外坡堤脚算起每侧 30～50m；捍卫 1 万～5 万亩农田的堤防，从内外坡堤脚算起每侧 20～30m；捍卫 1 万亩以下农田的堤防，由县（市）人民政府根据实际需要划定。未达设计标准的堤防和险段，其护堤地应适当加宽。

根据《广东省省管水利枢纽管理办法》规定，省管水利枢纽的管理范围包括工程管理范围和库区管理范围：

（一）工程管理范围包括拦河闸坝、副坝、发电厂房及其附属设施、船闸、泄洪设施及其他生产生活设施等已办理征收手续的土地和土地征收线以下的水域。

（二）库区管理范围包括工程管理范围以外已办理征收手续的土地和土地征收线以下的水域。

省管水利枢纽的保护范围包括工程保护范围和库区保护范围：

（一）工程保护范围包括拦河闸坝、堤防、发电厂房、船闸等主体建筑物管理范围边界外延 200m，其他附属建筑物管理范围边界外延 50m 范围内的土地和水域。

（二）库区保护范围包括水库坝址上游坝顶高程线或者土地征收线以上至第一道分水岭脊之间的土地和水域。

根据《北江大堤管理办法》规定，北江大堤的范围包括堤身、管理范围和保护范围，以及芦苞水闸、西南水闸和沿堤涵闸、护岸工程、观测设施、防汛设施及其他附属设施等。管理范围包括从堤身内、外坡堤脚算起每侧 50m 的土地、滩地、沙洲和水域；堤脚经过压渗覆盖处理的堤段，其管理范围至压渗覆盖边缘。

广州：有堤防的河道，其管理范围为两岸堤防之间的水域、沙洲、滩地（包括可耕地）、行洪区，两岸堤防及护堤地；无堤防的河道，其管理范围根据历史最高洪水位或者设计洪水位确定；河涌的管理范围为蓝线划定的范围。未划定蓝线的河涌，其管理范围为两岸堤防背水坡脚以外六米之间的全部区域；无堤防的河涌，其管理范围根据历史最高洪水位或者设计洪水位确定。水务行政主管部门应当对划定的河道、河涌管理范围进行勘界，设立界桩，并向社会公告。珠江干流广州河段、流溪河干流、白坭河干流、增江、新街河堤防和捍卫重要城镇或者五万亩以上农田的堤防，其管理范围为内、外坡堤脚每侧外延 30m；捍卫 1 万～5 万亩农田的堤防，其管理范围为内、外坡堤脚每侧外延 20～30m；无明显背水坡脚的堤防，其管理范围为堤身结构外延 30m。

深圳市：有堤防的河道，为堤防外坡脚线两侧外延 8～15m 范围内；无堤防的河道，为河道两侧上口线外延 8～25m 范围内；防洪防潮海堤，为堤防内、外坡脚线外延每侧 30～50m 范围内。

东莞市：有堤防的河道，为两岸堤防之间的水域、沙洲、滩地、行洪区和堤防及护堤地；无堤防的河道，为历史最高洪水位或者设计洪水位之间的水域、沙洲、滩地和行洪区。堤防两侧应留有护堤地。护堤地的划定应符合以下规定：13 条东江堤防（指桥头围、福燕洲围、京西鳌围、东莞大围、五八围、山洲围、石龙围、挂影洲围、潢新围、滘联围、大洲围、金丰围、胜利围）、8 条海堤（指沙田围、鱼立沙联围、四乡联围、长安围、虎门围、南北面围、浔洲围、大盛围）、寒溪河、东引运河及石马河的堤防，按以下标准划定其护堤地范围：东江干流的堤防和捍卫城镇或五万亩以上农田的堤防，从内、外坡（外坡指迎水坡，下同）堤脚算起每侧 50m，无内坡的，内侧护堤地范围为从外坡堤顶线算起向内侧 60m；捍卫工业区或 1 万～5 万亩农田的堤防，从内、外坡堤脚算起每侧 30m，无内坡的，内侧护堤地范围为从外坡堤顶线算起向内侧 40m；捍卫 5000～10000 亩农田的堤防，从内、外坡堤脚算起每侧 20m，无内坡的，内侧护堤地范围为从外坡堤顶线算起向内侧 30m；捍卫 1000～5000 亩农田的堤防，从内、外坡堤脚算起每侧 10m，无内坡的，内侧护堤地范围为从外坡堤顶线算起向内侧 20m。具体划界红线图由市水行政主管部门会同规划、国土等有关部门制定，报市人民政府批准。其他堤防的护堤地范围，由各镇人民政府、街道办事处参照上述标准划定，具体方案报市水行政主管部门批准。

中山市：有堤防的河道，其管理范围为两岸堤防之间的水域、沙洲、滩地、行洪区和堤防及护堤地；无堤防的河道，其管理范围为历史最高洪水位或者设计洪水位之间的水域、沙洲、滩地和行洪区。河道堤防护堤地范围：中顺大围西江堤段从设计堤脚起每侧 50m；中顺大围的小榄水道和东海水道（中山境内堤段）、五乡联围、文明围、中珠坦洲联围、民三联围、张家边联围等堤防从设计堤脚起每侧 30m；大南联围、横石联围、三乡围、马新联围、容高联围（大岑堤段）、神湾联围、丰阜湖联围等堤防从设计堤脚起每侧 20～25m；其他应设的堤防，应结合护堤和抢险的需要，从设计堤脚起每侧 10～15m。护堤地的具体界线，由市水利局及堤防工程管理单位和有关部门划定，在图纸上用红线标出，并由水行政主管部门树立界桩。内河涌的管理范围：主干内河涌（指与排涝泵站、水闸直接相连的河涌）从两岸岸线起算，每侧 5m 为岸堤保护范围；其他内河涌从两岸岸线起算，每侧 3m 为岸堤保护范围。

汕头市：堤防两侧应留有护堤地。新建堤防和尚未划定护堤地的堤段，按下列规定划定护堤地：汕头市区堤防和捍卫重要城镇或 5 万亩以上农田的其他江海堤围，均从内、外坡堤脚算起每侧15～30m；捍卫1万～5万亩农田的堤防，从内、外坡堤脚算起每侧15～20m；捍卫1万亩以下农田的堤防，由各县（市）人民政府根据实际需要划定。未达设计标准的堤防和险段，其护堤地应适当加宽。

韶关市：有堤防的河道，其管理范围为两岸堤防之间的水域、沙洲、滩地（包括可耕地）、行洪区，两岸堤防及护堤地。无堤防的河道，其管理范围为设计洪水位之间的水域、沙洲、滩地（包括可耕地）、行洪区。设计洪水位根据国家防洪标准规定的城市等级和乡村防护区等级的防洪标准确定，由水行政主管部门会同水文监测部门编制，报同级人民政府批准。堤防两侧的护堤地按下列规定划定：北江干流和捍卫重要城镇或5万亩以上农田的堤防，从内、外坡堤脚算起每侧30m；浈江、武江、新丰江、滃江、南水、锦江、墨江干流的堤防和捍卫一般城镇或1万～5万亩农田的堤防，从内、外坡堤脚算起每侧20m；其他堤防的护堤地由县（市、区）人民政府根据实际需要划定。未达设计标准的堤防和险段，其护堤地应适当加宽。

河源市：有堤防的河道，其管理范围为两岸堤防之间的水域、沙洲、滩地（包括可耕地）、行洪区，两岸堤防及护堤地。无堤防的河道，其管理范围根据历史最高洪水位或者设计洪水位确定。

惠州市：有堤防的河道，其管理范围为两岸堤防之间的水域、沙洲、滩地（包括可耕地）、行洪区，两岸堤防及护堤地。无堤防的河道，其管理范围根据历史最高洪水位或者设计洪水位确定。其中西枝江和新开河位于惠城中心区无堤防的东平半岛河段沿岸按照现有沿江岸线或规划岸线外延10m范围确定。城市规划区范围内河道管理范围应与城市蓝线和黄线管理相适应。河道的具体管理范围，由县级以上地方人民政府负责划定。

《广东省河道堤防管理条例》对水库、堤防、灌区、生产生活区等水利工程的保护、管理范围作出明确的规定，广州市、深圳市、中山市等各地级市对于辖区内的河道、河涌等水利工程的管理范围、保护范围均作出明确规定。

对于北江大堤、飞来峡水利枢纽、潮州供水枢纽和乐昌峡水利枢纽等省管水利工程的管理、保护范围均有文件作出明显的规定。由于用地报批手续、征地补偿标准、留用地、农民社会保障等诸多问题的制约，北江大堤、飞来峡水利枢纽、潮州供水枢纽和乐昌峡水利枢纽等省管水利工程的保护管理范围仍未全部完成。目前，广东省在开展省管水利工程的划界确权工作，有利于水利工程保护管理范围的保护，并为其他水利工程开展保护管理范围划定奠定基础。

由于河道管理法律意识缺乏、河道管理权责不明、造成管理不到位，造成广东省中小河流大多存在着被侵占的现象，重工程建设而轻管理和保护范围的划定，工程管理及保护范围不清的问题普遍存在。

## 第五节 广东省中小流域保护管理范围研究

《中华人民共和国防洪法》、《中华人民共和国河道管理条例》等国家法律规定：有堤防的河道，其管理范围为两岸堤防之间的水域、沙洲、滩地（包括可耕地）、行洪区，两岸堤防及护堤地。对于无堤防的河道划界范围有两套标准，一是历史最高水位，二是河道设计洪水水位。根据以往河道管理经验，无堤河道管理范围按照历史最高水位划分将会导致管理范围偏大，定界更加困难，一些河道可能会出现整个城市和乡镇都被划分在河道管理范围内的情况，因而历史最高水位进行划定可行性不高。一些无堤防的小河道往往没有进行过规划，缺乏洪水设计水位，因而河道管理划界十分困难，管理上也产生了一定的缺失。

本书根据中小河流的历史最高洪水位和设计洪水位，充分考虑不同河流地形地貌、经济条件、人口密度等的差异和河道级别、功能的差别，结合已有的岸线规划，重点研究提出天然无堤防中小河流的管理保护范围。通过研究，初步制定可操作中小河流保护范围规定，用于指导规划设计、工程实施及长期运行管理。

中小河流分布广、类型多，既有山区河流也有平原河流，同时保护区还有城镇段和农村段，河流流经城镇、乡村，沿河岸坡一般为农田、道路、房屋等建筑物。本书根据河道岸边区域形态不同，对保护管理范围进行区别分析，研究合理适当的保护管理范围界线。

（1）山地、林地区域。此类河道一般处于上游，河道坡降较大，岸坡以山体为主，少有居民居住，如图 3.5-1 所示。设计时一般采用不设防为主。

此类河道建议河道根据地质条件、水土流失状况分类等级进行管理范围划定，管理范围为两岸之间水域、沙洲、滩地（包括可耕地）、行洪区以及护岸迎水侧顶部向陆域延伸部分。延伸部分区域范围建议如下：当且只当两个分类等级均为Ⅰ类，可不进行延伸；

当有一个分类等级为Ⅱ类或Ⅲ类，不少于 2m；当有一个分类等级为Ⅳ类、Ⅴ类，不少于 5m。

此类河道主要是对于地质条件薄弱、水土流失严重的山体或护岸采取工程措施或植物措施，防止或减缓地质灾害和水土流失程度。

对于管理范围内应保持现状既有地形地貌，不破坏稳定的山体，加强监测、监控，定期巡查，如图 3.5-1 所示。

（2）农田、梯田区域。此类河道走向曲折，原护岸以天然状态植物植皮为主。河段一般处于河道的中游，坡降比较缓，河道两岸耕地面积大，居住人员稀少，地形高差小。设计时一般采用 5 年一遇洪水标准，部分零散的农田区域按不设防考虑。

此类河道管理范围为两岸之间水域、沙洲、滩地（包括可耕地）、行洪区以及护岸迎水侧顶部向陆域延伸部分不少于 2m。延伸部分区域范围可根据现场实际地形情况适当加大宽度。

图 3.5-1 中小河流照片（河流两侧为山体）

此类河道主要是对于护岸采取工程措施或植物措施，稳定河道主槽，防止岸坡冲刷，从而造成水土流失、农田面积减少。

（3）交通道路区域。如图 3.5-2 所示，此类河道河岸为交通部门或当地政府修建的交通道路，设计时保持现状交通道路。交通道路指的是国家公路、省公路、县公路和乡公路及专用公路。

此类河道管理范围为两岸之间水域、沙洲、滩地（包括可耕地）、行洪区以及护岸迎水侧顶部向陆域延伸部分。延伸部分区域范围需根据道路等级与交通部门沟通协调。如护岸结构为道路挡墙或道路路基，建议不考虑延伸。

图 3.5-2 中小河流照片（河流一侧为道路，一侧为农田）

（4）村庄或城镇区域。如图 3.5-3 所示，此类道路河流走向曲折，原护岸以硬护坡及两岸大多长满杂草为主。河段一般处于河道的中下游，具有河床宽浅、游荡性强、坡陡流急、两岸人员居住集中的特点。设计时村庄人口集中区一般采用 5~10 年一遇洪水标准，城镇人口密集区一般取 10~20 年一遇洪水标准。

此类河道建议根据村庄或城镇民房与河道护岸之间距离进行管理范围划定，管理范围为两岸之间水域、沙洲、滩地（包括可耕地）、行洪区以及护岸迎水侧顶部向陆域延伸部分。

村庄区域延伸部分区域范围建议如下：当村庄民房与河道护岸之间距离不大于 5m，可不进行延伸；当村庄民房与河道护岸之间距离大于 5m 小于 10m，不少于 2m；当村庄民房与河道护岸之间距离大于 10m，不少于 5m。

城镇区域延伸部分区域范围建议如下：当城镇民房与河道护岸之间距离不大于 5m，不少于 2m；当城镇民房与河道护岸之间距离大于 5m 小于 10m，不少于 5m；当城镇民房与河道护岸之间距离大于 10m，不少于 7m。

图 3.5-3 中小河流照片（河流一侧为城镇，一侧为农田）

中小河流流经城镇、乡村，沿河两岸居民为了生产、生活所需，修建了大量的河道建筑物，在建筑物上游河道形成一定蓄水量，用于供水、灌溉、发电。

河道建筑物类型主要为水陂、水闸、格栅坝、橡胶坝、气动盾闸等。在中小河流中，水陂最为普遍（图 3.5-4），其结构简单，施工方便，应用极为广泛，发挥着灌溉、引水、发电等功能。

　　根据《广东省水利工程管理条例》规定，水闸的管理范围：水闸工程各组成部分（包括上游引水渠、闸室、下游消能防冲工程和两岸连接建筑物等）的覆盖范围以及水闸上、下游、两侧的宽度，大型水闸上、下游宽度 300～1000m，两侧宽度 50～200m；中型水闸上、下游 50～300m，两侧宽度 30～50m。保护范围：管理范围边界外延主体建筑物不少于 200m，其他附属建筑物不少于 50m。其他水利工程的保护管理范围参照上述标准划定。其实例工程见图 3.5－5 和图 3.5－6。

图 3.5－4　水陂工程照片

图 3.5－5　水闸工程照片

图 3.5－6　格栅坝工程照片

　　为巩固河道管理范围划界成果，参照国家和行业有关界桩、标示牌设立及管理的规定，结合广东省实际，编制《广东省河湖及水利工程界桩、标示牌技术标准》，并经水利厅粤水建管函〔2016〕1292号文印发，指导全省中小河流保护管理范围划界工作。

基本桩桩体外形宜采用棱柱体。地面以上桩体高度不小于500mm。采用长方体（修边）外形时，有基座桩体尺寸应为200mm×200mm×1000mm（长×宽×高）；无基座桩体尺寸应为200mm×200mm×1200mm（长×宽×高）。基本桩断面见图3.5-7。其他详细规定见水利厅相关文件。

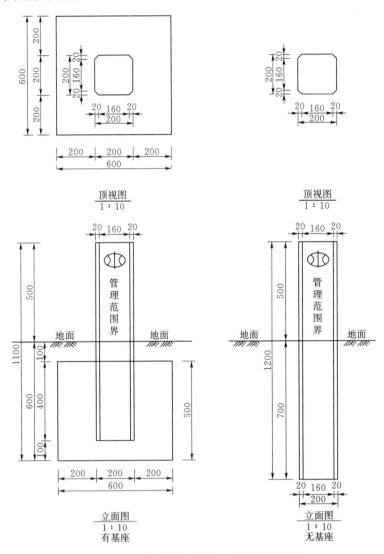

图3.5-7 长方体（修边）基本桩断面图

广东省中小河流大多存在着被侵占的现象，重工程建设而轻管理和保护范围的划定，工程管理及保护范围不清的问题普遍存在，建议尽快根据国家及各省相关法律法规及规范，在多部门参与下划定水利工程管理及保护范围，在划定中应本着科学划定、尊重历史、尊重现实的原则，同时加快水利体制改革，完善水利管理制度，结合"河长制"，以便更好地发挥中小河流的效益以及保护人民群众的生命财产安全。

# 第四章

# 中小河流水沙特性研究

广东省中小河流众多，集水面积为 $50\sim3000\mathrm{km}^2$ 的中小河流共有 1211 条，河道总长达 36561 km。广东省的中小河流主要分布在河流的中上游以及偏远山区，大多交通不便，经济条件差，大部分河流沿岸无堤防或堤防标准低，河道防洪能力差，汛期极易遭受山洪、滑坡泥石流和水土流失等自然灾害的威胁，进而引发堤防决口、岸滩崩塌、冲毁村庄和道路等灾害。

冲积河流按平面形态一般可分为顺直型、弯曲型、分汊型、游荡型四种类型，弯曲河流是自然河流的一种基本形态。在河流的发育和演变过程中，河道节点对水流和河道变化起调节和控制作用。

基于以上认识，本章重点对中小河流水文特性、弯曲河流水沙运动规律、河流岸滩崩塌机理、河道节点对水流调节控制作用等问题进行研究。

## 第一节　中小河流水文特性研究

### 一、暴雨特征

#### （一）概述

广东省中小河流的来水主要来自降雨。广东省濒临南海，由于特定的地理条件，广东省特别是沿海地区，形成暴雨的水汽、热力、动力条件十分优越，是全国暴雨最为频繁的地区之一。广东省的暴雨具有开始早、结束迟、暴雨日数多以及暴雨强度大等特点。年均暴雨日数 $4\sim10\mathrm{d}$，占暴雨以上降水总日数的 $7\sim9$ 成；大暴雨以上降水日数占暴雨以上降水总日数的 $1\sim3$ 成。

广东省暴雨全年均可能出现，主要集中在 4—9 月，12 月至次年 2 月出现暴雨的概率较小。根据暴雨的性质，通常把广东省暴雨分为主要由中、低纬系统相互作用引起的前汛期暴雨（4—6 月）以及主要由台风和热带辐合带等热带系统带来的后汛期暴雨（7—9 月）。广东省中北部尤其是西北部以前汛期暴雨为多，南部地区则以后汛期暴雨为多。北部地区暴雨逐月分布主要呈单峰型，峰值在前汛期的 6 月；其余地区多为双峰型，峰值点分别在前汛期的 5 月、6 月和后汛期的 8 月。暴雨在时间上有一个从北向南推进的过程，北部地区开始和结束的时间均较南部早。

广东省 1h 极大降水量多年平均各地都大于 40mm，分布局地性较强，存在较多高值中心。根据气象部门统计资料，1h 极大降水量的最高纪录出现在湛江（2000 年 5 月 10 日，195.5mm）。6h 极大降水量多年平均大部分地区大于 80mm，极端最高值出现在清远（1982 年 5 月 12 日，632.8mm）。24h 极大降水量多年平均大部分地区大于 100mm，极值出现在海丰（654.5mm，1987 年 5 月 21—22 日）。根据水文部门统计资料，10min 降水极大值在增城市金坑站，为 84.4mm，1h 降水极大值为汕头东溪口站（245.1mm），6h 降水极大值也为东溪口站（688.7mm），24h 降水极大值在陆丰市双沛站（916.5mm）。由此可见，暴雨强度较大是广东省降水的一个突出特点。

（二）2010 年 "9·21" 暴雨特征

受 "凡亚比" 残留降水云团影响，从 2010 年 9 月 21 日 0 时开始，广东多地出现暴雨到大暴雨，其中粤西的高州市、信宜市、阳春市遭遇超 200 年一遇特大暴雨。根据全省自动站网监测，21 日 00 时至 22 日 08 时，高州马贵、阳春双窖和阳春三甲 3 个乡镇（社区）录得超过 400mm 的降水，18 个乡镇（社区）录得 200～400mm 的降水，188 个乡镇（社区）录得 100～200mm 的降水，330 个乡镇（社区）录得 50～100mm 的降水。其中，马贵镇累计降水超过 800mm。

洪水过后，选用本次暴雨中心马贵、厚园圩、白马等 3 个雨量站点，对曹江流域 "9·21" 暴雨洪水的降雨量进行频率分析，分析时段选取最大 1h、最大 3h、最大 6h、最大 12h 和最大 24h（马贵站选取时段为最大 60min、最大 180min、最大 360min、最大 720min、最大 1440min）。采用 P-Ⅲ 型曲线进行频率适线，适线采用了目估法，万年一遇暴雨参考可能最大暴雨（PMP）适当控制。根据适线结果，马贵站最大 60min 暴雨量超过 100 年一遇，最大 180min、最大 360min、最大 1440min 降雨量均超过 500 年一遇，最大 720min 降雨量达 1000 年一遇；厚园圩站最大 1h、最大 12h、最大 24h 均达到或超过 200 一遇，最大 3h、最大 6h 暴雨量也超过了 50 年一遇；白马站最大 3h、最大 6h 暴雨量超过 100 年一遇，最大 12h、最大 24h 暴雨量超过 200 年一遇。各代表站各时段的降雨频率见表 4.1-1。

表 4.1-1　　　各时段降雨频率及 "9·21" 暴雨重现期分析　　　雨量单位：mm

| 时段 | 站名 | $n$ | 均值 | $C_v$ | 各重现期的设计值 | | | | | | | | 实测最大值（至 2009 年） | "9·21" 暴雨值 | "9·21" 暴雨重现期 |
|---|---|---|---|---|---|---|---|---|---|---|---|---|---|---|---|
| | | | | | 10000 年 | 1000 年 | 500 年 | 200 年 | 100 年 | 50 年 | 20 年 | 10 年 | | | |
| 年最大 1h | 马贵 | 45 | 58.5 | 0.29 | 167 | 140 | 132 | 120 | 112 | 103 | 91 | 81 | 109 | 113.5 | 100 年 |
| | 厚园圩 | 31 | 47.4 | 0.28 | 130 | 109 | 103 | 95 | 88 | 82 | 73 | 65 | 74.1 | 97.5 | 200 年 |
| | 白马 | 31 | 52.8 | 0.28 | 145 | 122 | 115 | 106 | 99 | 91 | 81 | 73 | 96.7 | 70 | 8 年 |
| 年最大 3h | 马贵 | 45 | 87.0 | 0.39 | 417 | 318 | 288 | 249 | 220 | 192 | 155 | 128 | 194 | 290.5 | 500 年 |
| | 厚园圩 | 31 | 77.2 | 0.40 | 384 | 291 | 263 | 227 | 200 | 173 | 139 | 115 | 189.5 | 181.5 | 超 50 年 |
| | 白马 | 31 | 84.1 | 0.31 | 310 | 245 | 226 | 200 | 181 | 161 | 136 | 117 | 139.1 | 188.5 | 超 100 年 |
| 年最大 6h | 马贵 | 45 | 115.9 | 0.41 | 637 | 472 | 424 | 360 | 313 | 268 | 210 | 169 | 287.4 | 430 | 超 500 年 |
| | 厚园圩 | 39 | 105.9 | 0.42 | 469 | 367 | 337 | 296 | 265 | 234 | 194 | 163 | 292.3 | 245 | 超 50 年 |
| | 白马 | 38 | 107.7 | 0.38 | 531 | 400 | 361 | 311 | 273 | 237 | 189 | 156 | 223.4 | 290.5 | 超 100 年 |
| 年最大 12h | 马贵 | 54 | 149.0 | 0.43 | 928 | 671 | 596 | 498 | 427 | 359 | 273 | 214 | 308.3 | 677 | 1000 年 |
| | 厚园圩 | 48 | 150.0 | 0.41 | 813 | 604 | 543 | 463 | 403 | 346 | 273 | 220 | 312.6 | 465 | 200 年 |
| | 白马 | 38 | 139.7 | 0.38 | 655 | 500 | 454 | 393 | 348 | 304 | 246 | 204 | 250.6 | 392 | 200 年 |

续表

| 时段 | 站名 | n | 均值 | $C_v$ | 各重现期的设计值 | | | | | | | | 实测最大值（至2009年） | "9·21"暴雨值 | "9·21"暴雨重现期 |
|---|---|---|---|---|---|---|---|---|---|---|---|---|---|---|---|
| | | | | | 10000年 | 1000年 | 500年 | 200年 | 100年 | 50年 | 20年 | 10年 | | | |
| 年最大24h | 马贵 | 54 | 183.2 | 0.44 | 1034 | 768 | 691 | 588 | 512 | 439 | 344 | 277 | 326.5 | 704.5 | 超500年 |
| | 厚园圩 | 48 | 202.3 | 0.42 | 670 | 563 | 529 | 484 | 448 | 410 | 359 | 316 | 396 | 497 | 超200年 |
| | 白马 | 38 | 170.7 | 0.35 | 634 | 508 | 470 | 419 | 380 | 341 | 289 | 249 | 273 | 427 | 超200年 |

**注** 马贵站最大1h、3h、6h、12h、24h分别为最大60min、180min、360min、720min、1440min。

此外，还选用1973—2009年资料系列，对潭水河流域的上茂坪站最大24h、最大12h降雨量进行频率分析和适线，雨量定级时结合了广东省最大24h点雨量变差系数等值线图分析，各设计频率雨量值详见表4.1-2和表4.1-3。根据频率分析成果，"2010.9.21"暴雨上茂坪站最大24h雨量为839.5mm，超500年一遇，最大12h降雨量812mm，重现期超千年一遇。

由上可见，上述各站"9·21"暴雨的降雨强度均很大。

表4.1-2　　　　2010年"9·21"暴雨上茂坪站最大24h暴雨频率计算成果表

| 时段 | n | 均值/mm | $C_v$ | $C_s/C_v$ | 各重现期的暴雨值/mm | | | | | | 实测最大值（2009年止）/mm | 2010年"9·21" | |
|---|---|---|---|---|---|---|---|---|---|---|---|---|---|
| | | | | | 10年 | 50年 | 100年 | 500年 | 1000年 | 10000年 | | 实测值/mm | 重现期/年 |
| 最大24h | 35 | 187.3 | 0.59 | 3.5 | 330 | 511 | 589 | 770 | 849 | 1109 | 694.4 | 839.5 | 931 |
| | | | 0.63 | 3.5 | 339 | 538 | 624 | 827 | 915 | 1208 | 694.4 | 839.5 | 555 |
| | | | 0.67 | 3.5 | 347 | 565 | 661 | 886 | 984 | 1311 | 694.4 | 839.5 | 363 |

表4.1-3　　　　2010年"9·21"暴雨上茂坪站最大12h暴雨频率计算成果表

| 时段 | n | 均值/mm | $C_v$ | $C_s/C_v$ | 各重现期的暴雨值/mm | | | | | | 实测最大值（2009年止）/mm | 2010年"9·21" | |
|---|---|---|---|---|---|---|---|---|---|---|---|---|---|
| | | | | | 10年 | 50年 | 100年 | 500年 | 1000年 | 10000年 | | 实测值/mm | 重现期/年 |
| 最大12h | 35 | 141.3 | 0.57 | 3.5 | 246 | 376 | 432 | 561 | 617 | 802 | 694.4 | 812 | 超千年 |
| | | | 0.62 | 3.5 | 254 | 401 | 465 | 614 | 678 | 893 | 694.4 | 812 | 超千年 |
| | | | 0.68 | 3.5 | 263 | 431 | 506 | 680 | 756 | 1100 | 694.4 | 812 | 超千年 |

2010年"9·21"强降雨及其带来的山洪灾害造成广东省9个地级市30个县（市、区）受灾，其中茂名高州市、信宜市、阳江阳春市灾情十分严重。全省受灾人口达144.5万人，因灾死亡75人（阳春市4人、信宜市28人、高州市42人、罗定市1人）、失踪61人（阳春市12人、信宜市20人、高州市29人），因灾伤病328人，紧急转移安置11.5万人，农作物受灾面积66.4×10³hm²，倒塌房屋1.6万间，损坏房屋1.69万间，直接经济损失50.5亿元。其中，2010年"9·21"特大暴雨带来的山洪直接导致信宜市银岩锡矿高旗岭尾矿库、石花地水电站相继发生溃坝，引发了严重的山洪灾害，事件造成达垌村和双合村22名村民死亡、532户房屋倒塌，涉及灾民2万多人。

（三）2016年"5·20"暴雨特征

2016年5月20日8时至21日8时，受弱冷空气和切变线共同影响，信宜市发生了暴雨到大暴雨局部特大暴雨的强降水过程，其中有7镇14个站点降雨量超过250mm，12个站降雨量超过300mm，14镇32个站点降雨量超过100mm，最大降雨量494.5mm出现在信宜市区。强降雨时段是20日8：00—17：00，茂名市信宜东镇街道信宜站最大24h降雨量、最大6h降雨量、最大3h降雨量、最大1h降雨量等数据均刷新自1952年当地有水文记录以来的历史极值。5月20日8：00—20：00过程雨量超过300mm的站点见表4.1-4。典型站逐时降雨过程见图4.1-1。

表4.1-4　　　　　　　5月20日8：00—20：00雨量超过300mm的站点

| 序　号 | 站　名 | 站　址 | 河　流 | 雨量/mm |
|---|---|---|---|---|
| 1 | 信宜（二） | 信宜市东镇 | 鉴江 | 463 |
| 2 | 高城 | 信宜高城水库 | 小水河 | 428 |
| 3 | 六川充 | 信宜市东镇六川充水库 | 合叉河 | 406 |
| 4 | 罗汉 | 信宜市北界镇罗汉村委 | 东坑河 | 396 |
| 5 | 北界 | 信宜市北界镇 | 北界河 | 368 |
| 6 | 尚文 | 信宜市东镇尚文水库 | 六鸦河 | 360 |
| 7 | 北洒 | 信宜市北界镇北洒村委 | 文垌河 | 352 |
| 8 | 金垌圩 | 信宜市金垌镇金垌圩 | 金垌河 | 336.5 |
| 9 | 乐义 | 信宜市白石镇乐义村委 | 白石河 | 332 |
| 10 | 怀乡圩 | 信宜市怀乡镇怀乡圩 | 黄华江 | 325 |
| 11 | 岭脚 | 信宜市丁堡镇岭脚村 | 小水河 | 303.5 |

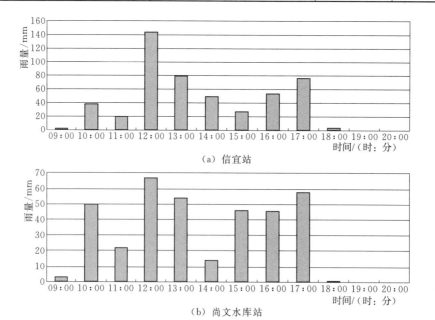

图4.1-1　"5·20"暴雨信宜站、尚文水库站逐时降雨过程

"5·20"暴雨过后，有关部门对本次暴雨区内信宜站的降雨量进行了频率分析，分析

时段选取年最大 1h、最大 3h、最大 6h、最大 12h，采用 1967—2016 年实测系列，对缺测年份不作插补。采用 P-Ⅲ型曲线进行频率适线，适线采用目估法，万年一遇暴雨参考可能最大暴雨（PMP）适当控制。根据频率分析成果，信宜站不同频率各时段降雨见表 4.1-5。从适线结果看，"5·20"暴雨信宜站最大 1h、最大 3h 暴雨量接近 200 年一遇，最大 6h、最大 12h 降雨量均超过 200 年一遇，暴雨强度均较大。

表 4.1-5 　　　　　　　　　　　信宜站各时段降雨频率表 　　　　　　　　（雨量单位：mm）

| 时段 | 各重现期的雨量设计值 | | | | | | | | 实测最大值（至 2015 年） | "5·20"暴雨值 | "5·20"暴雨重现期 |
|---|---|---|---|---|---|---|---|---|---|---|---|
| | 10000 年 | 1000 年 | 500 年 | 200 年 | 100 年 | 50 年 | 20 年 | 10 年 | | | |
| 最大 1h | 209 | 173 | 161 | 146 | 135 | 123 | 107 | 94 | 93 | 144 | 接近 200 年 |
| 最大 3h | 435 | 342 | 315 | 277 | 248 | 220 | 182 | 152 | 151.8 | 272.5 | 接近 200 年 |
| 最大 6h | 709 | 538 | 487 | 419 | 369 | 317 | 251 | 201 | 195.7 | 429.5 | 超 200 年 |
| 最大 12h | 825 | 625 | 566 | 486 | 427 | 366 | 289 | 231 | 267.2 | 493 | 超 200 年 |

根据频率分析成果，"5·20"暴雨信宜站 1h 雨量 144mm（接近 200 年一遇），3h 雨量 273mm（接近 200 年一遇），6h 雨量 429.5mm（6h 雨量不仅超过 6h 历史最大值 195.7mm，且超过 24h 历史最大值 331.8mm、超 200 年一遇），24h 雨量信宜站 494.5mm（超 200 年一遇）。茂名信宜东镇街道高城水库高城站 6h 雨量 354mm（超 100 年一遇），24h 雨量 430.5mm（超 100 年一遇）。

综上所述，广东省中小河流的来水主要来自降雨。近年来，极端天气事件频发，广东省中小河流的特大暴雨洪水时有发生，暴雨强度动辄在 100 年一遇以上。广东省的中小河流未来仍极有可能发生致灾性的大暴雨和洪水，进而引发严重的山洪灾害。有关的县市尤其是山区县市，应加快中小河流的综合治理，制订和完善特大暴雨洪水防御方案，加强非工程措施建设和培训，为区域防洪减灾服务。

**二、水位特征**

广东省大部分中小河流由于集雨面积较小，每当暴雨来临，雨水降落地面经植物截留、下渗、填洼等损失后形成净雨，净雨沿地面和地下汇集入河，河流水位暴涨暴落，洪水发展十分迅速。

以 2016 年信宜"5·20"暴雨洪水为例，说明山区中小河流的水位变化特征。水文监测显示，受"5·20"极端强降雨影响，信宜市部分江河发生了大洪水，特别是鉴江上游及信宜城区、北界河发生了罕见的洪涝灾害。暴雨区江河的水位变幅为 4.0～7.91m。"5·20"暴雨信宜市主要站点水位过程见表 4.1-6。

表 4.1-6 　　　　　　　　2016 年"5·20"暴雨信宜市主要站点水位过程

| 时　　间 | 各站水位/m | | | |
|---|---|---|---|---|
| | 潭头 | 信宜 | 高城水库 | 尚文水库 |
| 5 月 20 日 1：00 | 44.91 | 70.3 | 128.57 | 105.87 |
| 5 月 20 日 2：00 | 44.91 | 70.29 | 128.57 | 105.87 |

续表

| 时间 | 各站水位/m | | | |
|---|---|---|---|---|
| | 潭头 | 信宜 | 高城水库 | 尚文水库 |
| 5月20日3：00 | 44.91 | 70.29 | 128.57 | 105.87 |
| 5月20日4：00 | 44.91 | 70.29 | 128.57 | 105.87 |
| 5月20日5：00 | 44.91 | 70.28 | 128.57 | 105.87 |
| 5月20日6：00 | 44.91 | 70.28 | 128.57 | 105.87 |
| 5月20日7：00 | 44.91 | 70.28 | 128.57 | 105.87 |
| 5月20日8：00 | 44.91 | 70.28 | 128.57 | 105.86 |
| 5月20日9：00 | 44.91 | 70.28 | 128.57 | 105.87 |
| 5月20日10：00 | 44.91 | 70.28 | 128.59 | 105.95 |
| 5月20日11：00 | 44.96 | 70.43 | 128.76 | 106.1 |
| 5月20日12：00 | 44.95 | 71.78 | 129.16 | 106.61 |
| 5月20日13：00 | 44.95 | 73.21 | 129.89 | 107.23 |
| 5月20日14：00 | 49.59 | 74.2 | 131.38 | 107.62 |
| 5月20日15：00 | 50.78 | 74.48 | 132.53 | 107.81 |
| 5月20日16：00 | 51.22 | 74.78 | 133.37 | 108.27 |
| 5月20日17：00 | 51.6 | 75.09 | 133.85 | 108.67 |
| 5月20日18：00 | 51.92 | 75.09 | 134.11 | 108.92 |
| 5月20日19：00 | 52.2 | 74.35 | 134.04 | 108.98 |
| 5月20日20：00 | 52.45 | 73.26 | 133.88 | 108.98 |
| 5月20日21：00 | 52.65 | 72.47 | 133.72 | 108.92 |
| 5月20日22：00 | 52.78 | 72.09 | 133.58 | 108.91 |
| 5月20日23：00 | 52.88 | 71.87 | 133.46 | 108.84 |
| 5月21日0：00 | 52.75 | 71.75 | 133.34 | 108.84 |
| 5月21日1：00 | 51.98 | 71.68 | 133.23 | 108.76 |
| 5月21日2：00 | 50.94 | 71.61 | 133.14 | 108.75 |
| 5月21日3：00 | 49.91 | 71.56 | 133.06 | 108.68 |
| 5月21日4：00 | 49.03 | 71.54 | 132.98 | 108.67 |
| 5月21日5：00 | 48.34 | 71.51 | 132.91 | 108.6 |
| 5月21日6：00 | 47.82 | 71.49 | 132.85 | 108.58 |
| 5月21日7：00 | 47.44 | 71.46 | 132.81 | 108.53 |
| 5月21日8：00 | 47.15 | 71.44 | 132.76 | 108.5 |
| 5月21日9：00 | 46.95 | 71.41 | 132.72 | 108.45 |
| 5月21日10：00 | 46.79 | 71.37 | 132.69 | 108.43 |
| 5月21日11：00 | 46.67 | 71.34 | 132.66 | 108.36 |
| 5月21日12：00 | 46.57 | 71.32 | 132.62 | 108.28 |
| 5月21日13：00 | 46.5 | 71.32 | 132.59 | 108.26 |
| 5月21日14：00 | 46.43 | 71.32 | 132.57 | 108.21 |

续表

| 时 间 | 各站水位/m | | | |
|---|---|---|---|---|
| | 潭头 | 信宜 | 高城水库 | 尚文水库 |
| 5月21日15：00 | 46.38 | 71.31 | 132.54 | 108.18 |
| 5月21日16：00 | 46.33 | 71.29 | 132.52 | 108.12 |
| 5月21日17：00 | 46.3 | 71.27 | 132.49 | 108.11 |
| 5月21日18：00 | 46.26 | 71.25 | 132.46 | 108.04 |
| 5月21日19：00 | 46.21 | 71.24 | 132.44 | 107.96 |
| 5月21日20：00 | 46.17 | 71.22 | 132.42 | 107.94 |
| 5月21日21：00 | 46.13 | 71.22 | 132.41 | 107.89 |
| 5月21日22：00 | 46.09 | 71.22 | 132.39 | 107.87 |
| 5月21日23：00 | 46.06 | 71.21 | 132.37 | 107.81 |
| 5月22日0：00 | 46.04 | 71.2 | 132.36 | 107.78 |
| 最高水位 | 52.91 | 75.19 | 134.11 | 108.98 |
| 最高水位时间 | 2016年5月20日 23：30 | 2016年5月20日 17：30 | 2016年5月20日 18：00 | 2016年5月20日 19：00 |
| 最低水位 | 44.91 | 70.28 | 128.57 | 105.86 |
| 最低水位时间 | 2016年5月20日 10：00 | 2016年5月20日 10：00 | 2016年5月20日 9：00 | 2016年5月20日 8：00 |

5月20日11：00左右倾盆大雨，20min左右临河街道水位迅速上升80cm。中午鉴江河道河水猛涨，水位基本与河堤栏杆平齐，市区顿成汪洋泽国，部分临河低洼街道如旧街多处水浸，最高水深1m多。这次雨量之大，水势凶猛，十分罕见。到20日夜间出现最高水位，其中信宜市高城水库水位134.11m（防限水位132.0m），超防限水位2.11m；尚文水库水位108.98m（防限水位107.5m），超防限水位1.48m。

粤西鉴江上游潭头站于20日23：00出现52.88m的洪峰水位，超过警戒水位1.38m（警戒水位51.5m），21日19：00水位回落至46.21m；鉴江下游化州站于21日10：00出现12.31m的洪峰水位（警戒水位13.3m），19：00水位回落至10.12m。

在2016年信宜市"5.20"暴雨洪水过程中，在洪水上涨阶段，鉴江信宜站水位由70.28m上涨到75.19m历时7h30min，潭头站水位由44.91m上涨到52.91m历时13h30min；在洪水回落阶段，信宜站水位由75.19m回落到71.41m历时15h30min，潭头站水位由52.91m回落到46.33m历时16h30min。可见，洪水水位的上涨和回落均很快。

### 三、洪水特征

与水位特征类似，中小河流的洪水往往易于汇集，洪水汇流时间短，河道水位暴涨暴落，洪水发展十分迅速。在流速方面，短促而狭窄的河流流速较快，长而平直的河流流速较慢。受地理和气象条件的影响，中小河流的水位和流量往往变幅很大。

（一）2016年"5·20"暴雨洪水特征

信宜市"5·20"暴雨过后，有关部门对本次暴雨引发的洪水量级进行了调查分析。洪水分析主要采用信宜市区内的新锦江桥为控制断面，通过洪水调查和实测降雨资料，用广东省单位线法和曼宁公式法推求其洪峰流量。经计算分析，得到广东省综合单位线法，其洪峰流量为 1140m³/s，曼宁公式法为 1143m³/s，两种方法成果非常接近。经分析，"5·20"暴雨洪水洪峰流量采用综合单位线法成果，即 1140m³/s，根据该局采用广东省暴雨径流查算图表计算的设计洪水成果，"5·20"暴雨引发的洪水为 100 年一遇特大洪水。

（二）2010 年 "9·21" 暴雨洪水特征

曹江流域 "9·21" 大洪水主要是由集水区内特大暴雨所产生的径流形成，并且降雨量主要集中在上游地区，降雨总量和强度都非常大，下游降雨相对较小，因而径流基本上是曹江的上游地区所形成，大拜水文站下游地区相对较少，没有产生洪水。高强度的降雨，在产生大洪水的同时，也催生了大量的泥石流，摧毁了沿岸的堤岸、道路、桥梁等设施，大量的树木顺流而下堵塞桥孔，进一步抬高了河道水位。

水文部门对 "9·21" 暴雨洪水曹江的洪峰流量进行了测量和分析，采用的计算方法主要有：①根据实测流量点绘水位流量关系曲线整编计算；②比降-面积法（曼宁公式）计算；③广东省综合单位线法计算；④广东省推理公式法计算。为了分析流量的分布情况，根据流域地形，以大拜水文站测流断面为起算 0 点（固定点），向上游共设置了三个控制断面，第一控制断面即为大拜水文站测流断面，第二控制断面距离 0 点 13.186km，第三控制断面距离 0 点 36.311km。经洪峰流量计算得知，三个控制断面的洪峰流量分别为 3740m³/s、2417m³/s、1230m³/s，沿程分布见图 4.1-2 所示。

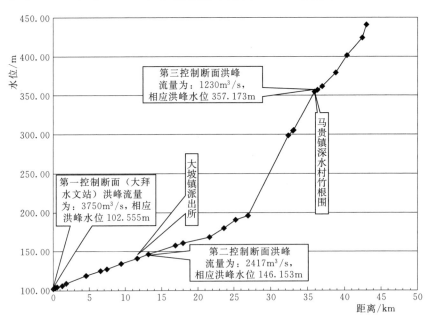

图 4.1-2　"9·21" 特大洪水曹江流域洪峰流量沿程分布图

此外，还选取大拜水文站 1967—2010 年的实测洪水资料进行频率分析，系列长 44 年，并对 "9·21" 洪水和 1856 年、1904 年和 1914 年历史大洪水作特大值处理，按 P-Ⅲ型曲线进行适线。本次洪水大拜水文站的最大洪峰流量为 3740m³/s，根据频率曲线图查得 2010 年 "9·21" 洪水大拜水文站洪峰流量重现期约为 300 年。"9·21" 洪水大拜水文站洪峰水位为 102.50m（冻结基面），最大流量为 3740m³/s，洪峰水位比 1856 年调查洪水低 0.99m，最大流量比 1856 年洪水小 300m³/s。

　　河流洪水水面线的沿程变化与河道特征和纵比降相应。河流水面线在中下游河段比较平缓，上游为河流的源头地区，一般属山区地带，河道地势比较陡，因而河道水面线比较陡。2010 年"9·21"暴雨洪水曹江洪水（洪痕）水面线见图 4.1-3，曹江左、右岸洪水水面线见图 4.1-4 和图 4.1-5。

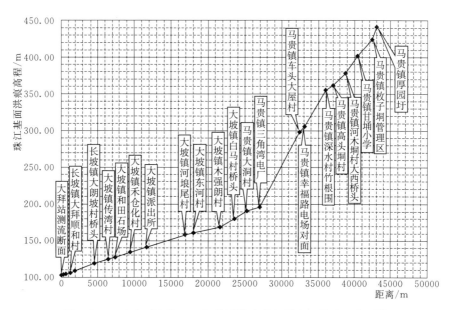

图 4.1-3　2010 年"9·21"暴雨洪水曹江洪水（洪痕）水面线

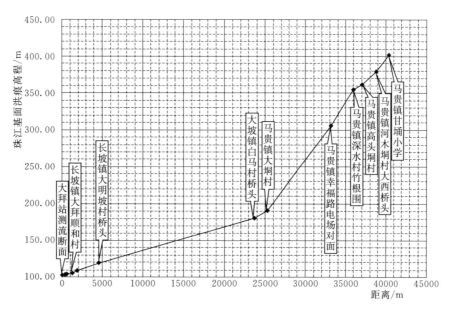

图 4.1-4　2010 年"9·21"暴雨洪水曹江左岸水面线

37

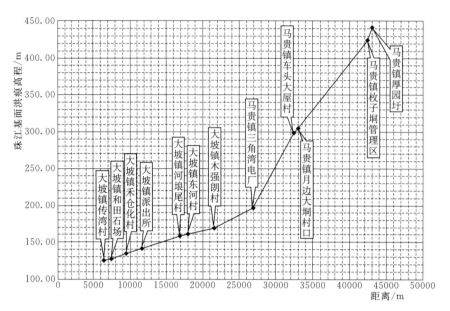

图 4.1-5　2010年"9·21"暴雨洪水曹江右岸水面线

# 第二节　弯曲河流水沙运动规律研究

弯曲河流是自然河流的一种基本形态。一个多世纪以来，人们对弯曲河槽水流及其泥沙运动的研究做了不懈的努力，业已取得许多宝贵的成果，为进一步的研究提供了有利条件。但由于弯曲河槽复杂的三维水流特性以及数学处理上的困难，迄今为止，许多成果尚难以很好地反映其实际的水流特征，存在较大的局限性。

弯曲河槽水流的一个重要特征——环流为众多研究者所重视并作了大量有益的探讨，得到很多横向流速分布计算公式。但由于横向流速测量资料较少，不管是实验室的还是野外的，更由于测量精度所限，这些横向流速分布的计算公式都验证得很不够。之所以人们对环流如此感兴趣，因其还是影响弯道纵向流速重分布的一个重要因素。可是，很少看到文献涉及把环流研究结果反馈到纵向流速重分布的影响上；恰恰相反，都是假设纵向流速沿垂线服从某一分布而推导得横向流速分布，由此得到纵横水流流速之夹角，即主流速的偏角，从而在一定程度上反映弯道底沙运动的特性和床面形态的形成。事实上，弯道纵向流速沿横向和垂线的重分布更是弯道水流的重要特征。关于纵向平均流速沿横向的重分布，有著名的面积定律（即自由涡理论）、强迫涡理论以及自由涡向强迫涡发展的阐述等。假设河流比较宽浅情况下，导出可应用于天然河弯的纵向垂线平均流速分布公式：

$$\overline{u_0} = \sqrt{C^2 J_e H + \left[ \left( \frac{R_c Q}{RS} \right)^2 - C^2 J_e H \right] e^{-2gR_c/C^2 H}} \qquad (4.2-1)$$

式中：$C$ 为谢才系数；$J_e$ 为垂线处的水面比降；$R_c$ 为曲率半径；$S$ 为过水面积；$Q$ 为流量；$g$ 为重力加速度。

严格说来，式（4.2-1）中的 $J_e$、$C$ 都沿程和沿横断面变化，其值难以得知。在纵向流速沿垂线的重分布方面研究较少，随着激光流速仪等先进测量仪器用于水流测量，弯道流速分布及其紊动特性得以更深入地了解。

以往研究还有一个突出的弱点，就是大多都假设弯道水流为充分发展之弯道环流，主要是为了避免数学上的求解难。不能全面反映弯道水流运动的规律，这也是许多研究成果的局限性之所在。研究表明，除非弯道中心角足够大，否则环流很难充分发展，特别是天然河道中常见的连续弯道，由于上下两弯相反方向的环流的影响，使得下一弯道几乎不可能出现环流充分发展的情形。

弯曲河槽泥沙运动与其水流结构、床面切应力分布等密切相关，反过来，泥沙运动塑造的河床形态又对水流结构产生影响。根据二维激光流速仪、常规流速仪以及方向普雷斯顿管（Yaw probe Preston tube）测得的连续弯道定床及动床的水流流速、脉动强度及床面切应力等资料，探讨弯道纵向流速沿横向及垂线的分布规律、紊动特性等，并从分析定床弯道沿程及横断面水力要素的变化入手，分析弯道底沙沿程和横断面的输沙变化及导致的床面形态的形成过程、水沙调整等。

**一、模型试验及量测设备**

利用图 4.2-1 所示的连续弯道模型，分别测量沿程水深、流速及其偏角，并利用方向普雷斯顿管技术施测床面切应力及其偏角。模型床面横比降为零，纵向比降为 1.5‰，糙率为 0.0119，本章所涉及资料顺直段进口边界条件为 $Q=24.30\text{L/s}$，$H_0=7.18\text{cm}$。此外，还进行了边壁为定床、床面为动床的推移质输沙试验。

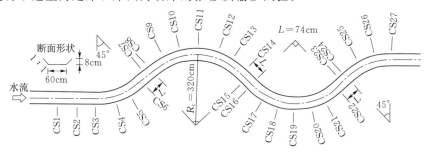

图 4.2-1 连续弯道概化模型布置图

为了更仔细深入研究弯道垂线流速分布，尤其是近底流速以及脉动强度，设计如图 4.2-1 的有机玻璃连续弯道模型，床面横向坡度为零，纵向坡度为 1.58‰，糙率为 0.009，横断面为矩形，利用丹麦丹地公司生产的二维多普勒激光流速仪 LDA-10，测量弯道纵向及垂向流速、脉动强度、雷诺应力等（以下简称 LDA 资料）。实测流量为 19.99 L/s，对应顺直进口段水深 $H_0=3.42\text{cm}$，沿垂线测量步长 $\Delta h$ 在 $\eta<0.1$ 内一般为 0.1～0.3mm，其余区域一般为 2mm。测量断面为 CS0°、CS20°、CS45°、CS70°，每个断面布置 5 根垂线。

**二、纵向垂线平均流速沿横向分布**

假设弯道垂线平均流速沿横向服从下列分布式：

$$\overline{u_0} = aR^\lambda \tag{4.2-2}$$

并对参数 $a$ 和 $\lambda$ 作一系列的探讨，得到了一些比较满意的成果。当 $\lambda=-1$，式（4.2-2）即为面积定律（自由涡理论）；当 $\lambda=1$ 时，式（4.2-2）就是强迫涡定律，而 $\lambda=0$ 时，即为均匀流。因此，从公式结构来说，式（4.2-2）用来统一描述自由涡和强迫涡的垂线平均流速分布是方便的。研究认为，就某一宽广弯道而言，在弯道入口处，近似为均匀流分布（λ＝0）；随弯道中心角 θ 的增大，λ 减小，当 θ 增至某一角度 $\theta_2$ 时，λ＝1，自由涡充分发展；当 θ 进一步增大时，λ 从−1 逐渐增大，经 λ＝0（均匀流）；当 θ 大于某一角度 $\theta_2$ 时，λ＝1，发展为强迫涡。然而，式（4.2－2）也有较大的弱点，表现在：量纲不和谐；流速分布要么凸岸边最大（λ＜0），要么凹岸边最大（λ＞0），没能反映主流从上半弯的凸岸逐渐过渡至弯道出口之凹岸的过程。

影响弯道纵向平均流速 $\overline{u_0}$ 的因素有宽深比 $B/H$，弯曲半径 $R_c$，弯道中心角 θ，糙率 n 以及进口条件等。对某一具体弯道而言，假设

$$\frac{\overline{u_e}}{\overline{u_0}} = f(R/R_c) \qquad (4.2-3)$$

根据试验研究发现

$$\frac{\overline{u_e}}{\overline{u_0}} = a + b\frac{R}{R_c} + c\left(\frac{R}{R_c}\right)^2 \qquad (4.2-4)$$

式中：$\overline{u_0}$ 为弯道进口顺直段的垂线平均流速；a、b、c 为待定参数。

式（4.2－4）形式能够较好地符合弯道沿程垂线平均流速沿横向的分布规律。

表 4.2－1 是据 LDA 资料回归所得之 a、b、c 值，可见其相关系数都在 0.94 以上。

**表 4.2－1　　　　　　　　　参数 a、b、c 值及相关系数**

| CS | $a$ | $b$ | $c$ | 相关系数 |
|---|---|---|---|---|
| 0° | 2.5960 | −2.2718 | 0.7373 | 0.9483 |
| 20° | 1.2583 | 1.6079 | −1.7877 | 0.9928 |
| 45° | −0.3406 | 4.2822 | −2.8394 | 0.9842 |
| 70° | −3.8016 | 11.2537 | −6.3234 | 0.9489 |

可以期望 $a=a(\theta)$　　$b=b(\theta)$　　$c=c(\theta)$，经回归分析得

$$\begin{cases} a = 2.4875 - 1.7983\theta - 2.6983\theta^2 \\ b = -2.5076 + 10.5745\theta \\ c = 0.6343 - 5.4142\theta \end{cases} \qquad (4.2-5)$$

其相关系数均大于 0.98，其中 θ 以弧度计。

图 4.2－2 是式（4.2－4）和式（4.2－5）的计算值与实测值之比较，可见符合较好。此外对式（4.2－2）进行了研究，表明式（4.2－4）比式（4.2－2）具有更高的相关系数和精度。

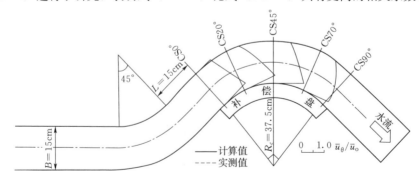

图 4.2－2　纵向平均流速沿横向分布

采用按图 4.2-1 设计的连续弯道模型实测的流速资料对式（4.2-4）进行回归分析，图 4.2-3 即是 $a$、$b$、$c$ 值的沿程变化，其中的相关系数除弯顶下游断面 CS12、CS13、CS20、CS21 低于 0.90 以外（大于 0.86），其他断面均高于 0.94。图 4.2-3 显示 $a$、$b$、$c$ 值在某一区间内明显表现为 $\theta$ 的线性函数，即与式（4.2-5）相符；由于四个弯道之间的相互影响，其值沿程变化相对较为复杂。

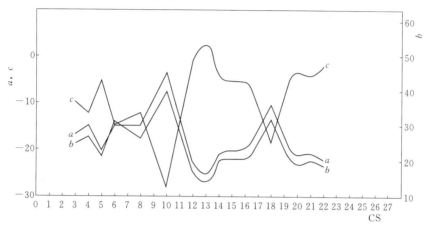

图 4.2-3　$a$、$b$、$c$ 值的沿程变化

式（4.2-4）可以改写成

$$\frac{\overline{u_\theta}}{u_0} = a_1 + b_1\left(\frac{R-R_c}{R_c}\right) + c_1\left(\frac{R-R_c}{R_c}\right)^2 \qquad (4.2-6)$$

其中 $a_1 = a+b+c$，$b_1 = b+2c$，$c_1 = c$。当 $R_c$、$R \to +\infty$ 时，即为顺直河段，式（4.2-6）$\overline{u_\theta}\sqrt{u_0} = a_1$，此时 $a_1 = a+b+c = 1$，当 $R = R_c$ 时，$\overline{u_\theta}\sqrt{u_0} = a_1$，$a_1$ 就为弯道中心线处的纵向垂线平均流速与顺直段平均流速之比值。关于 $a$、$b$、$c$ 值的确定，有待利用更多的资料作更深入的研究。

### 三、纵向流速沿垂线的重分布

由于受弯曲流线的影响，弯道纵向流速 $u_0$ 沿垂线发生重分布，这在很大程度上决定了对应的径向速度 $V_r$ 的分布。因此，研究弯道纵向流速沿垂线的重新分布规律，对进一步研究弯道环流等弯道水力特征要素，有着重要的理论价值和实际意义。然而，由于 $u_0$ 沿垂线分布的复杂性，同时也由于紊流理论及量测技术的限制，大多数文献都把 $u_0$ 沿垂线的分布按对数定律、指数定律或抛物线分布处理，从而造成研究成果的局限性。Engelund 引入滑移速度 $u_b$ 的概念，假设 $u_0$ 服从抛物线分布

$$\frac{2u_s - u_l - u_0}{u_*} = \frac{1}{0.154}\left(\frac{1}{\eta}\right)^2 - 6.5 \qquad (4.2-7)$$

$$u_b/u_* = 2 + 2.5\ln(H/k)$$

式中：$u_0$ 为表面流速；$n = h/H$ 为从床面算起的相对高度；$k$ 为卡门系数；$u$ 为摩阻流速。

据介绍，式（4.2-7）比对数公式具有更高的精度。可是，由于这些公式 $u_0$ 都是随 $n$ 的单调增大而增大，也就是说最大流速位于水面处。然而，许多实测资料均表明，$u_0$ 的最大流速往往位于水面之下，由此导致过大估计 $\overline{u_0}$。Knudsen 建议在 $n < 0.2$ 的区域应用对数定律，而在其他区域应用抛物线定律。Ahmed SAHet 则建议修改对数定律为

$$\frac{u_0}{u_*} = \frac{1}{k}\ln\left(\frac{\eta}{\eta_0}\right) - I(\eta)P(\eta) \qquad (4.2-8)$$

式中：$\eta_0$ 为对应 $u_0 = 0$ 处的相对高度；$P(\eta)$ 为 $\eta$ 的多项式；$I(\eta)$ 为决定对数定律适用区域的参数。

$$\left.\begin{aligned} I(\eta) &= 0, \eta < 0.2 \\ I(\eta) &= 1, \eta \geqslant 0.2 \end{aligned}\right\} \qquad (4.2-9)$$

式（4.2-9）中多项式 $P(\eta)$ 应该满足下面的条件：$\eta = 0.20$ 时，$I(\eta) = 0$；为了使之和对数定律光滑连续，$\eta = 0.20$ 时，$I(\eta)/\partial\eta = 0$。

根据上述条件，Engelund 建议

$$\frac{u_0}{u_*} = \frac{1}{k}\ln(\eta/\eta_0) - I(\eta)d(5\eta-1)^2 \qquad (4.2-10)$$

由于

$$\tau_0 = \rho g\left(\frac{\overline{u_\theta}}{C}\right)^2 \qquad (4.2-11)$$

式中：$C$ 为当量的谢才系数；$\tau_0$ 为纵向床面切应力。

$$\frac{u_\theta}{\overline{u_0}} = \frac{\sqrt{g}}{kc}\left[\ln(\eta/\eta_0) - kI(\eta)d(5\eta-1)^2\right] \qquad (4.2-12)$$

为了验证式（4.2-9）的假设，根据 LDA 的实测资料，点绘 $\overline{u_\theta}/\overline{u_0}$ 与 $\ln\eta$ 的关系如图 4.2-4 所示，可见各垂线之流速分布在 $\eta < 0.20$ 的区域内，$\overline{u_\theta}/\overline{u_0}$ 与 $\ln\eta$ 基本上为线性关系。由于当量谢才系数 $C$ 值沿程及沿横断面变化，目前亦难以直接计算，相关分析

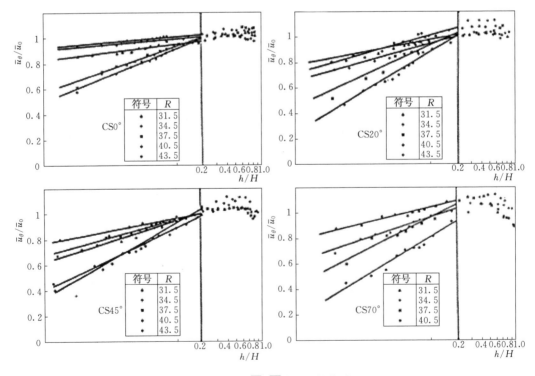

图 4.2-4　$\overline{u_\theta}/\overline{u_0}$ 与 $\ln\eta$ 的关系

表明其相关系数大都在 0.97 以上，进而得到 $C$ 和 $\eta_0$（$k=0.4$）；$\eta \geqslant 0.20$ 的区域则不是线性关系。这进一步为研究式（4.2-12）提供了可靠的佐证。式（4.2-12）沿水深积分有

$$\int_{\eta_0}^{1} \frac{u_\theta}{u_0} = \frac{g}{kC}\left[\int_{\eta_0}^{1} \ln(\eta/\eta_0)\mathrm{d}\eta - kd\int_{0.2}^{1}(5\eta-1)^2\mathrm{d}\eta\right]$$

由于 $\eta_0 \ll 1$，故

$$\left.\begin{aligned}1 &= \frac{\sqrt{g}}{kC}\left[\left(\ln\frac{1}{\eta_0}-1\right)-\frac{64}{15}kd\right] \\ d &= \frac{15}{64}\left[\frac{1}{k}\left(\ln\frac{1}{\eta_0}-1\right)-C/\sqrt{g}\right]\end{aligned}\right\} \qquad (4.2-13)$$

设 $\eta = \eta^*$ 时，$u_\theta = u_{\theta\max}$，则由式（4.2-12）对 $u_\theta$ 求 $\eta$ 的偏导数为 0 可求得

$$\eta^* = \frac{1+\sqrt{1+2/dk}}{10} \qquad (4.2-14)$$

经相关回归分析求得 $C$ 和 $\eta_0$ 值，由式（4.2-13）和式（4.2-14）可求得 $d$ 和 $\eta^*$。图 4.2-5 是式（4.2-12）计算的沿垂线流速分布与实测值的比较，可见吻合较好，说明式（4.2-12）能够较好地反映 $u_\theta$ 沿垂线的分布规律。

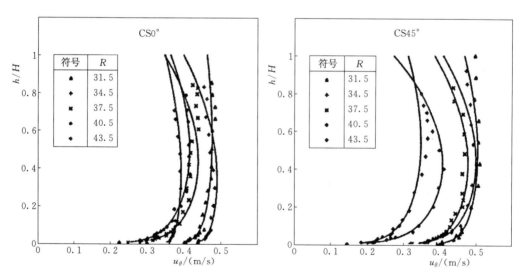

图 4.2-5 纵向流速沿垂线分布

式（4.2-11）写成如下无量纲形式

$$\frac{\tau_\theta}{\tau_0} = \left(\frac{C_0}{C}\right)^2\left(\frac{\overline{u_\theta}}{u_0}\right)^2 \qquad (4.2-15)$$

式中：$\tau_0$、$C_0$、$u_0$ 分别为弯道进口顺直段之床面切力、当量谢才系数和垂线平均流速。由实测流速和方向普雷斯顿管测得的床面切应力，可算得 $C_0/C$ 值，另外据上述 LDA 资料回归所得之 $C$ 值也一同列于表 4.2-2，可见当量谢才系数 $C$ 沿程及沿横断面变化。

表 4.2-2                           $C_0/C$ 值的沿程及沿横断面变化

| $C_0/C$     $R/cm$<br><br>断面 | $\dfrac{290}{31.5}$ | $\dfrac{305}{34.5}$ | $\dfrac{320}{37.5}$ | $\dfrac{335}{40.5}$ | $\dfrac{350}{43.5}$ | 图 1 模型<br>图 2 模型 |
|---|---|---|---|---|---|---|
| CS6° | 0.932 | 0.950 | 0.918 | 1.027 | 1.150 | 图 1 模型 |
| CS12° | 0.921 | 0.865 | 0.842 | 0.926 | 1.028 | |
| CS45° | 0.425 | 0.725 | 0.679 | 1.277 | 1.064 | 图 2 模型 |
| CS70° | 0.536 | 0.806 | 1.168 | 1.379 | | |

从式（4.2-13）可知，$d$ 随 $\eta_0$ 和 $C$ 的减少而增大，回归分析得到的 $\eta_0$ 和 $C$ 值表明，$\eta_0$ 越小，$C$ 值越大。计算结果展示，$d$ 值沿程及横断面变化，因而 $\eta^*$ 值也是如此；实测资料亦显示 $\eta^*$ 值随垂线位置不同而变化。Hussein 和 Smith 给出 $R_c/B=3$ 之矩形断面弯道，$d$ 随 $B/H$ 的变化关系，即认为 $d$ 主要随 $B/H$ 而变化，沿程及横断面不变。事实上其验证之结果，垂线仅为弯道中心线或凹岸区域，且各垂线实测值也较分散，下一步需要对 $d$ 值作更深入的研究。

**四、纵向脉动强度**

脉动流速是水流紊动的最重要特性之一，所谓水流的脉动结构主要指脉动强度（或称紊动强度）的分布。水流中某一点的脉动强度通常用脉动流速的均方根来表示，如纵、垂向脉动强度可以表示为

$$\sigma_{纵} = \sqrt{\overline{u'^2}},\ \sigma_v = \sqrt{\overline{v'^2}} \tag{4.2-16}$$

对于顺直明渠水流的脉动强度的量测，前人积累了比较多的资料，而对于弯道水流的脉动强度，则难以见到前人的量测结果。图 4.2-6 是据二维激光流速仪测得的弯道纵向脉动强度沿垂线水深分布，脉动强度用无量纲的参数 $\sqrt{\overline{u'^2_\theta}}\ \sqrt{u_0}$ 表示。比较前人用

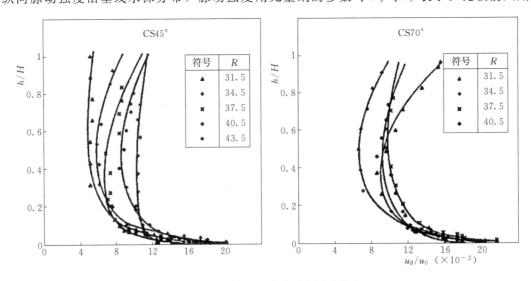

图 4.2-6   弯道纵向脉动强度沿垂线分布

热膜片仪或热丝仪量测的顺直明渠水流的纵向脉动强度的结果，在数量上比较一致。而在沿垂线的分布上则有所差异，顺直明渠水流的纵向脉动强度在边壁处因受空间的限制，脉动强度为零，离边壁稍远，脉动强度迅速增大达到一个峰值（亦有没测到峰值的），在主流区内，脉动强度随相对水深的增大而单调减小，并且呈较好的线性关系；图 4.2-6 的结果表明，弯道水流的纵向脉动强度在 $\eta < 0.2$ 区域随 $\eta$ 的增大而减小，且减小幅度较大，而后随 $\eta$ 的继续增大而缓慢减小，达到一最小值（对应于 $\eta = 0.3 \sim 0.5$）后，又随 $\eta$ 的继续增大而缓慢增大。图 4.2-6 还表明，弯道纵向脉动强度随垂线位置的不同而异，一般凸岸之脉动强度较凹岸为小；而在 $\eta < 0.1$ 的区域，各垂线之脉动强度值比较接近。

### 五、连续弯道的底沙运动特性

由上述弯道水流要素的理论分析及实验可知，弯道流速、床面切应力等沿程及沿横断面不均匀分布。由水流功率概念得：

$$\left.\begin{aligned} W &= \tau_\theta \bar{u}_\theta \\ \frac{W}{W_0} &= \frac{\tau_\theta}{\tau_0} \cdot \frac{\overline{u_\theta}}{u_0} \end{aligned}\right\} \tag{4.2-17}$$

其中，$W$ 和 $W_0$ 分别为弯道任一垂线位置和进口顺直段的水流功率，因而 $W/W_0$ 值亦沿程及沿横面不均匀分布。

对粒径为 $D$ 的泥沙颗粒，其起动功率 $W_c$ 可表示为

$$W_c = \text{cost} \cdot \frac{\gamma}{g} \left( \frac{\gamma_s - \gamma}{\gamma} g D \right)^{\frac{3}{2}} \tag{4.2-18}$$

假设 $W_0 = W_c$，则对均匀铺于定床弯道床面的粒径为 $D$ 的泥沙颗粒，只有 $W/W_0 = W/W_c \geqslant 1$ 区域的泥沙颗粒才会起动，且 $W/W_0$ 值愈大，该处之泥沙颗粒起动概率愈大，亦即推移质输沙强度愈大。定床实测资料表明，一般 $\tau_\theta/\tau_0$ 大，$\overline{u_\theta} \sqrt{u_0}$ 就大，即主流线和最大切应力线基本一致；但并非 $\tau_\theta/\tau_0 > 1$，就有 $\overline{u_\theta} \sqrt{u_0} > 1$，表 4.2-3 是实测之 $W/W_0$ 沿程及沿横断面的变化。可见，由于过渡段较短，上一弯道对下一弯道影响较大，弯道进口水流功率沿横断面分布很不均匀，弯道上半部靠凸岸一侧 $W/W_0$ 值较大，输沙强度亦较大。但正如曾庆华所指出的，因为上游有泥沙不断补给，这里不可能造成很大的冲刷坑，泥沙只不过从这里过境，而后进入其紧邻的下游凸岸部分。进入弯顶以下凸岸区域之泥沙，由于该区域 $W/W_0$ 显著减小并小于 1，大量泥沙将在该区域淤积，并逐渐扩大上延而形成凸岸沙洲。凸岸沙洲的淤涨将会改变弯道的水流结构，使水流动力逐渐向凹岸偏移，造成弯顶下游凹岸的冲刷，由于没有足够泥沙的补充，冲刷坑将扩大上延，最后形成凹岸稳定的深槽。

动床试验表明，连续弯道底沙输移强度沿横断面分布极不均匀，存在着一条主输移沙带（或称强烈输沙带），且泥沙沿程及横断面发生分选，粗沙带与主输移沙带一致。主输移沙带在弯道进口集中靠凸岸边，而后沿程拓宽，进入弯顶稍下斜穿弯道中心线，抵达凹岸；然后又集中进入下一弯道凸岸，带入凹岸的泥沙则较少，这也正是凹岸深槽得以长期存在之原因。显然，主输移沙带的平面位置随流量的不同而变化。天然河湾洪水期水流取直，主输沙带横穿凸岸沙洲，若流量突然减小，大量泥沙将淤积于原主输沙带位置，造成汛后凸岸沙洲的淤积。

表 4.2-3 $W/W_0$ 沿程及沿横断面的变化

| $W/W_0$     CS<br>$R/cm$ | 8 | 9 | 10 | 11 | 12 | 13 | 14 |
|---|---|---|---|---|---|---|---|
| 290 | 1.631 | 1.816 | 1.633 | 1.079 | 0.655 | 0.778 | 0.645 |
| 305 | 1.229 | 1.436 | 1.298 | 1.297 | 1.227 | 1.347 | 0.939 |
| 320 | 1.091 | 1.228 | 1.179 | 1.153 | 0.909 | 1.049 | 1.084 |
| 335 | 1.006 | 0.858 | 0.757 | 0.631 | 0.596 | 0.834 | 0.921 |
| 350 | 0.392 | 0.476 | 0.495 | 0.610 | 0.586 | 0.581 | 0.807 |

连续弯道过渡段往往会出现交错浅滩,毫无疑问,交错浅滩之浅脊是主输移沙带的必经之路和塑造的结果。认识到主输沙带的运动特性及其对塑造弯曲河床床面形态的作用,对进行河道整治将有很大的指导作用。

### 六、连续弯道推移质输移特性及其分选研究

#### (一)连续弯道推移质输移特性试验研究

如图 4.2-7 所示,先在定床上铺上一层床沙,然后在 $Q=10.33L/s$ 的恒定流量下连续进行动床输沙试验,尾段安装有自动接沙漏斗,可连续接取沙样。调整上游恒定加沙量 $Q_g$ 至 10kg/h,输沙达到动平衡状态,塑造得稳态的河床地形(床沙及加沙级配曲线如图 4.2-7 虚线所示)。尔后,观察记录泥沙的输移和分选情况,分别量测两个弯顶断面(CS11 和 CS19)和直段(CS2)的输沙率,以及主输沙带的输沙能力(见表 4.2-4);最后,对床沙的横向和纵向分选沿程取样分析。

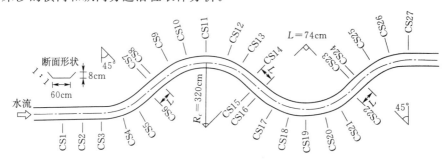

图 4.2-7 连续弯道模型平面布置图

表 4.2-4 主沙带输沙能力 $Q_主/Q_总$

| 取样时间     断面 | CS11 | CS19 |
|---|---|---|
| 8月30日 10:00 | 61.3% | 60.7% |
| 8月30日 16:30 | 58.8% | 63.5% |
| 8月31日 20:00 | 54.8% | 63.4% |
| 8月31日 21:00 | 57.2% | 54.6% |

**注** 表中 $Q_主$ 和 $Q_总$ 分别为主沙带和全断面的输沙量。

通过对试验结果的分析，得出如下的结论：

（1）连续弯道推移质泥沙输移在横断面分布上极不均匀，呈现出成带性，其中存在一条主输移沙带，但在连续弯曲河流的弯道进口断面（与顺直段连接的第一个弯道进口，如CS3）分选及沙带均不明显。

（2）泥沙沿横断面的分选（见图4.2-8）明显有三条沙带，颗粒最细的沙带紧靠凸岸边缘，沙带宽度很小，运动速度极慢；然后是运动速度最快的粗沙带（即主沙带）；细沙带运动速度次之，位于弯道中心线附近偏凹岸。

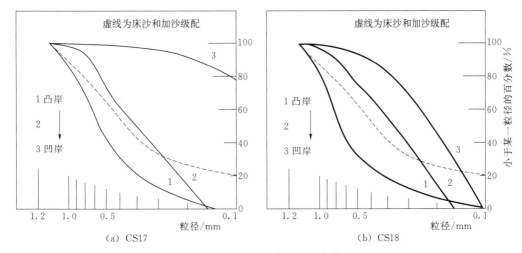

图4.2-8　泥沙分选级配曲线

（3）主输移沙带位于凸岸边滩一侧，这和 Leopold 在科罗拉河等河道上进行环流结构观测的结果是一致的。主沙带在弯道进口处紧靠凸岸边，宽度占河宽的15％左右，输沙量却占全断面输沙量的80％以上；而后沿程拓宽，在弯顶处主沙带宽度为输沙断面宽度的25％～30％，输沙量却占全断面输沙量的54％～64％；进入弯顶断面后，粗细沙带逐渐开始掺混，分选趋于不明显；在弯顶稍下推移质斜穿弯道中心线，抵达凹岸，然后进入下一弯道凸岸，重新开始分选。

**（二）连续弯道床沙分选的理论分析**

1. 分选机理

在假想具有均匀床沙的规则弯道模型上，当作用在横断面上各泥沙颗粒上的横向水流作用力与颗粒的横向重力分量刚好平衡时，就塑造出相对稳定的河床断面。此时，如果一粗颗粒置于弯道中心线上，它将沿弯道顺坡而下，到达凹岸，因为向下的重力分量比由副流产生的向上流体作用力大。相反，细颗粒将沿偏向于付流方向至凸岸沙滩，因为细颗粒的向下重力分量比由副流产生的向上作用力小，这就是弯道泥沙分选的基本机理。

在具有连续级配的非均匀床沙模型中，在恒定流量下，各种大小的泥沙颗粒将沿其轨迹移动以寻找稳定的位置，在那里当它沿弯道前行时，横向重力分量和水流作用力将达到平衡，这样就使各种粒径的泥沙成带状地分布在横断面上。

2. 床沙的受力分析及其粒径分布

如前所述，当出现稳定河床断面时，就形成凸岸边滩，其断面有一倾角 $\beta$，颗粒水下重量沿坡面的分力将与剪切力的作用相平衡，使得横向的作用力合力为零，同样由于来流为恒定流，在河床稳定时，作用在推移质泥沙颗粒上的纵向力也应是平衡的。

考虑横向作用力平衡，作用在泥沙颗粒上的重力、上举力和剪切力具有下列关系式：

$$\pi \left(\frac{D_s}{2}\right)^2 \tau_\gamma = (W' - F_L)\sin\beta \qquad (4.2-19)$$

式中：$W'$ 为泥沙颗粒的重力；$F_L$ 为颗粒所受的上举力；$\tau_\gamma$ 为床面横向剪切应力；$D_s$ 为泥沙颗粒的粒径；$\beta$ 为床面横坡倾角。

考虑到纵向作用力平衡，作用在泥沙颗粒上的重力、剪切力和摩擦力具有下列关系：

$$\pi \left(\frac{D_s}{2}\right)^2 \tau_\theta = (W' - F_L)\sin\beta\tan\varepsilon \qquad (4.2-20)$$

式中：$\tau_\theta$ 为床面纵向切应力；$\varepsilon$ 为泥沙的动摩擦角。

联解式（4.2-19）、式（4.2-20）有

$$\tan\beta = \frac{\tau_\gamma}{\tau_\theta}\tan\varepsilon = \tan\delta\tan\varepsilon \qquad (4.2-21)$$

式中：$\delta$ 为床面切应力偏角。

而 $W'$ 的计算式为

$$W' = \frac{4}{3}\rho\pi\left(\frac{\rho_s}{\rho}-1\right)g\left(\frac{D_s}{2}\right)^3 \qquad (4.2-22)$$

令 $F_L = C_1 F_d$，则

$$F_L = \pi\left(\frac{D_s}{2}\right)^2 C_1\tau = \pi\left(\frac{D_s}{2}\right)^2 C_1\tau_\gamma/\sin\beta \qquad (4.2-23)$$

式中：$F_d$ 和 $\tau$ 分别为拖曳力和床面切应力；$C_1$ 为常系数；$\rho$、$\rho_s$ 分别为水流和泥沙的密度。

把式（4.2-22）和式（4.2-23）代入式（4.2-19）和式（4.2-21），并认为 $\beta$ 较小，$\sin\beta\approx\tan\beta$，整理得

$$D_s = \frac{(1-C_1)\tau_\theta}{\frac{3}{2}g(\rho_s-\rho)}\tan\varepsilon \qquad (4.2-24)$$

王韦等导得的纵向切应力公式为

$$\tau_\theta = \rho g u^2/C^2 \qquad (4.2-25)$$

式中：$C$ 为谢才系数；$u$ 为纵向垂线平均流速。

式（4.2-25）代入式（4.2-24）得

$$D_s = \frac{3\rho u^2(1-C_1)}{2(\rho_s-\rho)C^2\tan\varepsilon} \qquad (4.2-26)$$

化为无量纲的形式，则有

$$\frac{D_s}{D_m} = \left(\frac{u}{u_m}\right)^2\left(\frac{C_m}{C}\right)^2 \qquad (4.2-27)$$

式中：$D_m$、$u_m$ 和 $C_m$ 以分别为弯道中心线处床沙粒径、纵向垂线平均流速和谢才系数。由于 $n = \frac{1}{A}K_s^{1/6}$，取 $K_s = D_s$，则 $n = \frac{1}{A}D_s^{1/6}$，考虑断面各处谢才系数 $C$ 的变化，有

$$\left(\frac{C_m}{C}\right)^2 = \left(\frac{D_s}{D_m}\right)^{\frac{1}{3}}\left(\frac{h_m}{h}\right)^{\frac{1}{3}} \qquad (4.2-28)$$

式（4.2-28）代入式（4.2-27），可得

$$\frac{D_s}{D_m} = \left(\frac{u}{u_m}\right)^3 \left(\frac{h_m}{h}\right)^{\frac{1}{2}} \quad (4.2-29)$$

这样，在已知水深和流速条件下，如果知道弯道中心线处的泥沙颗粒粒径，就可算得泥沙粒径沿横向的分布。

式（4.2-29）变形可得

$$\frac{u}{u_m} = \left(\frac{D_s}{D_m}\right)^{\frac{1}{3}} \left(\frac{h}{h_m}\right)^{\frac{1}{6}} \quad (4.2-30)$$

式（4.2-30）和沙莫夫的起动流速公式结构类似。

根据实测各断面各点水深和垂线流速资料，由式（4.2-29）可算得各断面粒径的分布（见表4.2-5）和最大粒径的位置，由此可得到各断面最大粒径位置的连线（图4.2-9）。表4.2-5和图4.2-9表明，断面横向泥沙分选和粗沙带与实测的资料较为一致，最粗粒径的连线与Parker和Andrews在正弦派生曲线连续弯道上预测的结果非常相似。

表 4.2-5                      **断面泥沙分选实测值和计算值比较**

| | | | | | | | | |
|---|---|---|---|---|---|---|---|---|
| 9月11日 | 距凸岸之距/cm | 8 | 16 | 23 | 32 | 38 | 53 | 68 |
| | 计算 $D_s/D_m$ 值 | 0.124 | (0.44) | 1.00 | (1.08) | 1.00 | 0.74 | 0.41 |
| | 实测 $D_s/D_m$ 值 | — | 0.39 | — | 1.10 | 1.00 | 0.70 | — |
| 9月19日 | 距凸岸之距/cm | 8 | | 23 | 30 | 38 | 53 | 68 |
| | 计算 $D_s/D_m$ 值 | — | | 0.40 | (0.85) | 1.00 | 0.62 | 0.35 |
| | 实测 $D_s/D_m$ 值 | — | | — | 0.88 | 1.00 | 0.62 | 0.37 |

**注** 括弧值为计算曲线内插值，实测 $D_s$ 值取沙样累积曲线的 $D_{50}$。

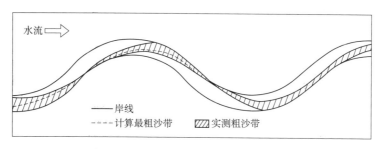

图 4.2-9   主输沙带（粗沙带）沿程变化

# 第三节   河流岸滩崩塌机理研究

河岸的稳定性问题也就是通常所说的崩岸问题，指河岸在渐变过程中，当渐变达到一定的时刻，量变达到质变，或者遭到某种突变性的事件，如特大洪水，在局部地段就会出现剧烈的横向变形，即局部的崩坍，也就是习惯上所说的崩岸。河岸稳定性研究是进入20世纪80年代以后才开始进行数值模拟的，经过近20年的研究，目前已经取得了一定的研究成果，并且已经逐步应用于工程实践。为了进一步对岸滩崩塌机理进行研究，在前人的研究基础上，提出了一个河岸稳定性模型。

## 一、概化模型

河岸概化模型可以用图 4.3-1 来表示。在图 4.3-1 中，$y_{fp}$ 为河岸滩的高程；$\gamma_w$ 为水的容重；$y_k$ 为拉伸裂缝的最低高程；$y_t$ 为残余拉伸裂缝的最低高程；$y_s$ 为侵蚀河岸最低高；$y_f$ 为崩塌底面高程；$H$ 为河岸的高度；$H'$ 为未侵蚀河岸的高度；$i$ 为河岸的倾角。

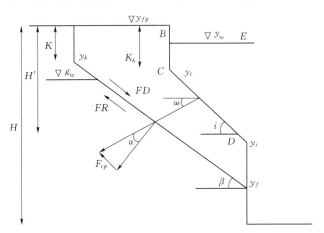

图 4.3-1 河岸及其崩塌块几何形状模型

## 二、崩塌形式

天然情况下，河岸可能发生的崩塌形式多种多样，但受现阶段研究水平的限制，在本模型中，只考虑河岸将可能发生旋转崩塌和平面崩塌两种情况。下面就这两种崩塌形式分别予以介绍。

### （一）旋转崩塌

根据 Osman 提出的旋转崩塌模型，假设崩塌表面通过岸趾，并用条分法定义安全系数，该安全系数是以崩塌圆弧中心为矩心的恢复力矩与破坏力矩的比值。

$$Fs_r = \sum cb + (W_s - u_w b)\tan\varphi \frac{1}{W_s \sin i}\left[\frac{\sec i}{1 + \frac{\tan\varphi}{Fs_r}}\right]$$

$$W_s = \gamma\left(\lambda\pi H^2 - \frac{H'^2}{2\tan i}\right) \qquad (4.3-1)$$

式中：$Fs_r$ 为旋转崩塌的安全系数；$c$ 为土壤的黏性系数，Pa；$W_s$ 为滑片的重量，N；$u_w$ 为孔隙水压力项，Pa；$b$ 为滑块的宽度，m；$i$ 为土壤的内摩擦角，（°）；$\gamma$ 为土壤的容重，N/m³。

如果 $Fs_r < 1$，认为河岸将发生旋转崩塌，并由式（4.3-2）计算发生崩塌后单侧河岸顶部的拓宽量和崩塌河岸的体积。

$$\left.\begin{array}{l} BW^* = H - H'/\tan i \\ V_f = \pi H^2 - H'/22\tan i \end{array}\right\} \qquad (4.3-2)$$

### （二）平面崩塌

在此次研究中，平面崩塌块的几何形

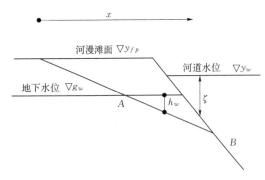

图 4.3-2 作用在崩塌面上的孔隙水压力

状可以由图 4.3-1 表示。在图 4.3-1 中，$y_w$ 为河道水位；$g_w$ 为地下水位；$k$ 为拉伸裂缝的深度；$K_h$ 为残余拉伸裂缝的深度；$F_{cp}$ 为组合静水压力的大小；$F_x$ 为组合静水压力的水平分量；$F_y$ 为组合静水压力的垂直分量；$\omega$ 为作用在河岸表面的静水压力与水平方向的夹角；FR 为潜在崩塌块的有效阻力；FD 为作用在潜在崩塌块上的有效牵引力；$\alpha$ 为组合静水压力与崩塌面法线间的夹角。

平面崩塌的稳定性安全系数 $Fs_p$ 定义为阻力与动力的比值，其表达式为

$$Fs_p = \frac{\dfrac{c(H-K)}{\sin\beta} + \left\{\left[\dfrac{\gamma}{2}\left(\dfrac{H^2-K^2}{\tan\beta} - \dfrac{H'^2-K_k^2}{\tan i}\right) - U_w\right]\cos\beta + F_{cp}\cos\alpha\right\}}{\dfrac{\gamma}{2}\left(\dfrac{H^2-K^2}{\tan\beta} - \dfrac{H'^2-K_k^2}{\tan i}\right)\sin\beta - F_{cp}\sin\alpha}$$

$$(4.3-3)$$

式中：$L$ 为潜在崩塌块的长度；$U_w$ 为作用在潜在崩塌块上的总的孔隙水压力；$\gamma$ 为土壤的容重。要用上式来求解此类问题，必须估算出给定河岸的孔隙水和静水压力项，潜在崩塌面的崩塌角度以及崩塌面的位置。下面对这些项逐一进行说明。

（1）孔隙水压力。崩塌面上任意一点的孔隙水压力项可以根据下式计算得出：

$$u_w = \rho_w g(h_w + \xi)$$

$$(4.3-4)$$

式中：$u_w$ 为崩塌平面任意一点的孔隙水压力；$\rho_w$ 为水的密度；$g$ 为重力加速度；$h_w$ 为地下水头；$\xi$ 为地面水头。

作用在图 4.3-2 所示的潜在崩塌块上的总的孔隙水压力为

$$U_w = \sum_0^x u_w d_x$$

$$(4.3-5)$$

对于任意的地下和河道水位，$U_w$ 都可以由 $h_w$、$\xi$ 和潜在崩塌块的形状求出来。

（2）静水侧压力。计算作用在淹没崩塌块上的静水侧压力，是要确定对河岸稳定性产生作用的组合静水压力的大小和方向。作用在潜在崩塌块上的组合静水压力可以通过求解作用在潜在崩塌块上的水平和垂直分力得出：

$$F_{cp} = \sqrt{F_x^2 + F_y^2}$$

$$(4.3-6)$$

式中：$F_{cp}$ 为组合静水压力的大小；$F_x$ 为组合静水压力的水平分量；$F_y$ 为组合静水压力的垂直分量。

作用在河岸表面的静水压力与水平方向的夹角 $\omega$ 可以按下式计算：

$$\omega = \arctan(F_y/F_x)$$

$$(4.3-7)$$

静水压力的水平和垂直分力通过计算作用在河岸各单元上的力给出：

$$\left.\begin{array}{l} F_x = \sum \partial F_X \\ F_y = \sum \partial F_Y \\ F_y = \rho_w g \text{ （Area } BCDE) \end{array}\right\}$$

$$(4.3-8)$$

形状 $BCDE$ 的面积大小由河道水位决定。角度 $\omega$ 可以通过河岸几何形态的分析得出。

$$\alpha = 90 - (\beta + \omega)$$

$$(4.3-9)$$

（3）崩塌平面的倾角。以前已经有很多学者做了这方面的研究工作，这里采用 Darby and Throne 提出的方法，$\beta$ 值可以通过下面的公式得出：

$$\partial c/\partial \beta = 0$$

$$(4.3-10)$$

$c$ 的表达式通过对式 （4.3 - 3） 求解得到。令 $Fs_p = 0$ ，移项可以得到 $c$ 的表达式如下：

$$c = \{ (W_t \sin^2\beta - F_{cp} \sin\alpha \cdot \sin\beta) - [ (W_t - U_w) \cdot \cos\beta \cdot \sin\beta \cdot \tan\varphi + F_{cp} \cos\alpha \cdot \sin\beta \cdot \tan\phi ) ] \} / (H - K) \tag{4.3 - 11}$$

上式对 $\beta$ 求微分，并令其右端项为 0，可以得到：

$$\frac{\partial c}{\partial \beta} = \left\{ \left\{ \left[ \frac{\gamma}{2} (H - K)(-\sin^2\beta + \cos^2\phi) \right] - \left[ \frac{\gamma(H^{t2} - K_k^2) \cdot \cos\beta \cdot \sin\beta}{\tan i \cdot (H - K)} \right] - \frac{F_{cp} X}{H - K} \left( F_n + \frac{F_{cp} \tan\phi \cdot Y}{H - K} \right) \right\} \right\} = 0 \tag{4.3 - 12}$$

其中

$$X = -\cos\beta \cdot \sin(-90 + \beta + \omega) - \sin\beta \cdot \cos(-90 + \beta + \omega)$$
$$Y = \cos\beta \cdot \cos(-90 + \beta + \omega) - \sin\beta \cdot \sin(-90 + \beta + \omega) \tag{4.3 - 13}$$

求解式 （4.3 - 12） 可以得到潜在崩塌块的倾角，再采用迭代法进行求解，其中选用牛顿-拉普逊迭代格式，即

$$\beta = \beta_{i-1} - F(\beta_{i-1}) / F'(\beta_{i-1}) \tag{4.3 - 14}$$

式 （4.3 - 14） 中，$\beta$ 和 $\beta_{i-1}$ 分别为第 $i$ 和 $i-1$ 次迭代的结果，$F(\beta_{i-1})$ 由式 （4.3 - 14） 给出，$F'(\beta_{i-1})$ 的值可以由式 （4.3 - 12） 对 $\beta$ 求微分得到。迭代的初始值可以用下式来近似：

$$\beta_0 = (i + \varphi) / 2 \tag{4.3 - 15}$$

（4）崩塌面位置的确定。采用逐步逼近的方法来判断崩塌面的位置。具体计算时，先用 21 个点将整个河岸划分成 20 个等距离的小段，对每个点来说，潜在崩塌表面的几何尺寸就确定了。根据前面的讨论，也可以计算出孔隙水压力、静水侧压力和安全系数，安全系数最小的那个潜在崩塌面就是崩塌将要发生的位置。如果要求精度更高，或者河岸的高度特别大的时候，可以再以这个位置为中心，上下各取 1/2 小段进行第二次计算，按同样的方法确定出崩塌发生的位置。如果计算出来的最小安全系数 $Fs_p > 1$，就认为河岸是稳定的。如果根据上面计算出来的最小安全系数 $Fs_p < 1$，则认为河岸将发生平面崩塌，可以分别通过下面两式计算出崩塌后单侧河岸顶部的拓宽量和崩塌体积。

$$BW^* = \frac{H - K}{\text{tg}\beta} - \frac{H' - K_h}{\text{tg}i}$$
$$V_0 = \frac{H^2 - K^2}{2\text{tg}\beta} - \frac{H'^2 - K_h^2}{2\text{tg}i} \tag{4.3 - 16}$$

### 三、河岸稳定性的概率分析

在前面的分析中，假设一个计算点发生崩塌，那么沿模拟河段整个长度范围内都将发生崩塌。但在自然情况下，沿河段几米或几十米长度范围的河岸崩塌是很少见的。在此将概率分析应用到二维河岸稳定性分析中，假设沿河段河岸稳定性的变化完全是由于河岸材料地质特性的空间变化而引起的，从而得到沿河段范围内河岸稳定性更合理的结果。

通过量测河岸材料的概率分布来代替安全系数方程式中的土壤特性的单一值，计算崩塌块对于旋转和平面崩塌的概率，将连续的河岸材料频率分布划分成不连续的类，就可以确定土壤特性的有限种组合。结合每种离散组合在每个节点处的几何形态，可以直接运用

到河岸的稳定性方程中，用来确定该种土壤特性组合的安全系数。安全系数发生的概率 $P(F)$ 等于该种土壤特性组合发生的概率。

$$P(F)_{ijk} = P(c)_i \cdot P(\phi)_j \cdot P(\gamma)_k \qquad (4.3-17)$$

式中：$P(F)_{ijk}$ 为单一土壤特性组合预计安全系数发生的概率；$P(c)_i$ 为土壤黏性为 $c_i$ 的概率；$P(\phi)_j$ 为土壤内摩擦角为 $\phi_j$ 的概率；$P(\gamma)_k$ 为土壤容重为 $\gamma_k$ 的概率。

如果对于单一土壤特性组合，计算的安全系数小于1，就认为这种组合情况下河岸将发生崩塌，整个计算河段安全系数小于1的概率总和为

$$RP(F_s<1) = \sum P(F_s<1) \qquad (4.3-18)$$

在每一个小的计算段内，每个计算河段的崩塌方式假定只有旋转或平面崩塌方式中的一种。在计算两种崩塌方式的概率均不为0的情况下，选择崩塌概率大的情况作为该河段的崩塌方式。应用崩塌概率分析到河岸稳定性分析中，崩塌后单侧河岸河宽的增加量和崩塌体积应该做一定修改，对于两种不同的崩塌形式有：

$$\begin{aligned} BW &= RP(F<1) \cdot BW^* \\ V_m &= RP(F<1) \cdot V_f \end{aligned} \qquad (4.3-19)$$

式中：$BW$ 为单侧河漫滩平均的横向增量；$V_m$ 为单侧河岸单位长度的崩塌的体积。

将崩塌概率分析应用到河岸稳定性分析后，河岸几何形态的修改可以由下面的表达式给出。

旋转崩塌为

$$\left. \begin{aligned} H &= H \\ H' &= H'[1-RP(F_r<1)] + H \cdot RP(F_r<1) \end{aligned} \right\} \qquad (4.3-20)$$
$$i = \arctan(H/x_m + BW)$$

平面崩塌为

$$H = H$$
$$H' = (y_{fp}-y_s)[1-RP(F_p<1)] + H \cdot RP(F_p<1) \quad (y_f < y_s) \qquad (4.3-21)$$
$$H' = (y_{fp}-y_f)[1-RP(F_p<1)] + H \cdot RP(F_p<1) \quad (y_f \geqslant y_s)$$

$$\left. \begin{aligned} K &= (y_{fp}-y_k)[1-RP(F_p<1)] \quad (y_f < y_k) \\ K &= (y_{fp}-y_{f/2})[1-RP(F_p<1)] \quad (y_f \geqslant y_k) \end{aligned} \right\} \qquad (4.3-22)$$

$$\left. \begin{aligned} K_h &= (y_{fp}-y_t)[1-RP(F_p<1)] \quad (y_f < y_t) \\ K_h &= 0 \quad (y_f \geqslant y_t) \end{aligned} \right\} \qquad (4.3-23)$$

$$i = i[1-RP(F_p<1)] + \beta \cdot RP(F_p<1) \qquad (4.3-24)$$

将概率分析方法用到河岸崩塌问题上是解决此类问题的一个重大突破。因为该方法合理地考虑了崩塌的纵向延伸问题，但也应该认识到这种方法暂时还没有经过任何验证，有待于更深入、更全面的研究。

### 四、北江黄塘社滘段河岸滩稳定性分析

运用前面提出的河岸稳定性分析理论，对北江黄塘社滘段河岸滩进行稳定性分析。由于缺乏长期现场观测资料，不能对河岸滩崩塌过程进行模拟，只能根据现有的地质资料对现有河岸滩进行分析计算，以判断在目前情况下河岸滩稳定与否，如发生崩塌，则计算最大可能发生的崩塌土方量和崩塌宽度，并对不同地下水位和河岸坡度情况的河岸滩稳定性

进行分析，得出相应的结论。根据黄塘社滘段河岸滩断面图和工程地质剖面图，将沿河岸滩河底高程取为一个均值－3.8m，该河段河岸滩主要由4种土层构成，由上至下分别由第四系的重壤土层，粉质黏土层、淤泥质土层和重壤土层。根据这些资料，对北江黄塘社滘段河岸滩进行稳定性分析，得出以下几点结论：

（1）计算表明，该河段河岸发生旋转崩塌的安全系数为10～20，目前该河段河岸滩不会以旋转崩塌这种形式发生崩塌。

（2）根据地质钻探报告，河岸滩目前地下水位高程为0～2.4m，取其平均值1.2m进行计算，河岸常年浸泡水位近似取为3.5m的情况下，发现该河段河岸滩目前仍然不稳定，将继续发生一定程度的崩塌。图4.3－3、图4.3－4、图4.3－5分别表示水位在3.0～10.0m范围内变化时，河岸滩达到稳定状态时的倾角，单侧河岸滩的崩塌土方量和河岸滩顶部的崩塌宽度。所以，有必要对该河段滩进行治理，以增加河岸的稳定性。

（3）从图4.3－3、图4.3－4和图4.3－5中还可以看出，河槽水位的高低对崩岸的影响作用比较大，随着河槽水位的升高，河岸滩稳定性明显增强，所以崩岸一般发生在河道水位较低的情况下，特别是洪水过后的枯水期，因为此时静水压力小，土层的容重大，内摩擦角和黏性小。

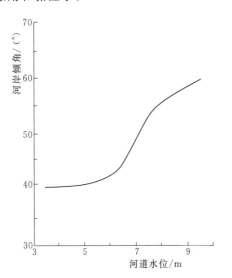

图4.3－3　不同水位下河岸滩稳定
倾角的变化趋势

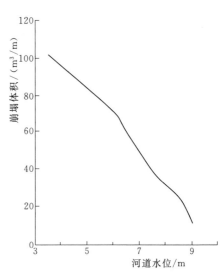

图4.3－4　不同水位下单侧河岸滩崩
塌体积的变化趋势

（4）图4.3－6（图中AI表示地下水位高程）表示河岸在倾角为70°，河岸经常浸泡水位为3.5m的情况下，地下水位分别为0.0m和2.0m时，河岸滩达到稳定状态时单侧河岸滩崩塌的宽度。从图4.3－6可以看出，地下水位的高低对河岸滩的稳定性产生一定的影响，地下水位抬高，对崩岸有一定的抑制作用，相反，地下水位降低，对崩岸产生促进作用。

（5）河岸滩土质抗冲性的大小对崩岸的发生、发展有一定的作用，在按频率分布组合对崩岸进行计算时，频率组合中有第四系重壤土层和粉质黏土层的安全系数相对较高，这一点也可以从安全系数的计算公式中直接得出。

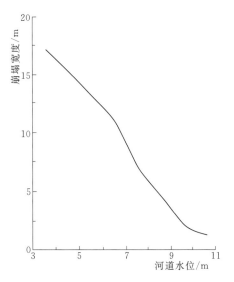

图 4.3-5　不同水位下单侧河岸滩
崩塌宽度的变化趋势

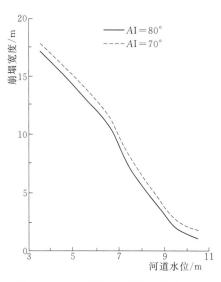

图 4.3-6　河岸倾角对崩岸影响对比

（6）岸滩形态对稳定性也有一定的影响，图 4.3-7（图中 $YG$ 表示河岸滩初始坡度）表示了地下水位为 1.2m，河道水位在 3.0～10.0m 范围内变化时，河岸滩初始坡度分别为 70°和 80°情况下，河岸滩达到稳定状态时单侧河岸崩塌宽度。可以看出，河岸越陡，稳定性越低。

### 五、贺江都平电站下游河岸崩塌原因分析

都平电站坝址位于西江支流贺江的中下游，都平镇上游 1km 处，1992 年年底电站建成投产。都平电站枢纽包括左岸厂房，10 孔泄洪闸（其中左边 5 孔有消力池），右岸船闸以及右边土坝等建筑物。坝下游左岸为右山，右岸为冲积阶地（河滩），滩宽 30～100m，大洪水时水流漫滩。1993 年夏季洪水，引起右岸堤坡部分塌方。1994 年 7 月 24 日前后，贺江发生了中华人民共和国成立以

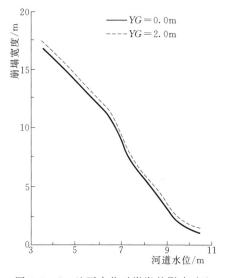

图 4.3-7　地下水位对崩岸的影响对比

来的最大洪水，致使电站下游右岸近 2km 河岸产生不同程度的崩塌。在现场考察踏勘、收集第一手资料基础上，通过水工物理模型试验和土工试验，从建电站前后水动力学要素的变化以及干湿状态下岸坡土体的物理性质、状态指标和强度指标变化的比较，分析引起都平电站下游岸坡崩塌的原因。

（一）塌岸原因分析

河岸的崩塌多发生在洪水期，主要是由于水动力因素的作用，或河岸物质本身受水的浸泡，其物理性质和状态指标以及强度指标变化而引起的失稳崩塌，更多是两者相互作用

和影响的结果。通过深入现场仔细考察踏勘，收集资料进行分析，认为导致大坝下游河岸崩塌的原因有下列几方面：

（1）电站枢纽的修建无疑对下游河床及滩岸会产生一定影响，但这种影响有不利因素，也有有利的方面。若电站的修建导致下游水流流速分布及水流动力轴线变化，并使近岸流速增大，加剧水流对岸坡的顶冲和淘刷，则会使河岸崩塌加剧；相反则有利于河岸的稳定。从枢纽建筑物的平面布置来看，右岸船闸下游导航墙犹如一顺坝，把主流挑向河中心，在一定程度上应该有利于右岸的防护。

（2）如前所述，河岸的失稳并不仅仅是外界水动力因素作用的结果，河岸土质本身的物理性质和状态指标以及强度指标等，都直接影响其稳定性。枯水期河岸土体较干，容重较小，土的自重产生的土压力较小，河岸相对较稳定。洪水期，河岸土体经水浸泡饱和后，抗剪强度降低。退水后，土的湿容重较干容重为大，自身土压力较大，故岸坡容易失稳，加之渗透水压力的作用，河岸极易崩塌。

（3）电站枢纽坝下游右岸恰好位于都平弯道之凹岸，自然状态就为弯道水流的顶冲段，河岸滩地为冲积阶地，岸滩极易受冲蚀。

（4）如果电站运行调度不当，对天然洪水过程改变较大，在洪水消退时，为了水库蓄水发电，泄洪闸关闭较快，造成下游水位下降迅猛，滩岸渗透水力坡降突增，渗透水压力加大，从而导致岸坡失稳。

（二）试验研究成果分析

1. 修建电站前后上下游水流流态、流速分布的变化

为了研究修建电站对都平河段的影响，设计了长度比尺 $\lambda_1 = 150$ 的正态模型，模拟修建电站前后的水动力因素的变化，模型范围包括原约 5.5km 的河道长度。

水工模型试验表明：无论是设计洪水、校核洪水、1994 年实测大洪水还是造床流量，河道各断面的流速分布均发生了较明显的变化，特别是坝轴线上游 500m 至坝轴线下游约 1km 的范围内，其变化尤其显著。建电站前，右岸流速约为 1.24～3.46m/s。建电站后，水流经 10 孔水闸泄向下游，主流居中，河中的单宽流量增加，而船闸的下引航道导水墙向河中心有一小偏角（6°17′55″），宛如一顺坝耸立在河的右岸，把水流挑向左岸。因此，都平电站建成后，坝下游各断面的主流流速虽有所增加，但其主流往左偏移，水流动力轴线向左岸偏移 40～50m，右岸的流速明显减小，岸坡流速普遍都减小了。

2. 修建电站前后坝下游水面波动比较

为了更全面地了解修建电站前后的水流情况，探求岸坡崩塌的原因，对修建电站前后的水面波动进行了测试。在闸坝下游右岸，从船闸出口至都平街沿程布置了三个自动跟踪水位仪（灵敏度为 0.5mm，测量时间间隔为 0.5s），对修建电站前后的水面波动进行了测量，选择了闸坝全开敞泄流量 $Q = 1600\text{m}^3/\text{s}$（此时下游水位较低，大致淹没下游直立岸坡一半左右）、造床流量（平滩水位）和 1994 年 7 月 24 日实测大洪水 3 个流量组次进行测量。采集的数据通过计算机变化滤波后描绘成图，并将修建电站前后坝下游水面波动变化列于表 4.3-1。由表 4.3-1 可见，建电站前水面较为平静，波动较小；建电站后，坝下游水面波动显著。波动的大小，不仅仅与坝上下游的水位落差有关，还与其流速的大小有关，落差大、流速大则波动强，落差小、流速小则波动弱，而由于波动本身的特性，其强

度是沿程衰减的。试验表明，坝轴线以下 $600\sim700\text{m}$ 范围内，波动影响较明显，在此以外的范围则逐步衰减。

**表 4.3-1** 修建电站前后坝下游水面波动变化比较

| 流 量 | 建电站前波高/cm | | | 建电站后浪高/cm | | |
|---|---|---|---|---|---|---|
| | A | B | C | A | B | C |
| 散泄流量（$Q=1600\text{m}^3/\text{s}$） | $2\sim3$ | $2\sim3$ | $1\sim2$ | $6\sim9.5$ | $6\sim9$ | $5\sim8.5$ |
| 造床流量（$Q=3080\text{m}^3/\text{s}$） | $1\sim4$ | $1\sim4$ | $1\sim4.5$ | $4.5\sim9$ | $4\sim8$ | $3.5\sim6$ |
| 1994-07-24 实测洪峰流量（$Q=7600\text{m}^3/\text{s}$） | $4\sim10$ | $5\sim12$ | $2\sim8$ | $8\sim22.5$ | $5\sim16.5$ | $4\sim15$ |

注 A、B、C 为三个自动跟踪水位仪。

**3. 关于岸坡稳定性分析**

现场踏勘发现，坝下游右岸岸坡是比较陡的，其坡度为 $70°\sim90°$，坡高约 4m，属风化土。滩岸的崩塌表现为剥蚀的形式，只有桥头处施工时的回填土呈整体滑动的形式。

表 4.3-2 是在崩塌最严重的部位采集的 12 个土样的土工试验结果。可见岸滩土体的凝聚力较大，黏性较强，且饱和与非饱和的变化值明显，饱和土的凝聚力明显下降。而饱和与非饱和时的摩擦角差别不大。这就决定其在浸水饱和后，岸滩的失稳崩塌应力为剥蚀形式，而不是整体的滑动。

**表 4.3-2** 崩塌部位土样土工试验成果

| 土样编号 | 密度/(g/cm³) | | 凝聚力/kPa | | 摩擦角/(°) | |
|---|---|---|---|---|---|---|
| | 干 | 湿 | | | | |
| | $\gamma_1$ | $\gamma_2$ | $c_1$ | $c_2$ | $\phi_1$ | $\phi_2$ |
| 1 | 1.56 | 1.86 | 11.0 | | 30.3 | |
| 2 | 1.45 | 1.64 | | 9.0 | | 29.8 |
| 3 | 1.53 | 1.81 | 38.0 | | 27.6 | |
| 4 | 1.54 | 1.79 | | 26.0 | | 27.1 |
| 5 | 1.47 | 1.71 | 34.0 | | 25.5 | |
| 6 | 1.32 | 1.63 | | 27.0 | | 24.9 |
| 7 | 1.33 | 1.8 | 24.0 | | 26.5 | |
| 8 | 1.48 | 1.87 | | 27.0 | | 28 |
| 9 | 1.48 | 1.77 | 40.0 | | 25.3 | |
| 10 | 1.39 | 1.68 | | 22.0 | | 26.6 |
| 11 | 1.34 | 1.6 | 11.0 | | 29.9 | |
| 12 | 1.42 | 1.66 | | 11.0 | | 28.8 |
| 平均值 | 1.44 | 1.74 | 26.3 | 20.3 | 27.5 | 27.5 |

注 1，3，5，7，9，11 为非饱和状态；2，4，6，8，10，12 为饱和状态。

理论上，黏性土稳定的直立高度可用土力学的临界高度公式估算：

$$H = 2c/\gamma K_a^{\frac{1}{2}} \qquad (4.3-25)$$

式中：$H$ 为临界高度；$c$ 为凝聚力；$\gamma$ 为土的容重；$K_a$ 为主动土压力系数，且 $K_a = \tan^2(45° - \varphi/2)$。

式（4.3-25）是均匀黏性土的计算公式，天然土坡受外界因素及土体的分层等各向异性的影响，其计算值往往与实际值差别较大。

令土体较干和浸泡饱和时的临界高度分别 $H_1$ 和 $H_2$，则

$$H_2/H_1 = (c_2/c_1) \cdot (\gamma_1/\gamma_2) \cdot (K_{a1}/K_{a2})^{1/2} \qquad (4.3-26)$$

因非饱和与饱和时的 $\varphi$ 值基本相等，故 $K_{a1} = K_{a2}$，则

$$H_2/H_1 = (c_2/c_1) \cdot (\gamma_1/\gamma_2) \qquad (4.3-27)$$

根据试验测得的平均干容重 $\gamma_1 = 1.44 \text{g/cm}^3$，平均湿容重 $\gamma_2 = 1.74 \text{g/cm}^3$；非饱和平均凝聚力 $c_1 = 26.3 \text{kPa}$，饱和平均凝聚力 $c_2 = 20.3 \text{kPa}$，则由式（4.3-27）计算得

$$H_2/H_1 = 0.639 \qquad (4.3-28)$$

式（4.3-28）表明，在饱和湿润的条件下，岸滩土体的稳定直立高度远比土体干燥时为小。现场查勘发现枯水期滩岸稳定直立高度 $H_1 \approx 4\text{m}$；那么，洪水期滩岸土体经水浸泡饱和后，其稳定直立高度只有 2.87m。从另一方面说，枯水期高 4m 的直立滩岸，大洪水漫滩后，即使没有流速等外界水动力要素的影响，滩岸都有可能失稳崩塌。当河槽水位降落时，滩岸土体中的水向河槽渗透而形成的渗透水压力，更容易使岸滩崩塌。为此，建议对电站下游右岸进行削坡，适当砌石护岸处理，增强其岸坡的稳定性，以确保洪水来临时，不再造成岸坡崩塌。

根据试验研究成果及多方面因素分析，得出以下结论：

（1）电站枢纽平面布置基本上是合理的，没有造成对右岸不利的水流流态，相反，电站建成后，河道的水流动力轴线向左岸偏移了 40～50m，而右岸近岸流速小了一半以上，且不利岸坡稳定的流态亦有所改善。因此，从流态及流速分布而言，电站的建成，应该有利于右岸堤坡的防护。

（2）闸坝泄洪造成的下游水面波动是明显的。建电站前水面较平静，建电站后，在坝轴线以下 600～700m 的范围内，波动加剧显著，但此类波的传递方向是沿水流方向的，对河岸的冲击力远小于垂直河岸的风成波或船行波。

（3）电站下游右岸岸坡较陡，坡度为 70°～90°，坡高约 4m，据现场采样经土工试验测试结果及土力学计算分析表明：在饱和湿润的条件下，岸滩土体的稳定直立高度远比土体干燥时为小，若枯水期滩岸稳定的直立高度为 4m，那么，洪水期滩岸土体经水浸泡饱和后，其稳定直立高度只有 2.87m。因此，即使没有流速、波动等外界水动力要素的影响，滩岸都有可能失稳崩塌。加之河槽水位降落时，滩岸土体中的水向河槽渗透而形成的渗透水压力，更容易使岸滩崩塌。

## 第四节　河道节点对水流调节控制作用研究

在河床演变研究中，通常把对河道变化起控制作用，具有某种固定边界并且平面位置相对稳定的窄深段称作节点。节点可以是耸立在江边的山体，可以是残丘所构成的石质矶

头，也可以是人工护岸建筑，甚至可以是稳定的河漫滩或河道边界的回流区。在宽窄相间的游荡性河道和分汊性河道中，节点宛如莲藕的藕节。

关于节点的分类，不同的研究者根据不同的标准和研究目的有不同的划分。钱宁、周文浩根据节点两岸地质条件的稳固性来进行分类，中国科学院地理所根据平面位置形态分为成对节点和单侧节点两类，以及余文畴按节点在河床演变中的作用将其分为河段控制节点和局部控制节点。这些划分方法都强调两个共同的特点：

（1）节点具有理直流向从而控制上、下游河势的作用，或者说是进口节点的挑流作用和出口节点的控制作用；

（2）节点对上、下游河段（或局部河段）的影响和控制是有一定范围的。不管按什么条件将节点分成多少类，其差别只是节点对水流和河势的调节控制能力的强弱不同，以及影响范围的大小不同而已。

## 一、节点对水流的调节控制机理

### （一）节点形态

从平面上看，节点是河段的狭窄段。由于两岸边界条件的约束，水流从上游宽阔的河段进入节点，势必造成节点上游水位的壅高和节点处湍急的水流。作为缓和这种矛盾的河床反应，就是节点处河床下切冲深，使过水面积加大以适应上游的来流情况。因为，节点处在往往形成深潭（见图4.4-1）。从这个意义上来说，由于水流和河床相互作用的自动调整，节点壅水作用已自行减弱。

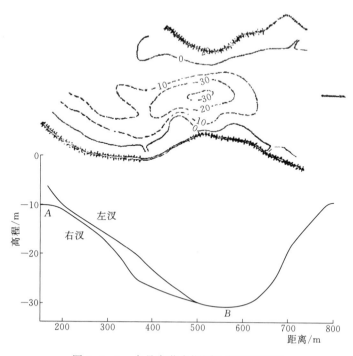

图4.4-1　水月宫节点深潭地形及剖面图

影响节点形态的重要因素无疑是河岸的地质条件和节点处的水流流态。而表征节点特征和其调节控制能力的因素应该为节点处断面宽深比以及它与上、下游河段断面宽深比的

比值，还有节点长度等。根据水流连续方程和曼宁公式可得

$$V_1 B_1 H_1 = V_2 B_2 H_2$$

$$V = \frac{1}{n} H^{\frac{2}{3}} J^{\frac{1}{2}} \tag{4.4-1}$$

经过整理后可得

$$\frac{\sqrt{B_2}/H_2}{\sqrt{B_1}/H_1} = k^{3/5} \left(\frac{B_2}{B_1}\right)^{11/10} \tag{4.4-2}$$

其中

$$k = \frac{1}{n_2} J_2^{\frac{1}{2}} \Big/ \frac{1}{n_1} J_1^{\frac{1}{2}}$$

式中：$V$、$B$、$H$、$n$、$j$ 分别为断面平均流速、平均宽度、平均水深、综合糙率和能坡；下标"1"和"2"分别代表节点断面和下游出口（或上游进口）断面。

令 $K = \dfrac{\sqrt{B_2}/H_2}{\sqrt{B_1}/H_1} = k^{3/5} \left(\dfrac{B_2}{B_1}\right)^{11/10}$，并认为 $K$ 是集中表征了节点特征和其调节控制能力的重要参数，进一步用于作为节点分类的依据。

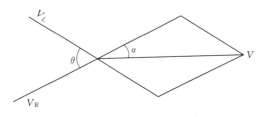

图 4.4-2　两汊水流交汇流速矢量图

对于两岸都受控制的节点，节点断面宽度 $B_1$ 基本上是一定的，取决于两岸的约束边界条件。对于一岸受控、一岸为冲积物组成的节点，往往受控一岸为主流顶冲或迫岸，只有如此才能起到挑流作用而成为节点，节点一般为天然抗冲物或人工护岸险工；另一岸虽为易冲物质组成，但由于不受水流顶冲，或者由于汇流或挑流形成的回流淤积，而保持相对的稳定。有汇流必有回流，如图 4.4-2 所示的左右汊两股水流相汇，其流量分别为 $Q_L$、$Q_R$，速度为 $V_L$、$V_R$，交汇角为 $\theta$。设 $V$ 为两汊水流交汇后的水流速度，$\alpha$ 为其方向角（如图 4.4-2 所示）。由动量方程有

$$\left.\begin{array}{l} Q_L V_L \cos\theta + Q_R V_R = (Q_L + Q_R) V \cos\alpha \\ Q_L V_L \sin\theta = (Q_L + Q_R) V \sin\alpha \end{array}\right\} \tag{4.4-3}$$

令分流比 $\eta = \dfrac{Q_L}{Q_L + Q_R} = \dfrac{Q_L}{Q}$，则

$$\left.\begin{array}{l} \eta V_L \cos\theta + (1-\eta) V_R = V \cos\alpha \\ \eta V_L \sin\theta = V \sin\alpha \end{array}\right\} \tag{4.4-4}$$

联解上式，可得

$$\left.\begin{array}{l} V = \left[\eta^2 V_L^{\,2} + (1-\eta)^2 V_R^{\,2} + 2\eta(1-\eta) V_L V_R \cos\theta\right]^{\frac{1}{2}} \\ \alpha = c \cdot \tan^{-1}\left[\cot\theta + \dfrac{1-\eta}{\eta \sin\theta} \cdot \dfrac{V_R}{V_L}\right] \end{array}\right\} \tag{4.4-5}$$

显然，对处于两汊汇合点下游一岸受控的节点而言，其对岸的回流范围主要取决于两

汉水流汇合后的速度 $V$ 和其方向角 $\alpha$，以及它们与受控边界条件的相互作用。

余文畴的研究认为，长江下游自然稳定的出口节点汇流角与其宽深比有一定关系，节点宽深比一般随汇流角 $\theta$ 增加而变小，这从式（4.4-5）可以得到进一步的证实。此外，式（4.4-5）还表明：此类节点的宽深比不仅与汇流角 $\theta$ 有关，还与上游来流条件有关。也就是说，此类节点断面平均宽度 $B_1$ 不仅取决于节点受约束边界，还与上游汇流条件有关。如果上游来流条件相对稳定，$B_1$ 也是相对确定的。$B_2$ 则取决于下游河岸的可动性和节点的束窄程度，$k$ 则是综合反映了节点处和下游水流流态的参数，其中包括了节点长度因素的影响。

从上述分析可知，$K$ 值是综合反映节点特征和其调节控制能力的重要参数。由于节点处复杂的三维紊动水流和漩涡的存在，使到节点断面的综合糙率 $n$ 大大增加，一般 $k$ 远大于 1。顺德水道三槽口河段水月宫节点，流量从 $300\text{m}^3/\text{s}$ 到 $7300\text{m}^3/\text{s}$，$k \approx 5.69$，节点断面宽深比约为 $0.46$，$K \approx 9.5$（与下游断面比较）。

图 4.4-1 为顺德水月宫节点深潭地形图，可见节点处河床最深点发生在节点最窄断面稍下游。沿水流方向，深潭剖面呈非对称抛物线，进口坡较出口坡为缓。

（二）节点处水流特性及其对水流调节控制的物理模型

当水流遇到节点处不可冲的约束边界时，在其周围就会产生水平轴向的漩涡，造成河床下切冲深。这种局部的冲刷和冲积河流中普遍的冲刷，在原因和机理上是不同的。芦田和男认为，从宏观上看，局部冲刷现象是由冲刷区域流出的沙量 $Q_{so}$ 和流入该区域的沙量 $Q_{si}$ 的不平衡所引起的，可以说是冲刷形态由 $Q_{so} < Q_{si}$ 状态向 $Q_{so} = Q_{si}$ 状态演变的过程。

如果从微观的角度来分析，如图 4.4-3 所示，局部水流特性、泥沙运动特性及冲刷坑形状三者是相互作用的关系，但各种特性

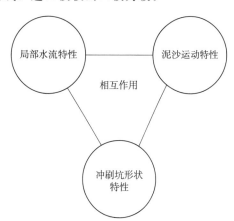

图 4.4-3 局部水流特性、泥沙运动特性、冲刷坑形状的关系

不随时间变化，可以说是接近所谓的平衡状态，即由于局部不可冲边界条件的存在，局部流速和局部推移力有所不同，所以其周围不同地方的床沙输移量发生变化，形成冲刷坑，而新形成的冲刷坑又使局部水流特性发生很大的变化。在这种变化的推移力作用下，形成相应的冲刷坑形状。对于相对稳定的节点，节点深潭形状也是相对稳定的，因此流态也是相对稳定的，从而可以调节和控制上、下游的水流及河床演变。

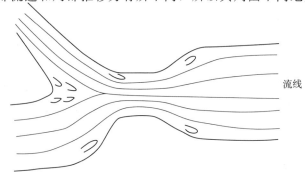

流线

图 4.4-4 概化节点对水流的调节控制示意图

对如图 4.4-4 所示的概化节

点，不管上游来流的流线如何弯曲和改变，经过节点边界的约束，流线自然理直，成为下游稳定的进口边界条件。显然，节点处宽深比越小，或其宽深比与下游（或上游）宽深比值 $K$ 愈大，节点对水流的约束控制能力愈强；节点长度愈长，流线愈直，其对水流的控制作用也愈强。因此，不管上游来流和河床发生什么样的变化，通过节点的调节控制后，其对下游的影响自然会消除或大大的减弱，从而使到节点上、下游河床演变具有相对的独立性。对上游来流而言，节点起到一个缓冲调节的作用。

如图 4.4-5 左图是顺德三槽口、菊花湾河段没有工程和不同整治方案时，水月宫节点出口断面的流速分布比较。从中可见，不管节点上游三槽口河段有无整治工程，或整治方案有异，通过水月宫节点的调节控制后，出口断面流速值的大小和分布几乎不变。当三槽口段单独布置工程时，扶阁、菊花湾段水流动力轴线和没有工程措施时基本一样。

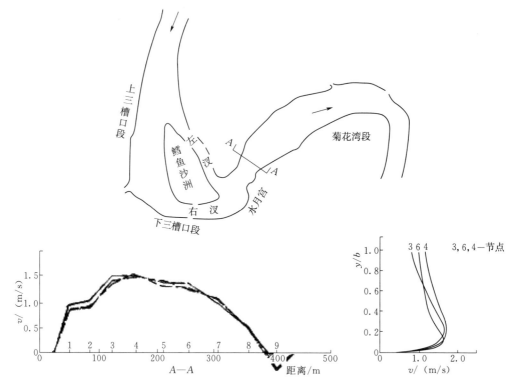

图 4.4-5 三槽口段整治前后节点出口流速变化图

节点处的水流流态非常复杂，诸如紊动强度、流速分布规律和床面切应力等。分析现有的资料，可以对节点深潭复杂的水流特性有进一步的认识。图 4.4-5 右图是水月宫节点深潭出口断面测点流速沿垂向水深的分布，可见其流速沿水深分布和一般的对数分布和指数分布规律大相径庭。其最大流速发生在床面附近，而后沿水面上升逐渐减小，换句话说，流速核心区并非在中层水体以上，而是在床面附近。显然，黏性切应力的分布也并不遵循一般的分布规律 $[\tau = \tau_0(1 - y/h)]$。

（三）节点深潭泥沙运动分析

节点深潭湍急的水流，使上游以悬移方式运动的泥沙仍以悬移的方式通过节点输移到下游。而上游以推移形式运动的泥沙颗粒，到达深潭后，可能存在三种情况：一部分粒径相对较小的泥沙颗粒由于深潭处流速和紊动强度的增大而转化为悬移质运动到下游；另一部分粒径相对较大的推移质仍作推移运动。但在深潭处由于床面形态的突变，其运动情形也将发生变化。如图4.4-1所示，泥沙颗粒到达 $A$ 点后，由于河床坡度产生向下重力的作用而加速向下运动，泥沙颗粒在此阶段可能以跃移运动为主，向下的重力和惯性的作用，使到泥沙颗粒在 $B$ 点达到最大的运动速度；第二阶段是泥沙颗粒从 $B$ 点运动到 $C$ 点的过程。此时由于负坡产生的向下重力变成了阻力，需要较大的水流拖曳力才能使泥沙颗粒运送到 $C$ 点。而较粗的一部分泥沙颗粒，由于水流没有足够的拖曳力没能运动到 $C$ 点而停留在深潭。因此，经过水流的长期作用，深潭床沙将产生粗化。图4.4-6是水月宫节点深潭及其上、下游断面的床沙颗粒级配曲线，可见深潭床沙粗化，尤以深潭深泓位置的床沙粗化为最甚。从这个意义上说，如果节点两岸约束边界相对稳定，节点深潭床沙的粗化，亦有助于节点深潭形状的长期稳定。

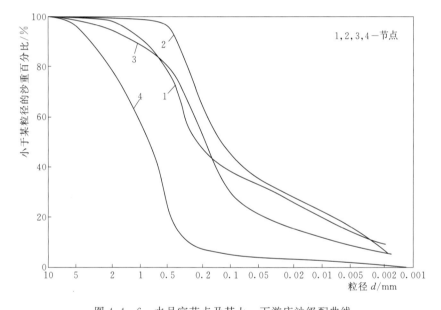

图 4.4-6　水月宫节点及其上、下游床沙级配曲线

**二、节点在河道演变及河道整治中的重要作用**

节点是水流、泥沙运动以及河岸边界条件相互作用的结果，在长期的河道演变中，它既是河道演变之因，也是河道演变之果。对于稳定的河道节点，起到以点控面的作用，有动一点而牵全局的战略意义。因此，在河道整治中应对节点引起足够的重视。

河道整治应因势利导，反之，逆其势而治，必然会导致整治工程的失败。本书认为，广义的河道演变包括河道演变和河床演变两方面内容。把两个概念区别开来，对河道整治具有实际意义。所谓的河道演变是指河流在平面形态上的变动和演化的过程，有整体性和全局性的意义。在其历史演变中，一般表现为缓慢的演变过程，但也有突发性的变化，如江河大堤的决口而导致的江河改道。从这一点来说，河道演变的原因可能是局部的，而结果却是整体性的。而河床演变主要是指河床形态的变化，如主槽和滩地的演变，也包括局部的河岸崩塌等。长时间河床演变的结果就表现为河道的演变。

因此，在河道整治工程中，首先应对整治工程作全局性的规划，其原则应是使河势沿有利的、稳定的方向发展，注重控制河势的关键点段，具体来说就是应该注意节点的控制作用，而不是使河势发生重大的改变而达到不可控制的地步。对于稳定的人工护岸节点来说，也是千百年来广大劳动人民与河流灾害作斗争的经验结晶，并经历了长期水流作用的检脸，可以说是成功的整治工程。其次在局部的河段，应根据河床演变的规律和整治目的需要，对改变节点调节控制能力、使节点发生变化的工程措施作慎重考虑，进行整治方案规划，以达到控制局部河床演变，进而控制整个河道演变朝有利的方向发展。

顺德水道三槽口、菊花湾险段位于顺德区勒流镇境内，全长约 8km。从平面上看，河道呈"∽"形状。水月宫节点位于两河段之间（如图 4.4-5），节点右岸为人工护岸矶头，当地群众称之为"王公坝"。节点上游进口为三槽口河段左、右汊水流交汇点，节点左岸由回流淤积物所组成。

由于水月宫节点对上游来流的缓冲调节作用，使得上游鲤鱼沙洲已稳定了上百年，如今沙洲四周修建有副堤，一般洪水时沙洲不过水，只有遇到特大洪水时，水流才漫过沙洲，形成三槽口河段常年稳定的河槽分汊型河道，右汊为主汊，分流比为 $68\% \sim 80\%$，为弯曲型河道，进口为左岸带宽滩的复式河槽，而后河宽逐渐缩窄，到达弯顶后变为窄深型的单一河槽。左、右汊水流几乎以正交的角度在节点上游交汇。由于右汊水流动力轴线的上提下挫，尤其是洪水期，过滩水流对右岸（凹岸）的直接顶冲，以及左汊水流对右汊的顶托影响，造成右汊凹岸的崩塌而成为险段。

水流经过节点的调节控制后，进入下游顺直过渡段，而后进入菊花湾弯道。由于河道的急剧转弯而造成的扫湾水和强烈的弯道环流，直接顶冲和淘刷左岸弯顶，使之成为险段。

根据实测和模型试验结果的分析表明，水月宫节点对水流具有较强的调节控制能力（节点宽深比约为 0.46，$K=9.5$），节点形状多年保持相对的稳定，是控制本河段河床演变的重要节点。在整治规划的大原则上，明确指出三槽口险段的整治工程以及所产生的局部河床演变的结果，通过水月宫节点的调节控制，其对下游的影响将消除或大大的削弱。因为，三槽口河段和菊花湾河段的水流运动、河床演变具有相对的独立性，其整治方案的规划可根据各自河段的水流运动和河床演变规律分开考虑。

根据以上原则，通过定床和动床试验对三槽口和菊花湾险段进行了丁坝护岸工程的研究，并取得了较理想的整治方案和整治效果。动床试验亦表明，当三槽口单独布置整治工程时，扶闾、菊花湾段的河床变化和没有工程时没有什么变化，从而进一步证实了水月宫节点对水流和河床演变具有较强的调节控制作用。

# 第五节 小 结

（1）对广东省中小河流的暴雨、水位和洪水特征进行了分析研究，广东省中小河流的来水主要来自降雨，广东省的暴雨具有开始早、结束迟、暴雨日数多以及暴雨强度大等特点。近年来，广东省极端天气频发，暴雨强度增加，中小河流的特大暴雨洪水时有发生，暴雨强度动辄在 100 年一遇以上。中小河流由于集雨面积较小，降雨产流和雨水汇集入河快，洪水汇流时间短，河流水位暴涨暴落，洪水发展十分迅速。

（2）对连续弯曲河道的水流结构、推移质泥沙输移特性和床沙分选进行了试验研究和理论分析，研究成果揭示了弯曲河道的纵向流速沿横向和垂线的分布规律，与泥沙运动密切相关的流速、床面切应力、脉动强度等沿程及沿横断面的不均匀分布导致推移质泥沙输移的成带性并存在主输沙带以及床沙粗化的特性，提出了弯道水流流速沿横向及垂向分布的计算公式、预测床沙粒径的分布和主输沙带的计算公式。

（3）对河流岸滩崩塌机理进行了理论分析，考虑河岸发生旋转崩塌和平面崩塌两种崩塌形式，提出了一个河岸稳定性分析模型，还将概率分析应用到二维河岸稳定性分析中，从而得到沿河段范围内河岸稳定性更合理的结果，并结合北江黄塘社滘段河岸滩进行稳定性分析，计算分析成果符合实际。还对贺江都平电站下游河岸崩塌的原因进行了分析探讨。

（4）对河道节点对水流调控机制进行了理论分析和试验研究，结合顺德水道三槽口、菊花湾险段护岸工程河工模型试验，分析了河道节点对水流的调节控制机理以及节点深潭的水沙运动特性，指出河道节点是水流、泥沙运动以及河岸边界条件相互作用的结果及其在河床演变和河道整治工程中的重要作用，并提出了整治原则。

# 第五章

# 中小河流治理原则、思路及目标

## 第一节 综合整治原则

### 一、治理理念遵循原则

中小河流防洪专项整治是一项系统性工程，应秉承流域防洪综合治理的理念，在整治理念上，应遵循以下原则。

（1）统筹规划，整体推进。综合考虑中小河流上下游、左右岸等方面对防洪排涝方面的要求，进行统筹规划。以地级市为实施主体，以流域为单元，对问题突出的中小河流实施集中整治，发挥连片治理效益。注重与已有规划内中小河流治理、小流域综合治理等项目的协同推进，发挥中小河流治理的综合效益。

（2）突出重点，因地制宜。重点治理河道功能衰退严重、人口聚集的中小河流，以治理需求迫切、实施基础好的地区为重点，试点先行，逐步推进。针对不同类型、不同地区的河道存在的突出问题，因地制宜，科学制定整治方案。将河道"三清"与堤围加固工程有机结合，合理利用河滩土地，充分利用当地材料，充分利用清淤疏浚物料进行护脚护岸，减少工程占地和投资。

（3）科学治理，人水和谐。尊重河流自然规律，注重河势分析。河道宜弯则弯、宜宽则宽、宜滩则滩，尽可能避免渠化河道、硬化岸坡，尽量维持河道自然形态。山区中小河流多数位于河流上游或源头区，是重要的生态屏障，要将防洪治理与生态治理有机结合，切实维护河流健康生命。

（4）安全经济，自然生态。中小河流治理的首要任务是确保行洪安全，在安全的基础上，治理方案要经济合理、自然生态。中小河流面广线长，治理资金有限，治理方案要有针对性，尽量利用当地材料，保证方案的经济性；在治理过程中，要遵循建设"可呼吸生态堤岸"治理理念，保持河水与两岸陆地的顺畅交流，多采用生态护坡护岸技术，尽量少用硬质化材料护砌，做到自然生态。

（5）完善机制，落实职责。中小河流防洪专项整治与建立基层水利服务体系相结合，同步建立河道日常管护机制，确保整治工程长期发挥效益。

### 二、治理措施遵循原则

（一）河道治理原则

中小河流经过长年水土流失及近年来洪水带来的淤积物，大部分河流都有一定的淤积，加上人为的侵占河道，使得河道的过流能力大大下降，在遭遇常遇洪水也易发生灾害。河道治理总体上应达到有滩有槽，恢复天然的目的。河道治理在地方政府清违、清障和应急清淤的三清工作基础上进行，主要的措施有清淤、拓浚等。在选取工程措施时应遵循以下主要原则：

（1）尽量沿现状河道走势进行整治，维护河道天然形态，尽量避免裁弯、拓浚及过度切滩等工程措施。中小河流治理应把恢复和改善河道生态和环境放在重要位置，在工程建设中应尽量保持河流的自然状态，保留河流连续性、蜿蜒性，体现人与自然和谐相处的治水理念。

（2）河道断面应尽量维持天然，有常年鱼道、有主槽、有行洪滩地，保留河流的深潭、浅滩、沙洲等原有河流地貌形态，防止对现有水生态环境的破坏，尽量避免人工的矩形、梯形河道，杜绝河道硬底化。

（3）根据河道所处位置和现状条件的不同，因地制宜，采取相应的处理措施，尽量利用现状的地形、地质情况及当地材料。在保证工程安全性的前提下，采取有效措施提高河道生态性、观赏性及亲水性，进行治理，提升河道及两岸环境质量。

（4）河道纵坡尽量采用河道现状坡降，不对河道作过多挖填，疏浚后的河底高程要与上下级河道河底高程相衔接，使上下游水位平顺衔接，改善水流条件。

（5）河道清淤应根据淤积深度、淤积材料、淤积成因，并结合河道现状，选择适当的清淤方式。

（6）合理选择清淤深度和范围，清淤边线应距离岸边一定距离，避免出现新的淘刷，清淤应不影响河道护坡稳定性。

（7）拓浚工程应与堤岸整治相结合，保证拓浚后的岸线稳定，拓浚断面及拓浚料堆积应尽量避免占用耕地。

（8）应尽量保护天然河道自然形成的边滩和河心滩，对影响行洪的滩地按河道行洪断面要求适当清除，但要避免过度清滩。

（9）在有条件的地区，应结合水环境综合治理措施，河道水景观建设应尽量采用自然景观，与沿河的自然环境、历史文化、生态环境相协调。城市（镇）河段的河道景观设计，应注重对沿河历史文化、生态环境和景观特色的调查，应结合相关规划和市政园林等建设，将河道堤防、护岸等工程融入城市景观和市民休闲场所中，美化河道及其周边环境。乡村河道应尽量保持原有的自然景观。

（10）在不影响行洪的情况下，河道内的滩地和近岸水域宜保留或种植有利于治污和净化水体的低秆植物。河道两侧的宜林地段，应结合林业规划建设营造绿化林带。城市河道绿化带宜在堤防背水坡和迎水坡常水位或设计洪水位以上一定范围进行布置。绿化的草种和树种应从因地制宜、便于养护管理、适应本地区自然条件、有利于形成良好的自然群落、对工程运行和生态环境无负面影响等方面考虑，慎重选择和使用外来物种。

（11）城市（镇）河段应通过对河道水质控制、河道水面保洁、保留或扩大河道两岸堤防及周边的绿化面积等措施，改善城市河道及周边环境面貌。乡村河道应保护沿岸和江心洲原有的林带。堤防保护范围、迎水坡前较高较宽滩地、面积较大的江心洲等区域，宜选用合适的树种,形成防护林带。

(12)山区中小河流因地方经济相对落后,多数常年疏于治理,河道淤积严重。因此,在治理时将产生大量的河道清淤料,这部分材料如果全部找专门弃渣场堆放,征地及运输的费用都会很庞大。设计时应根据河道行洪断面的具体情况尽量加以利用,用于护岸护脚后回填,部分护岸加高,机耕路及临时路铺筑,堤防填筑,以及一些过凹河段岸线修整处理等。

(13)遇弯截角,减轻冲刷。遇河流弯道,在凸岸截去锐角,减缓冲势,使其顺直一些,减轻主流对河岸的冲刷。

(14)逢正抽心,主槽清疏。遇到顺直的河段或河道叉沟很多时,应当把河床中间部位淘深一些,达到主流集中的目的,便江水安流顺轨,避免泛流毁岸。

(二)堤防建设原则

对堤防建设,应坚持按需设置,确保安全的原则。堤防一般起挡水作用,属挡水建筑物,根据防护区的级别,堤防有相应设计标准(防洪标准)和建筑物级别。堤防的迎水面护坡多数情况下等同于河道护岸,其工程措施的选择应遵循护岸防护原则,除此之外,堤防工程建设尚应遵循以下一些主要原则:

(1)对已有防洪堤进行必要有效的护坡、护脚、护岸及防渗加固等措施,确保堤防安全。

(2)对保护范围小,受淹时间短,受淹后损失小的河道,特别是洪水暴涨暴落的山区性河道,应尽量不设置堤防,只设置防冲不防淹的护岸措施,以保护农田不被洪水冲毁。

(3)现状未设防且对人民生命安全不产生威胁的河段原则上保持原状,不加设堤防。

(4)对按防洪标准只有少量临河街区受淹的城镇,如堤防加高过多或增设堤防将产生大量征地拆迁,实施困难的,原则上不加高和新增堤防,但需保证沿河街区居民房屋可抵抗洪水淹渍,并完善洪水预警系统,保证居民安全撤离。

(5)加固及新建堤防按照规范要求演算堤顶超高、抗冲、抗滑及抗渗稳定,确保堤防安全。

(三)护岸治理原则

大部分中小河流所在区域耕地资源相对匮乏,地少人多,建设空间有限。由于河岸不稳,河道主槽不固定,当洪水来时,极易冲毁河岸,导致房屋、农田被毁,甚至导致人员伤亡,对当地居民的生命和生活造成极大的影响。

对岸线治理,应达到岸青岸牢、天然稳定的效果。护岸的主要功能是防止河岸淘刷,从而达到稳定河势的目的。护岸的设置应结合河床形态、河道比降等条件综合考虑后确定,一般设置在河流凹岸和比降大流速快的河道位置,主要型式有坡式护岸、坝式护岸和墙式护岸等。护岸措施的选择应遵循以下主要原则:

(1)应尽量维持河道天然的岸坡型式,仅在必要位置设置人工护岸,避免全线人工护岸的过度治理。

(2)河道护岸应兼顾河道水环境改善、防止水土流失,为水生植物生长、水生动物繁殖、两栖动物的栖息繁衍创造条件。

（3）人工护坡应优先考虑植物护坡，尽量使用具有良好反滤和垫层结构的堆石、多孔混凝土构件、土工合成材料和自然材质制成的柔性结构，尽量避免使用如混凝土、浆砌块石等硬质不透水材料。对于圬工护岸，宜在常水位以下设置人工鱼槽。

（4）城镇、景区、休闲旅游河段的护岸应考虑景观、亲水及缓行步道的需要。

（5）护岸措施应因地制宜、就地取材，避免措施单一化、断面统一化、护岸材料简单化。避免大量采用外购石料，尤其是将大块石破碎后填装格宾石，可结合河道料特点采用叠砌大卵石、浆砌卵石、浆砌卵石（外不漏浆）、埋石混凝土等材料，需外购石料的可采用叠砌大块石、干砌块石、浆砌块石、浆砌块石（外不漏浆）等措施。防洪堤必须设闸或拍门闭合，如不闭合，应切实说明原因。避免过分规整、美化、硬化河道，切忌过度治理。

**（四）河道建筑物设置原则**

河道建筑物主要有挡水建筑物（水闸、陂头等）、拦砂拦渣建筑物（格栅坝、拦砂坝等）及其他交叉建筑物（桥梁、穿河管道等）。河道建筑物的建设应遵循以下原则：

（1）所有河道建筑物布置均不应对行洪产生大的影响，不应过多缩窄河道，交叉建筑物（如桥梁的梁底面或拱顶底面）应高出设计洪水位并预留行洪空间。

（2）穿堤建筑物、交叉建筑物等应确保堤防安全。

（3）河道建筑物型式应结合当地情况，进行差异化选择和布置，应充分考虑交通及景观需要，避免单一型式建设。

（4）河道内已建水陂应核算过洪能力，明显阻碍行洪的应进行加闸、加宽等改造措施或采用分级建设方案，并增加水面跌水曝养，改善水环境。

（5）河道内已建的明显阻水的桥梁、涵洞等建筑物，应由相应主管部分进行改造或重建，恢复天然河道行洪。

# 第二节　综合整治理念及思路

在新时期水生态文明建设的背景下，中小河流综合整治应把传统的"治堤"为主的治理理念改变为系统"治河"思想。广东省水利厅明确提出了"防灾减灾、岸固河畅、自然生态、安全经济、长效管护"的中小河流治理理念，以流域为单元，重点解决河道行洪通畅问题，提高流域综合防灾减灾能力，保障人民生命财产和经济社会发展的防洪安全，结合当前美丽乡村建设和新农村建设，开展水文化、水景观与水环境建设与改造，实现防灾减灾、环境保护、民生经济、文化景观、休闲旅游于一体的人水和谐综合治理目标。根据以上指导思想，结合广东省中小河流治理过程中碰到的实际问题，本书将中小河流整治理念总结如下："源头治理，回归自然""适度防护，重点治理""生态治理，文化河流"。

（1）源头治理，回归自然。治理时，以整条河流为治理单元，从源头支流到主干河流一并治理，统筹流域防洪规划，兼顾干流、区域防洪除涝标准，结合实际合理确定防护对象的防洪标准，综合考虑，确定河道的行洪能力；同步推进当地山洪灾害防治非工程措施项目建设，发挥综合效益。

自然界河流的形成和演变都经过了漫长的历史过程，在水流与河床的相互作用下，河流走向、河床形态是在长期的发展演变中形成的（图5.2-1）。在中小河流综合治理中，要遵循自然规律，尊重河流自然属性，维护河流自然形态，使河道恢复其原有的功能。河道整治应基本维持现状河道走势，保护现有的河道自然形态，尽量避免裁弯、拓浚及过度切滩等工程措施。尽量采用天然河道断面，尽量避免人工的矩形、梯形河道，杜绝河道硬底化，体现人与自然和谐相处的治水理念。

图5.2-1 自然形态河流图

（2）适度防护，重点治理。中小河流一般处于江河水系的支流或末梢，大多位于流域的上游，以山区丘陵河流为主，枯水期流量较小，河岸或河堤承受高水位压力的时间不长。此外，中小河流所处的流域上游人口密度往往不大，但地势起伏较大，大多随离河道距离的增长，地面高程迅速抬升，汛期洪水的影响范围相对较小，而且中小河流所在区域一般以农业为主，栽种的农作物具有一定的耐淹能力，在雨水的短期浸泡下也不会产生大的危害。鉴于中小河流的以上特点，在进行综合治理时，须遵循"适度防护，重点治理"的治理理念，结合河流洪涝灾害特点和防护区经济社会发展要求，根据保护的对象和范围，确定治理重点，其余位置采取适当防护的策略。

适度防护是指对于同一条河流可根据不同区域的保护对象分区分段确定防洪标准。如对于山区河流，以保护农田区的河段治理宜以岸坡防冲、疏通和稳定河槽为主要目的，允许洪水在农作物耐受时间内淹浸农田，这类地区不宜提高标准，建设堤防，应以防止岸坡被冲刷为主，适当进行岸坡防护。

重点防护的对象主要有以下区域：①受灾严重区域，发生频率较低，但一次性受灾破坏较大；受灾频繁区域，虽然破坏不大，但常年受灾，令百姓深受其苦。②存在安全隐患区域。如堤防填筑松散，经不起洪水冲刷；岸坡崩塌或有坍塌危险，造成岸坡不稳、土地流失。③能凸显当地特色，对当地人民群众生活或社会发展有帮助的区域。如能凸显当地的古风遗韵，结合美丽乡村建设的区域，治理时应重点考虑。

"适度防护，重点治理"的治理理念能适应中小河流的特点，减少过度防护所带来的次生灾害（如加大下游洪水压力，建堤后围内涝水不能及时排出导致受灾时间加长等），洪水对河道周边农作物的短暂淹浸还能给农田带来营养物质，使土地更加肥沃、利于耕种。这充分体现了顺应自然、敬畏自然、与自然共存共荣的道家思想，也是实现给洪水以空间、给洪水以出路、与洪水和谐相处治理目标的一种明智选择，是一种科学的治理理念，将有效提升中小河流综合治理成效。

（3）生态治理，文化河流。河岸是水中生物体系和陆上生物体系的连接部位，是水体与周边土壤间物质和能量交换的通道，有适合各种生物生存繁衍的潜在环境。传统的硬化不透水护坡护岸将陆地与河水隔断，不仅破坏生物赖以生存的自然环境，而且也隔断了生物与微生物的生物链，破坏了水生态循环的平衡，导致河道天然自净能力遭到破坏。因此，在中小河流治理时要采用生态治理方案，遵循生态治理的治理理念，保持河水与两岸陆地的顺畅交流。在确保防洪安全的基础上，注重原始植物群落、生物生境的保护，兼顾河道水环境改善、防止水土流失，为水生植物生长、水生动物繁殖、两栖动物的栖息繁衍创造条件。

生态岸坡包括植被护坡护岸和生态材料护坡护岸。植被护坡护岸是在河道岸坡缓、水流慢处采用草地、乔木和灌木护岸；生态材料护坡护岸则多采用具有良好反滤和垫层结构的堆石、多孔混凝土构件、土工合成材料和自然材质制成的柔性结构。生态护坡护岸能减轻河道岸坡侵蚀，增强河床边坡稳定性和抗冲刷能力，同时减少对动植物生存环境的影响。通过建设生态岸坡，把水、河道与堤防、河畔植被连成一体，在充分利用自然地形、地貌的基础上，建立起阳光、水、植物、动物、堤体之间互惠共存的河流生态系统。

人们常说"水是城市的灵魂""水是城市的血脉"，这往往是人们对城市水体的理解，而对于农村的水，则常说"水利是农业的命脉"，除此之外，对农村之水该如何抒情却没有更多的关注。其实对于大部分位于流域上游农村区域的中小河流之水而言，也许可以说"水是故乡的思恋"，2013年全国城镇化工作会议上的一句话"让城市居民望得见山、看得到水、记得住乡愁"引起了广泛议论。在中小河流综合治理中，必须有意识地保留作为"故乡"的要素：池塘边的大榕树，河道上的小石桥，洗衣用水的小埠头，汲水戏水的浅河滩……

在中小河流综合治理实践中，在注重水景观建设的同时，应倡导"文化河流"治理理念，水景观与水文化的关系应是水文化自然融入水景观当中，水景观充分彰显水文化的内涵和特色（图5.2-2）。水景观与水文化设计要与城市建设和美丽乡村、新农村建设相结合，充分挖掘当地的自然水景观，挖掘和清查水文化遗产如民俗文化、历史遗迹、治水文化、人文文化等，在水景观设计中充分体现当地的水文化特色。在满足防洪安全、生态修复的基础上，堤防和河道的设计断面要注重与周边环境及生态景观相协调，营造亲水环境，满足人们回归自然、亲近河流的情感需求。在开展中小河流综合治理时，不能仅局限于达到水清、岸绿、景美，只注重维护河流的健康生命，在维护中小河流健康生命的同时，还应关注其内在气质和灵魂，让每条河流不光有健康的体魄，更要有与众不同的内在气质和独特的魅力。通过建设"文化河流"，可以让"故乡"的水在游子的脑中定格，让他们能记得住"乡愁"，任何时候都想得起故乡的模样，也可以让每一位外来的游客能了解当地的水文化特色，品味出不同，留得下记忆。

图 5.2－2　水生态与水文化

# 第 三 节　综 合 整 治 目 标

　　中小河流综合治理总体目标是围绕保障行洪通畅、减轻洪水灾害损失，通过工程措施与非工程措施（包括水土流失治理、应急预警预案、避洪逃洪路线方案等），恢复河道行洪断面，保障河道行洪畅通，提高流域综合减灾能力，规避洪水风险，降低灾害损失。同时，在保障结构安全的前提下，结合新农村建设需要，更加注重生态、景观、亲水效果，使人水更加和谐。河道治理与生态保护相结合，注重原始植物群落、生物生境的保护，兼顾河道水环境改善，防止水土流失，为水生植物生长、水生动物繁殖、两栖动物的栖息繁衍创造条件。通过综合河道综合整治，营造水景观，挖掘水文化，发挥河道综合功能，提升河道及两岸环境质量，实现防灾减灾、环境保护、民生经济、文化景观、休闲旅游于一体的人水和谐综合治理目标。

# 第六章

# 中小河流治理中相关问题的探讨

## 第一节 防洪标准及设防问题

中小河流位于流域上游，保护对象差别较大，因此防洪标准的研究非常重要。中小河流防洪标准的确定，应建立在分析了不同地区的洪水成灾原因、特性和规律，调查掌握主要河道及现有防洪工程的状况和防洪、泄洪能力的基础上，根据洪水灾害严重程度，不同地区的地理条件和社会经济发展状况，来确定不同的防护对象并按现行的国家防洪标准《防洪标准》（GB 50201—2014）的有关规定执行。

对于人口密集、乡镇企业较发达或农作物高产的乡村防护区，其防洪标准可适当提高，地广人稀或淹没损失较小的乡村防护区，其防洪标准可适当降低。

防洪标准并不是越高越好。标准的提高也意味着耗资增加，且随着防洪水位的抬高，工程风险也加大，出现超标准洪水时洪水灾害的潜在风险也将加大，甚至可能对当地的自然生态产生影响。应结合中小河流普查情况，分区域研究不同地区的防洪任务，进行灾后损失评估，并通过与相应防洪标准下的防洪工程投资做比较，合理确定中小河流的防洪标准。

根据《防洪标准》（GB 50201—2014），结合河流洪涝灾害特点和防护区经济社会发展要求，根据保护的对象和范围，统筹考虑本河流治理对下游的防洪影响，与流域区域防洪标准相协调，因地制宜确定防洪标准、排涝标准。《广东省山区中小河流治理工程设计指南》中明确了防洪标准的确定方式：同一条河流可根据不同区域的保护对象分区分段确定防洪标准。对于山区河流，保护农田区的河段治理宜以岸坡防冲、疏通和稳定河槽为主要目的，允许洪水在农作物耐受时间内淹浸农田。乡镇人口密集区的防洪标准取 10～20 年一遇；村庄人口集中区的防洪标准取 5～10 年一遇；农田因地制宜，按照 5 年一遇以下防洪标准或不设防考虑。穿堤涵闸宜按排水区 5～10 年一遇的洪水标准设计。

根据中小河流的实际情况，本章对于相关治理标准结论如下：

（1）对于乡镇人口密集区的防洪标准取 10～20 年一遇，村庄人口密集区的防洪标准取 5～10 年一遇，但同时还应根据实际情况确定设防情况。

对于镇区段，如镇区在相应标准受淹面积较大，一般应尽量设堤防洪。但部分中小河流沿岸镇区的房屋临河而建，占用河道，房屋基础就是河道岸线，洪水时，沿岸房屋受淹，这种情况如新建堤防防护，需拆除沿线房屋，阻力很大，拆除后，需保护的房屋也所剩无几，因此，此类情况不宜新建堤防，对沿岸房屋基础进行适当防护即可。

对于村庄段，是否设防一般需根据村庄高程、受淹范围、受淹时间等区别对待。

1）山区村庄多数会离开河道一定距离，建在略高一点的山坡地上，这些村庄地面高程均满足相应防洪标准水位，无需考虑设防问题。

2）部分村庄临河而建，村庄局部地面高程低于设计洪水位，仅一些道路及少数房屋受淹，对这类村庄如果为了河边几处房屋新建堤围，需占用大量耕地，同时还要解决围内排水问题，因此，不宜新建堤防。

3）少数村庄地面高程较低，洪水时大部分房屋受淹。这类村庄在条件允许的情况下应尽量考虑设堤防护，防洪同时应解决村庄排水问题，避免内涝。

（2）对于农田段应因地制宜，按照 5 年一遇以下防洪标准或不设防考虑。中小河流多位于河道支流和上游段，涉及农田一般为较分散，甚至许多农田为梯田的形式，而且洪水来去较快，农田受淹时间段，对农作物影响较小。因此，一般情况下，多数农田段不需要设堤防护。

## 第二节　清淤料堆放及利用问题

中小河流有一项较大的工程任务就是清淤，经过这么多年的淤积，河道的淤积量已经相当庞大，如何处理好这些清淤料，是一个非常重要的研究课题。通常来讲，清淤料应尽量外运，但如果全部找专门弃渣场堆放，征地及运输的费用都很庞大。本书认为，在设计时可根据河道行洪断面的具体情况，将部分清淤料集中堆放在河岸附近一些区域；同时，考虑到中小河流大多处于源头支流位置，清淤料中大多以砂石料为主，是较好的建筑材料，经充分论证后，可以采用多种形式应用于工程当中。

**一、清淤料堆放**

部分清淤料可根据河道情况，经充分论证后，集中堆放在如下一些区域：

（1）一些由于桥梁和道路阻断形成的行洪死水区，且桥梁本身并无缩窄河道问题，经充分分析后应可作为渣料堆填区域。

（2）对于冲毁护岸和河流变道产生的超宽河道地带，特别是近两年刚刚冲毁的大片土地，这些区域均在主行洪通道以外，行洪能力很差，主要作用也只为滞洪，由于面积较小，滞洪作用也不大，可适当用于清淤料堆填，一方面用于处理渣料，另一方面也可适当恢复土地给地方。

在河岸附近堆放清淤料时，应同时做好防护措施，防止清淤料再次被冲回河道内。

**二、清淤料利用**

传统筑堤材料多为黏性土。中小河流治理时往往黏土材料缺乏，若修筑黏土堤防，则需远距离运土，而河床清淤时，产生大量清淤料需要外运，这样不仅工程投资较高，而且破坏生态环境。如果能将河床的清淤料运用于堤防填筑当中，不仅生态环保，而且能节省工程投资。本书认为，对于性质为砂卵砾石的清淤料经认真研究、充分论证后可运用于填筑堤岸，但填筑高度不宜过高，一般不宜超过 1.5m，同时应尽量放缓边坡、适当防护，并及时复绿，如果应用于岸坡，其表层还应适当掺黏土碾压固化。清淤及开挖料运用断面示意图见图 6.2-1。

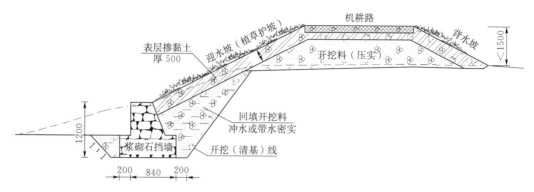

图 6.2-1 清淤及开挖料运用断面示意图（单位：mm）

《堤防工程设计规范》（GB 50286—2013）提出"粉细砂不宜作堤身填筑土料，当需要时应采取相应的处理措施"；"采取对土料加工处理或降低设计干密度，加大堤身断面和放缓边坡等措施时，应经技术经济比较后确定"。实际上，由于黏土料缺乏，在我国黄河、辽河、松花江和嫩江的堤防也存在粉细砂筑堤的情况。大量工程运用实践表明，尽管粉细砂筑堤存在诸多问题，但只要采取一些合理有效的工程措施，用于筑堤还是可行的。当前堤防建设的发展趋势也是就地取土，减少占用耕地对生态环境的破坏。综合来看，清淤料的颗粒组成和力学特性要优于粉细砂，而且结合河流洪水陡涨陡落、历时短的特点，在中小河流治理中用清淤料筑堤是可行的。

清淤料的颗粒组成中，砂土是无黏性的散体，不具备可塑性。天然条件下的砂土可处于从密实到疏松的不同物理状态，砂粒的矿物成分一般以石英为主，长石与云母次之。石英、长石呈粒状，化学性质不活泼，堆积时形成的孔隙不大。云母则呈片状，其含量较多时，孔隙增大，因而使土的压缩性增加。清淤料颗粒一般为粒状，比较接近于圆形，其堆积情况一般为单粒结构，即单个颗粒之间互相支撑，以保持稳定。实际的砂土是大小颗粒混杂的，而且颗粒形状也不是圆形，故孔隙比变化较大，当细小颗粒多尤其是片状的颗粒较多时，容易出现架空的现象，此时多处于疏松状态。依据《建筑地基基础设计规范》（GB 50007—2002）分类，当粒径大于 0.075mm 的颗粒含量超过全重的 50% 时称为粉砂，当超过全重的 85% 时，称为细砂。而《土工试验规范》（SL 237—1999）中将粗粒组（0.075~2mm）含量大于 50% 的土统称为砂类土，再根据细粒组的含量由小到大分别定名为砂，含细粒土砂，细粒土质砂。两个规范虽定名不同，但本质没有大的区别。

清淤料的工程力学特性为：①无黏性。根据双电层和结合水的概念，当两个颗粒靠近使两个颗粒的双电层互相重叠时，两个颗粒将共同吸引重叠区域的阳离子，包括离子所吸附的极性水分子。两个颗粒对此阳离子和水分子的相互吸引作用使两个颗粒互相连接，从而产生黏性。当颗粒愈靠近，颗粒间距离愈小时，颗粒对重叠区阳离子的引力愈大，从而黏性也愈大。由于清淤料中缺少带电特性的黏土颗粒组，从而呈无黏性状态。②压缩性小。清淤料土颗粒尺寸大，表面面积小，颗粒与水作用微弱，孔隙比一般较小，因而压缩性小，承载力较高。③抗剪特性 $c=0$，内摩擦角较大。由于清淤料无黏性，抗剪时表现为黏结力 $c$ 为 0，粒状土的摩擦性质涉及颗粒之间的相对移动，其物理过程包括两部分：一方面，是颗粒的滑动，产生滑动摩擦；另一方面是颗粒与相邻颗粒脱离咬合而移动，产生咬合摩擦。由于清淤料颗粒较黏土颗粒大，剪切时这两种摩擦力较大，因而内摩擦角较大。④渗透系数大。清淤料按其与水相互作用的程度为惰性体系。呈散料状，单个颗粒浑圆，矿物晶格活动性小，颗粒比表面小，在土粒和水界面上的相互作用力主要是毛管张力，在饱和土中消失。此外，颗粒孔隙较大，因而与黏性土相比表现为较大的渗透系数。⑤砂土的液化。饱和松砂受到震动时，原来稳定的结构遭到破坏，发生砂土颗粒悬浮于水中成为类似液体的现象。砂土液化对工程建筑物有极大的危害。⑥假黏性。砂中水大部分为毛细水，水受表面张力的作用沿毛细孔隙上升，形成毛细水带。两颗料间的毛细水的表面张力可将两颗粒拉紧形成所谓的假黏性，因此表现出湿砂可黏聚成团，泡水后即松散。这种特性可用于加筋清滩碎石修筑陡边坡。

清淤料填筑堤岸存在的问题：清淤料因其独特的性质，用于填筑堤岸时存在着一些问题，直接影响到堤岸的安全。①滑弧稳定性。一般当相对密度为 0.60 时，清淤料用于修筑堤防时，易产生滑动。②渗流稳定性。清淤料渗透系数较大，坡面出逸允许比降和建筑物接触冲刷的抗渗允许比降低；在同样水头作用下浸润线逸出点高，由于以上物理力学特点，清淤料堤防渗透稳定性较差。若采用清淤料均质堤型，必须有足够渗径的要求。还要求较缓的背水坡以满足出渗坡降，这样使得清淤料堤防的断面较大。为增加堤防的稳定性，堤的背坡应设排水等相应措施。③抗冲刷能力弱。清淤料无黏聚力，抗冲能力低，其允许抗冲流速为 0.25～0.75m/s，在堤前坡水流作用下，极易产生淘刷脱坡，堤坡上长草，由于根不深，极易被冲走；在雨水顺坡水流作用下也易冲成沟，直接危及堤岸的安全。可见，不考虑清淤料的特性，不采取工程技术措施和方法，直接用清淤料填筑堤岸是不妥的，必须采取相应的防护措施。

国内外有关清淤料筑堤技术的研究较少见，比较接近的研究是采用粉细砂筑堤的研究。粉细砂中因细粒组含量较少，使其表现出前面所述的特有工程特性。若在粉细砂中掺入细颗粒，其工程性质将得到改变。德国拜恩州东北部弗尔兹河上的弗尔兹 1 号坝，坝高 31.6m，因弗尔兹坝坝区土料比较缺乏，心墙土料只能用基岩风化而成的残积粉砂，细颗粒含量少，防渗体渗透系数偏大，而且粉砂的抗冲刷能力不强。即使心墙所承受的水力梯度不大，心墙两侧也要设置较厚的反滤层。但因土料不足，心墙只能采用较薄的断面，而且坝区附近反滤料也不足。由于坝区附近的天然砂场不能满足坝体抗渗要求，为加强心墙的防渗能力，采用了水泥土心墙，经多次试验后，水泥土心墙配比为砂 1331kg、粉碎黏土料 153kg、水泥 90kg，其混合料的干密度为 1600kg/m，每立方米加水 400kg 拌和，拌和料的密度为 2000kg/m³。粉细砂坝取得成功。辽宁省水利水电科学研究院曾在新西小河左堤桩号 GL0＋150～GL0＋350 进行改性粉细砂筑堤试验，采用掺加 1.5%～2% 水泥以改善粉细砂性质，取得了成功。改性粉细砂筑堤存在的一个突出问题是掺和料如何拌和均匀，因这个难题至今还未很好地解决，目前该项技术还未得到大面积推广应用。

在采用清淤料填筑堤岸时，应尽量放缓边坡。粉细砂堤防在过去设计中上下坡比多为 1：2～1：2.5，即与黏土堤防坡比一致，但经实践证明，这样的堤防存在较大的隐患，后来在淮河上一些粉细砂堤防后坡采用 1：5，在有条件的情况下，应尽量放缓，同时，对于堤岸坡面应加以防护、复绿，若不加以防护，雨淋、风剥对堤防的破坏较严重。

清淤料除用以填筑堤岸以外，还可用以填筑路基以及其他建筑材料，河道开挖出的砂卵砾石料是较好的机耕路和临时施工道路填筑料，只需根据需求在表层适当掺土或石渣等碾压即可。但应注意农田内的临时道路如用砂砾石填筑，工程完工后需清除干净，以便农民复耕。

# 第三节　当地材料的运用问题

## 一、运用当地材料的优势

在中小河流治理过程中，提倡因地制宜，利用当地材料。当地材料主要以当地的建筑石材为主，常见的石材有块石、青石、卵石、级配砂石等。当地材料的应用既可以节约工程投资，又可以展示地方特色。

一方面，中小河流一般线路较长，多数地方交通不便，距离市一级行政中心较远，很多在发达地区应用比较广泛的生态治理材料如生态砌块、连锁砖等均很难在较短距离内找到生产厂家，如果大量使用这些材料，将很大程度的抬高工程造价；另一方面，河道内一般都存在各种粒径的卵石、砂卵砾石和砂料，这些都是很好的河道治理材料，如果能够妥善加以利用，可以有效降低工程造价，经济适用。因此，在中小河流治理中如何合理、充分的利用这些当地材料对治理工程至关重要。另外，由于各个地方岩石性质的不同，各地的石料场也会开采出一些比较特有的石材，在河道治理中，如能适当使用这些特色石材，可以有效地配合生态景观建设，并可在治理后呈现出明显的地方特色。

## 二、河道石料的利用

中小河流河道内一般砂石料丰富，河道内的砂、卵石经冲洗、筛分后，在含泥量、颗粒级配和压碎值等指标均满足要求的前提下，可直接用做混凝土细、粗骨料。河道内粒径较大的卵石可作为埋石混凝土的埋石料使用。除用于混凝土的浇筑外，河道内的卵石料根据粒径的大小还可用作装填石笼、浆砌、贴砌、叠砌和陂头构筑等。

（1）装填石笼。河道卵石料可直接用于格宾石笼的装填，装填石笼的卵石平均粒径宜为 $1.5D\sim2.0D$（$D$ 为石笼铰合钢丝中心线的轴线距离），占质量 85% 以上的粒径应大于 $1.0D$，且级配合理。河道卵石装填施工可采用人工装填，机械装填和半人工装填。人工装填外观质量较好，机械装填速度快，一般可采用半人工装填，即人工将外形较好的卵石摆砌在石笼外立面，再使用机械进行内部装填，即可以保证石笼外观质量，也可以有效加快施工速度。在对外观要求较高的位置，石笼外立面可采用块石干砌，只在内部使用河道卵石装填。河道卵石装填石笼效果见图 6.3-1。

（2）浆砌卵石。浆砌卵石宜选用粒径

图 6.3-1　卵石装填石笼实例

为 15～50cm 的石块，砌筑时应大小相间，这样无论在砂浆用量和砌体强度上都能取得较好的效果。由于卵石特有的外观形状，砌筑外立面卵石最大胸径外侧不宜采用砂浆嵌缝，一是对强度增长益处不大，二是严重影响砌体美观度。因此，浆砌卵石一般应要求表面无浆。表面无浆的浆砌卵石，表层卵石有效直径不宜小于 25cm，且应将长轴方向垂直墙面摆砌，卵石最大胸径外侧范围内无水泥砂浆，内侧应坐浆饱满，以保证表层卵石砌筑稳固。另外，不得使用小卵石填塞表面孔隙，表层卵石外立面应干净整洁，避免水泥污染，浆砌卵石挡墙实例照片见图 6.3-2。当河道卵石粒径较大且较均匀时，采用分层叠砌的方式，可获得较好的生态景观效果，实例照片见图 6.3-3。还可以利用卵石护砌堤岸边坡，在防冲和景观上均可取得较好的效果，实例照片见图 6.3-4。有时，充分利用岸床已有的埋深牢固的大石，在砂浆嵌缝基础上构筑浆砌卵石护岸，即经济实惠，又不失天然，实例照片见图 6.3-5。

图 6.3-2　浆砌卵石挡墙

图 6.3-3　分层叠砌卵石护岸

图 6.3-4　浆砌卵石护坡

图 6.3-5　以河岸大石为基础的卵石护岸

（3）贴砌卵石。贴砌卵石不同于大体积的浆砌卵石，一般情况下用于构筑物表面，主要作用是景观改善，使护岸、护坡更加原生态，更贴近自然。用于贴砌的卵石一般要求粒径均匀，形态光滑，为保证效果，贴砌的黏结材料一般采用混凝土或较高标号水泥砂浆。在具体应用上，可以垂直贴砌于挡墙外立面（见图 6.3-6），也可水平贴砌于人行步道（见图 6.3-7）等。

图 6.3-6　卵石立面贴砌

图 6.3-7　贴砌卵石步道

（4）叠砌河道大石。有些河段存在大量的过吨重的石块，这些石块重量大，自身稳定性好，如果牢固叠砌用作护岸，可有效防止岸坡冲刷。甚至，在抵抗河流携带的外物冲击上比薄层的浆砌石和混凝土护坡还要好。叠砌河道大石，应选择河道内相对扁平或大致方形的石料，石料的体积、厚度应大致相等，以便分层错位牢固摆砌，不能使用无法摆放稳定的棱形石块，也不宜使用小体积石块填塞缝隙，防止被冲走后造成护岸后土料大量流失损毁护岸。叠砌河道大石，应根据计算冲刷深度至少埋深 1~2 层防止护脚淘刷。图 6.3-8 为叠砌河道大石护岸施工图。另外，利用河道内大石堆砌成壅水陂头可用极少的投入达到改善区域水环境的目的，实例照片见图 6.3-9。

图 6.3-8　叠砌河道大石护岸施工图

图 6.3-9　河道内大石堆砌壅水陂头

### 三、当地特色材料利用

由于各个地方岩石性质的不同，有些地区石料场会开采出一些比较有特色且在当地广泛使用的石材，在河道治理中，适当使用这些材料，即可做到因地制宜，又可形成一方特色。

清远市阳山县当地石场普遍可开采出重达几百公斤的大石，使用机械（反铲挖掘机）叠砌这些大块石作为护岸，可使护岸材料与岸坡土体融为一体，叠砌后大块石的缝隙还可作为河道生物的栖息场所，有效地维系了河流的生态功能。为保证护岸的安全稳定，机械叠砌大块石的外露高度一般不超过 2m，单个石块重量不宜小于 400kg，隔层石块需错位牢固叠放，石块间贯穿性缝隙不宜大于 15cm，并应在缝隙后适当卡放小石块填补。一般情况下，石块间的缝隙经过一段时间后可自行淤积填实，但如果要用作堤防护脚墙体或其他需严格避免石块后土体被水流冲走或带出的部位，应在叠砌体后侧设置级配反滤层或土工布。叠石护岸治理后的河道效果见图6.3-10。

连州东陂流域的西岸镇盛产西岸石，西岸石颜色黝黑，石面平整光滑，有一种天然复古的质感。在当地山区河道治理时，可采用西岸石对重点治理段进行步道铺装、桥涵贴砌等，以达到整体的景观效果，如附近产量较大，造价不高，也可采用西岸石砌筑护岸挡墙，使整个河道美观、别具特色。浆砌西岸石护岸效果见图6.3-11。

**四、应用当地材料存在的问题**

在中小河流治理中合理、充分地利用河道材料和当地特色建材，既可以降低工程造价，又可以因地制宜，形成地方特色，使河道治理更生态，更贴近自然，更好地融入乡土文化。但很多应用措施还处于起步阶段，技术参数与各项指标尚不完善，工程造价上也尚无特别适合的定额套用，因此，在鼓励发现、研究和尝试新的利用方式的同时，也要及时总结经验，完善推广，以便互相借鉴。

图6.3-10　叠石护岸治理后的河道效果图

图6.3-11　浆砌西岸石护岸

# 第四节　河道建筑物问题

中小河流主要的涉河建筑物为陂头和桥梁。在中小河流治理中，对于河道建筑物的必要性和合理性要进行分析，对于必要且合理的，应予以保留或加固，对于必要但不合理的，应予以改造，对于不必要且不合理的，应予以拆除。

在中小河流治理过程中，根据各自情况不同，本书对河道建筑物的改造设计分别如下。

（1）对于相对较为矮小的陂头，在洪水期基本不影响行洪的，可予以保留；对于坡降较陡的河道，为防止河床冲刷，建议采用多级矮小陂头。对于很多灌溉陂头，因为高度不大，占河道深度的比例较小，其壅水主要在小频率的日常洪水，在大洪水时基本恢复到天然河道状态，对行洪影响不大，在河道治理中应予以保留或加固。对于坡降较陡的河段，由于多位于山区，山洪来势汹涌，破坏力强，建议在河道中建设多级固基陂，减缓河道冲刷。

（2）对于较为高大的陂头，洪水期对行洪影响较大的，应予以改造或拆除。在治理过程中，应通过水文计算，确定陂头的影响程度，结合陂头建设的必要性，确定是改造还是拆除陂头，如果陂头的功能不明确，则予以拆除，如果陂头仍然十分必要，则考虑进行设闸改造，降低其对河道行洪的影响。在治理过程中发现，有一些需要改造或拆除的河道建筑物，目前由于种种原因而无法实施，对于这类建筑物，政府应加大力度予以整改。

由于发电和灌溉需要，中小河流陂头众多，尤其是中下游的发电陂头一般壅水较高。如阳山县七拱河石溪电站，在 10 年一遇水位时壅水高度近 2m，直至上游 4.5km 的湟川陂下游，壅水高度还有约 0.4m，回水已经影响到湟川陂出流，对该河段的防洪影响很大。而且目前该电站采用的闸门仍是老旧的自动翻板闸，如果翻板闸门再由于杂物堵塞无法泄洪，其影响将会更大。改造这些陂头一般投资较大，很难在中小河流治理内列支，且由于权属等问题，短期内也无法拆除，此类建筑物对河道治理效果和方案会产生较大影响，建议政府加大解决力度，以保证河道治理效果。

（3）对于桥梁，情况比较复杂，应根据实际需要确定。对于日常流量较小的宽浅河道，应考虑牢固的过水桥型式，可满足当地群众绝大多数时间的交通要求，洪水时由于桥面远低于洪水水面，一般不会阻塞冲毁，对行洪影响也很小。如一定要采用横跨两岸高出一定洪水位的桥梁，投资需几百万元，不是很现实，且只是解决个别村的交通，显得没有必要。乡道以上的桥梁如阻水严重，应由业主提请交通部门重建，包括新桥重建后未拆除旧桥的，多数也应由交通部门拆除，因为很多旧桥紧挨新桥，也有一些旧桥的基础为新桥的防冲护桥陂，这些旧桥拆除都可能影响到新桥安全。对于一些村道桥梁和便桥，如阻水影响大或在洪水中已冲坏，应尽量在治理中予以考虑。但对改造型式，应通过分析论证，因地制宜地采用，不应限死一定要超过多少年水位。

# 第五节　生态治理相关问题

随着人类生态系统保护意识的增强以及人与自然和谐发展概念的提出，利用生态工程技术进行护岸已经得到越来越广泛的运用。我国近年来对生态环保事业的重视以及水利事业投资力度不断加大，各种生态措施被越来越多地应用于中小河流治理当中，尤其是在中小河流生态修复方面的应用更加广泛。

根据中小河流治理的实践经验，生态治理应用较广，且效果良好，但生态治理也要分情况、分地域，生态治理与局部硬化不相矛盾，生态治理更应该避免伪生态、过度生态。

1. 河道生态治理

河道生态建设是融现代水利工程学、环境科学、生物科学、生态学、美学等多学科为一体的水利工程。它是采取各种措施使受损河流尽可能恢复至近自然状态，以及实现其生态服务功能为目的。生态河道效果如图 6.5-1 所示。

2. 伪生态

生态河道治理是指在河道陆域控制线

图 6.5-1　生态河道效果图

内，在满足防洪、排涝及引水等河道基本功能的基础上，通过人工修复措施促进河道水生态系统恢复，构建健康、完整、稳定的河道水生态系统的活动。在河道治理中，渠化治理的河道是非常不可取的，也是很容易被识别的，如图 6.5-2 所示。但是，随着生态治理的推崇，有一些河道治理为追求所谓的"生态"效果，开始采用伪生态治理措施，如图 6.5-3 所示，在硬质护岸的基础上贴上卵石，以便冠以生态治理之名，这种做法是不可取的。

图 6.5-2　渠化治理河道　　　　　　图 6.5-3　伪生态治理

3. 过度生态治理

中小河流面广线长，河道途经城镇、村庄、农田、荒野、山崖等位置，对于不同的河段，根据人们的物质文化追求和实际用途，应分段设置岸坡类型，而不是一味地追求生态。

例如在偏远山区的小村庄，随处可见的即为生态，最不缺乏的就是生态，而在村庄段位置，人们为了平时的生产生活需要，往往希望能设置一些"非生态"的硬质护岸、洗衣平台、洗车槽等，在这种情况下，如果还要为了追求生态去设置一些柔性护岸措施，就违背了造福群众的初衷。

再比如城镇段，由于土地资源稀缺而往往采用硬质直立护岸，这种地段的防洪任务往往大于生态任务，在城区防洪重点段也不宜过度追求生态。

## 第六节　治理措施相关问题

在中小河流治理过程中，相关治理措施尚且存在以下问题：

（1）治理设计中的河道设置问题。在河道治理过程中，一味地考虑行洪断面，而忽略了现有的河汊、沙洲、滩涂、湿地等低洼地带的既有作用，从而在河道设置中出现了一系列问题。

以往的不少治理设计规划在进行河道设置时只考虑了行洪断面尺寸，而忽略了自然河道中的水文特征。其实，自然河道中的河汊、沙洲、滩涂、湿地等低洼之地等有着滞洪、滞淤和安全避险等抗洪功能，而通常河道经过规划设计进行水利工程建设之后，原有河道会被挖深，河岸会被顺直，断面也会被规范，原有的各种河滩、沙洲、河漫、湿地等低洼地全被裁去填高，变成土地，失去了这部分的抗洪效力。当洪灾再次到来时，随之而来的泥沙在水流迅速降低之后会沉积在河床上，造成水平面的不断上升，增大堤岸的抗洪工作的难度和压力。

（2）治理设计中的建筑物布置问题。跨河、穿河建筑物的设立，大多在人口比较稠密的城镇之间，而在河流治理设计时，往往只注重该河流治理建筑物本身，缺乏对治理区域的整体考量和长远规划，对两岸的管道布置、给排水工程后续建设发展等因素考虑不足，没有预留出其他项目的施工余地。在城镇规模扩大或者新的工业项目上马时，又需要束窄河道，如此反复，就产生了河流治理与其他工程建设的矛盾，造成人力与资源的巨大浪费。

（3）治理设计中的岸线设定问题。河道岸线的设置，是以服务生产、服务群众为目的的，在治理过程中，往往由于时间紧或者部分领导干部的干预，而未能遵循治理的初衷。

一种情况是由于设计时间紧，任务重，未征求群众意见就主观设计；另一种只是征求个别领导干部的看法，当项目实施时，群众阻挠就来了。他们要求设置如码头、提水井、便桥、栏杆、洗衣埠头等建筑物，使得工程实施不下去，若变更设计增加概算国家不允许，若领导出面，说服或压制群众又会产生一方的稳定问题，导致施工单位与当地群众产生矛盾严重影响工程进度。

（4）治理设计中的材料选择问题。河道治理中的材料选择同样是设计实施的重要环节，但如今在选择料场中仍存在缺乏对实际环境了解、分析不清材料特征的情况。实施过程就会产生工程材料不足、材料指标不符、群众抵制取材，甚至危及人身和财产安全的情况出现，给工程实施造成很大阻力。

# 第七章

# 综合整治措施研究

## 第一节 工 程 措 施

### 一、河道整治措施

（一）主要原则

中小河流经过长年水土流失及近年来洪水带来的淤积物，大部分河流都有一定的淤积，加上人为的侵占河道，使得河道的过流能力大大下降，在遭遇常遇洪水也易发生灾害。

河道治理总体上应达到有滩有槽，恢复天然的目的。河道治理在地方政府清违、清障和应急清淤的"三清"工作基础上进行，主要的措施有清淤、拓浚等。在选取工程措施时应遵循以下主要原则：

（1）尽量沿现状河道走向进行整治，力求自然平顺。

（2）河道断面应尽量维持天然，有常年鱼道、有主槽、有行洪滩地，尽量避免人工的矩形、梯形河道，杜绝河道硬底化。

（3）河道纵坡尽量采用河道现状坡降，不对河道作过多挖填，疏浚后的河底高程要与上下级河道河底高程相衔接，使上下游水位平顺衔接，改善水流条件。

（4）河道清淤应根据淤积深度、淤积材料、淤积成因，并结合河道现状，选择适当的清淤方式。

（5）合理选择清淤深度和范围，清淤边线应距离岸边一定距离，避免出现新的淘刷，清淤应不影响河道护坡稳定性。

（6）拓浚工程应与堤岸整治相结合，保证拓浚后的岸线稳定，拓浚断面及拓浚料堆积应尽量避免占用耕地。

（7）应尽量保护天然河道自然形成的边滩和河心滩，对影响行洪的滩地按河道行洪断面要求适当清除，但要避免过度清滩。

（二）典型措施

根据现场查勘情况，中小河流的河道主要存在河床淤积、河岸冲刷、滩地占用、河道缩窄等问题，对于非法占用河道的情况，地方政府应在清违、清障工作中先行解决，这里针对河道淤积、冲刷的具体情况进行分析并给出典型治理措施。

（1）河道滩地淤积成因及处理措施。河道岸滩及河心滩淤积主要由河势变化引起。河道水流不断冲刷凹岸或两侧岸坡，造成泥沙在凸岸或河心淤积，逐渐形成岸滩和河心滩。滩地治理除对冲刷堤岸进行防护，稳定河势外，还应对影响行洪的滩地进行适当的清淤，以便行洪顺畅，清淤后以满足上下游河道宽度为宜。典型处理措施参见图 7.1-1 和图 7.1-2。

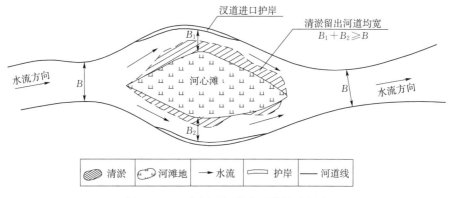

图 7.1-1 分汊型河段整治措施示意图

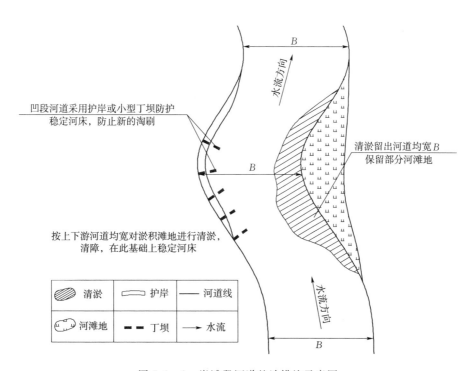

图 7.1-2 岸滩段河道整治措施示意图

（2）河道河床淤积成因及处理措施。河床淤积主要是在河道比降小，流速小的区域，由洪水从上游携带或冲刷切割岸体产生的砂砾石与土体沉积到河道内形成，河床淤积使得河道变浅，行洪断面变小，并且主槽不明显。对于此类河床淤积，应首先清除主河床淤积物，清出主河槽，恢复天然河道水深，并进行适当护岸。另外，需加强上游水土保持，适当设置上游山区河道的拦截设施，尽量从源头上减少淤积物，减慢回淤过程。典型处理措施参见图 7.1-3 和图 7.1-4。

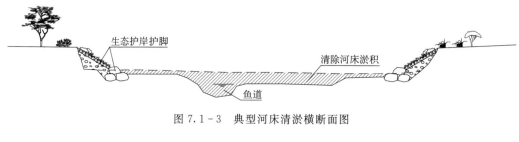

图 7.1-3 典型河床清淤横断面图

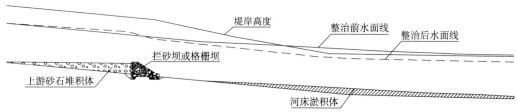

图 7.1-4 河床淤积治理纵断面图

（3）比降较大的冲刷河道治理。对于山洪沟及上游河道，由于河道比降大，洪水来去快，流速大，水流对岸坡冲刷严重并携带大量砂石使下游河道产生淤积，严重的可能产生泥石流等灾害。对于此类河道，除适当建设护岸外还应修建一些格栅坝和拦砂坝，拦截砂石的基础上减缓河道比降，改善河道水流。典型河床淤积治理纵断面参见图 7.1-5。

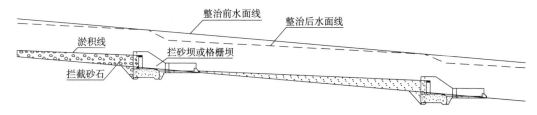

图 7.1-5 河床淤积治理纵断面图

对中游河道比降相对较大的区域，可结合灌溉、供水等功能性需要，适当修建水陂抬高枯水期水位，同时可蓄水美景，改善枯水期河道水环境的作用。水陂宜修建在河道较宽处，不宜过高，不应对洪水期河道行洪产生大的影响。典型处理措施参见图 7.1-6 和图 7.1-7。

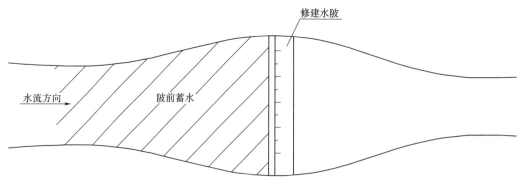

图 7.1-6 河床淤积治理纵断面图

图 7.1-7 中下游较大比降河段河道治理措施示意图

## 二、堤岸防护措施

### (一) 岸坡防护的主要原则

中小河流所处地域大多耕地资源相对匮乏，地少人多，建设空间有限。由于河岸不稳，河道主槽不固定，当洪水来时，极易冲毁河岸，导致房屋、农田被毁，甚至导致人员伤亡，对当地居民的生命和生活造成极大的影响。

对岸线治理，应达到岸青岸牢，天然稳定的效果。护岸的主要功能是防止河岸淘刷，从而达到稳定河势的目的。护岸的设置应结合河床形态、河道比降等条件综合考虑后确定，一般设置在河流凹岸和比降大、流速快的河道位置，主要型式有坡式护岸、坝式护岸和墙式护岸等。护岸措施的选择应遵循以下主要原则。

(1) 应尽量维持河道天然的岸坡型式，仅在必要位置设置人工护岸，避免全线人工护岸的过度治理。

(2) 河道护岸应兼顾河道水环境改善、防止水土流失，为水生植物生长、水生动物繁殖、两栖动物的栖息繁衍创造条件。

(3) 人工护坡应优先考虑植物护坡，尽量使用具有良好反滤和垫层结构的堆石、多孔混凝土构件、土工合成材料和自然材质制成的柔性结构，尽量避免使用如混凝土、浆砌块石等硬质不透水材料。对于坞工护岸，宜在常水位以下设置人工鱼槽。

(4) 城镇、景区、休闲旅游河段的护岸应考虑景观、亲水及缓行步道的需要。

### (二) 堤防建设的建设原则

堤防建设是有效保护防护区人民和耕地的有效手段。但由于地少，防护区多呈带状且面积较小，要形成闭合建设堤防的线路长，同时，由于洪水陡涨陡落，持续时间较短，如建设堤防则堤防高度可能较高，而且堤防建设将占用有限的土地、耕地资源。

因此，对堤防建设，应坚持按需设置，确保安全的原则。堤防一般起挡水作用，属挡水建筑物，根据防护区的级别，堤防有相应设计标准（防洪标准）和建筑物级别。堤防的上游护坡多数情况下等同与河道护岸，其工程措施的选择应遵循护岸防护原则，除此之外，堤防工程建设尚应遵循以下主要原则。

(1) 对已有防洪堤进行必要有效的护坡、护脚、护岸及防渗加固等措施，确保堤防安全达标。

(2) 对保护范围小，受淹时间短，受淹后损失小的河道，特别是洪水暴涨暴落的山区性河道，应尽量不设置堤防，只设置防冲不防淹的护岸措施，以保护农田不被洪水冲毁。

(3) 现状未设防且对人民生命安全不产生威胁的河段原则上保持原状，不新建堤防。

(4) 按防洪标准只有少量临河街区受淹的城镇，如堤防加高过多或增设堤防将产生大量征地拆迁，实施困难的，原则上不加高和新建堤防，但需保证沿河街区居民房屋可抵抗洪水淹渍，并完善洪水预警系统，保证居民安全撤离。

（5）加固及新建堤防应严格按照规范要求计算堤顶超高、抗冲、抗滑及抗渗稳定，确保堤防安全。

（三）典型堤岸工程措施

河道堤岸按照断面形状可分为直立式、斜坡式、复合式及天然型式护岸四种。直立式堤岸一般用在土地使用紧张的平原河段；斜坡式堤岸一般用在乡村河段；复合式堤岸多用在城镇或有景观需求的河段，方便设置亲水平台及结合园林建设等；天然型式护岸包括天然岸坡和按照河道天然形态进行修整护砌的岸坡，随着目前生态景观建设的加强，人工天然护岸型式得到广泛的应用。各种断面形状示意见图 7.1-8。

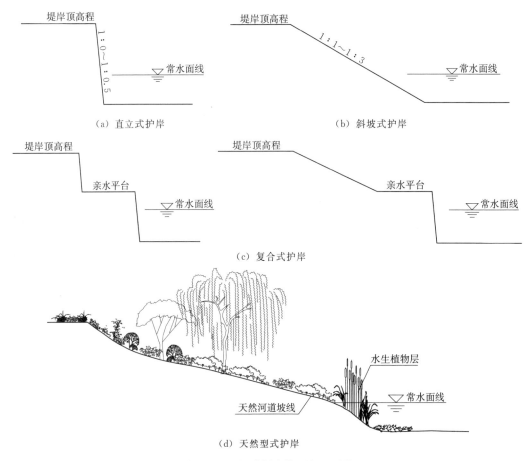

图 7.1-8　河道堤岸按照断面形状

河道堤岸按照材料可分为自然土质岸坡和人工岸坡。人工岸坡又分直立式、斜坡式和复合式。

直立式岸坡多采用混凝土、浆砌石、埋石混凝土等结构，近年来，随着人类社会对生态环境的重视，出现了植草砌块和铅丝石笼等生态型直立护岸。混凝土、浆砌石护岸墙整体性好，强度高，抗冲流速大，但无法生长植被，也不利于水生生物的生存。因此，不宜大规模、大范围适用，只在迎流顶冲段或局部用的紧张位置，以免对河流生态产生大的影响。根据河流河床材料，此类挡墙宜选用埋石混凝土材料，并可根据需要进行垂直绿化或表面贴砌卵石。典型处理措施的断面参见图 7.1-8 和图 7.1-9。

图 7.1-9　混凝土或浆砌石挡墙典型断面

　　植草砌块和铅丝石笼是较好的生态直立护岸型式，应用较为广泛，这两种型式护岸整体性及抗冲性能均较好，可生长植被，有利于河流生态保护。典型处理措施的断面参见图 7.1-10。

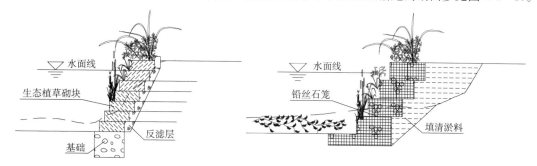

图 7.1-10　格宾生态砌块挡墙典型断面

　　斜坡式堤岸的人工护坡一般有植物护坡、黏土草皮护坡、框格（拱圈）草皮护坡、干砌块石（卵石）护坡、浆砌块石（卵石）护坡、混凝土（混凝土预制块）护坡、多孔（生态）混凝土护坡、连锁块护坡、雷诺护垫、生态袋护坡、土工格室（巢式）护坡等；直立式护岸受岸坡坡度影响可采用材料的选择性较少，主要有混凝土、干（浆）砌石、石笼挡墙、生态混凝土砌块、预制板状、土工合成材料加筋挡墙等；复合式护岸可根据需要，选择相应的直立式及斜坡式进行组合。结合山区中小河流的普遍岸坡型式及河道材料情况，给出较适宜采用的主要人工岸坡型式，主要技术参数，适用条件及优缺点，并大致匡算每延米投资情况，以便工程设计时参考选用。

**三、岸坡防护形式**

**（一）坡式护岸**

　　护岸工程一般可分为坡式、墙式或其他形式护岸。

　　护岸工程通常包括水上护坡和水下护脚两部分，水上与水下之分均指枯水施工期而已，护岸工程的施工原则是先护脚后护坡。

　　坡式护岸顺岸坡及坡脚一定范围内覆盖抗冲材料，抵抗河道水流的冲刷，这种护岸形式对河床边界条件的改变和对近岸水流条件的影响均较小，是一种较常采用的形式。在中小河流治理工程中应根据地形优先考虑坡式护岸。

下部护脚为护岸工程的根基，其稳固与否，决定着护岸工程的成败。护脚工程要求能抵御水流的冲刷及推移质的磨损；具有较好的整体性并能适应河床的变形；较好的水下反辐射性能；便于水下施工并易于补充修复。常采用的形式有抛石护脚、抛枕护脚、抛石笼护脚、沉排护脚等。

上部护坡工程除受水流冲刷作用外，还要承受波浪的冲击及水下水外渗的侵蚀，其次，因处于河道水位变动区，时干时湿，要求建筑材料坚硬、密实、能长期耐风化。常见护坡亦应尽量选取干砌石、浆砌石、生态格网等强度和稳定性较好的材料，确保岸坡稳定安全。坡式护岸典型断面形式及实景照片如图 7.1-11 所示。

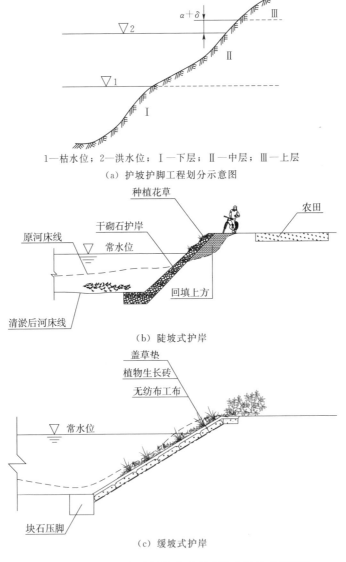

1—枯水位；2—洪水位；Ⅰ—下层；Ⅱ—中层；Ⅲ—上层

（a）护坡护脚工程划分示意图

（b）陡坡式护岸

（c）缓坡式护岸

图 7.1-11（一） 坡式护岸典型断面形式图及实景照片

(d) 实景照片

图 7.1-11（二）　坡式护岸典型断面形式图及实景照片

**（二）墙式护岸**

墙式护岸是指顺堤岸修筑竖直陡坡式挡墙，这种形式多用于城镇河流或人口密集区域。

在河道狭窄，堤外无滩且易受水冲刷，受地形条件或已建建筑物限制的重要堤段或河段，常采用墙式护岸。

1. 传统墙式护岸

墙式护岸分为重力式挡土墙、扶壁式挡土墙、悬臂式挡土墙等形式。墙式护岸一般临水侧采用直立式，在满足稳定要求的前提下，断面应尽量减小，以减少工程量和少占地为原则，墙体材料可采用钢筋混凝土、混凝土和浆砌石等。

根据广东省中小河流河床材料情况，此类护岸挡墙宜选用埋石混凝土材料，可直接利用河床砂卵石浇筑。另外，对原直立岸坡和新建岸坡均可根据需要采用垂直绿化或表面贴砌卵石等处理措施。

对于传统材料混凝土、浆砌石护岸墙整体性好，强度高，抗冲流速大，但无法生长植被，也不利于水生生物的生存。因此，不宜大规模、大范围使用，只在迎流顶冲段或局部紧张位置使用，以免对河流生态、景观产生大的影响。护岸高度较小的位置可适当采用干砌石，有利于河岸水体交换，生态性较好。

对于传统墙式护岸的使用应慎重，避免造成生态的不利影响，如需使用，应充分论证其合理性，并对其与生态型墙式护岸进行技术、经济、施工、生态等多方面比选后，充分考虑其优缺点后方可使用，且不提倡大规模、千篇一律的墙式护坡，影响景观效果。传统墙式护岸的典型断面及实景照片如图 7.1-12 所示。

2. 生态型墙式护岸

植草砌块和铅丝石笼是较好的生态墙式护岸型式，应用较为广泛，这两种型式护岸整体性及抗冲性能均较好，可生长植被，有利于河流生态保护。

在有可能的条件下应优先选择。生态墙式护岸的实景照片如图 7.1-13 所示。

**（三）其他护岸**

1. 坝式护岸

坝式护岸是指修建丁坝、顺坝等，将水流挑离堤岸，以防止水流、波浪对堤岸边地形

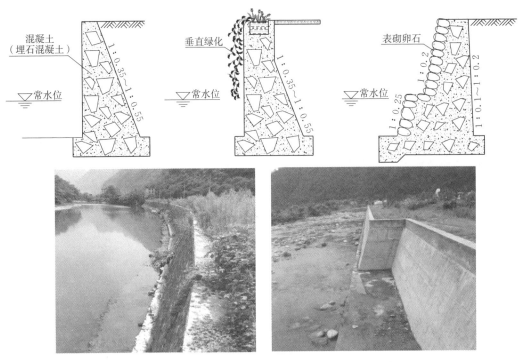

图 7.1-12　传统墙式护岸的典型断面图及实景照片

图 7.1-13　生态墙式护岸的实景照片

的冲刷，这种型式多用于游荡型河流的护岸，或者大江大河的护岸。

坝式防护分为丁坝、顺坝、丁顺坝、潜坝四种形式，坝体结构基本相同。

由于广东省中小河流河道相对较窄，因此不建议修建坝式护岸等控导工程。

2. 植物护岸

有条件的河岸可设置防浪林台、防浪林带、草皮护坡等。植物护岸及坝式护岸实景照片见图 7.1-14。

图 7.1-14　植物护岸及坝式护岸实景照片

**四、堤防建设形式**

河道堤防按照断面形状可分为直立式、斜坡式、复合式及天然型式护岸四种。直立式堤防一般用在土地使用紧张的平原河段和城镇区河段；斜坡式堤防一般用在乡村河段；复合式堤防多用在城镇或有景观需求的河段，方便设置亲水平台及结合园林建设等；天然型式堤防护岸包括天然岸坡和按照河道天然形态进行修整护砌的岸坡，随着目前生态景观建设的加强，人工天然堤岸型式得到广泛的应用。各种型式的堤防典型断面如图 7.1-15 所示。

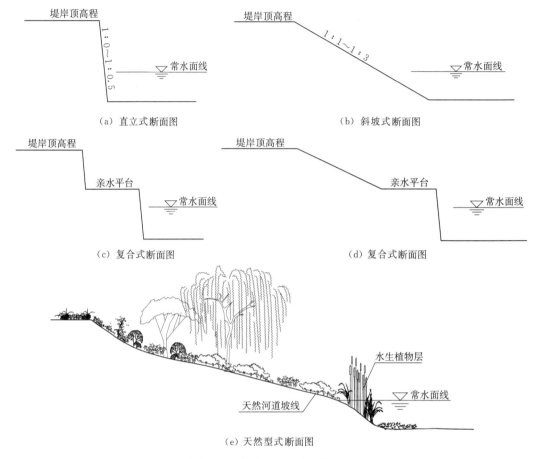

图 7.1-15　各种型式的堤防典型断面

（一）直立式堤防

受地形条件或已有建筑物限制、拆迁量大的河段的堤防，可采用直立式。直立式挡墙高度不宜超过 2.5m，并可通过垂直绿化、选用透水透气材料等措施，为水生生物、陆生生物和两栖生物的生存繁育创造条件。直立式堤岸的最大优点就是占地面积很小，通常在原有河道挖深就可以形成，缺点是难以满足亲水要求，生态、景观条件较差。

直立式堤防适用条件：人口密集，两岸空间狭小。

直立式堤防多采用混凝土、浆砌石、埋石混凝土、干砌石（高度较小）等结构，混凝土、浆砌石护岸墙整体性好，强度高，抗冲流速大，但无法生长植被，也不利于水生生物的生存。因此，中小河流治理中不宜大规模、大范围使用直立式堤防，只在迎流顶冲段或局部紧张位置使用，以免对河流生态、景观产生大的影响。护岸高度较小的位置可适当采用干砌石，有利于河岸水体交换，生态性较好。直立式堤防的河道断面及实景照片如图 7.1-16 所示。

（二）斜坡式堤防

斜坡式堤防断面结构简单，由于坡度较缓，有利于两栖动物的生存繁衍，保护河道的生态多样性，同时也为居民在有限的生活空间中创造了尽可能多的水趣，为居民在茶余饭后、散步休闲提供了极好的去处，满足了人们的亲水需求。按材料可分为自然土质岸坡和

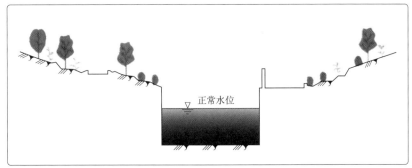

正常水位

图 7.1-16 直立式堤防的河道断面及工程实景照片

人工岸坡。斜坡式堤防的人工护坡可选择的方式和材料较多,一般有植物护坡、黏土草皮护坡、框格(拱圈)草皮护坡、干砌块石(卵石)护坡、浆砌块石(卵石)护坡、混凝土(混凝土预制块)护坡、多孔(生态)混凝土护坡、连锁块护坡、雷诺护垫、生态袋护坡、土工格室(巢式)护坡等。

按坡度的不同,斜坡式堤防可分为缓坡式、陡坡式断面。陡坡式堤岸应在河道岸坡土质较好时采用,护坡亦应尽量选取干砌石、浆砌石、生态格网等强度和稳定性较好的材料,确保岸坡稳定安全。斜坡式堤防典型断面及工程实景照片如图 7.1-17 所示。

(三)复合式堤防

河道上下部采用不同的断面坡度,下部注重防洪,上部满足生态及景观要求,在变坡

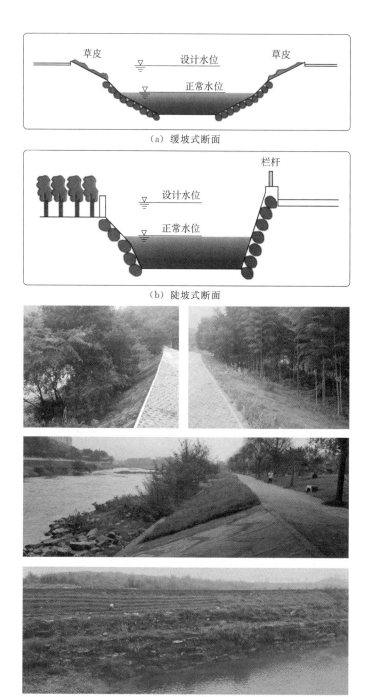

（a）缓坡式断面

（b）陡坡式断面

（c）实景照片

图 7.1-17　斜坡式堤防典型断面及工程实景照片

处设置道路。可根据不同的地形、地势，考虑上下部不同坡度，加强河道的景观效果。根据上下边坡的不同，可分为以下四种：上缓下陡式、上缓下缓式、上陡下缓式、上陡下陡式。各种典型断面形式及工程实景照片如图 7.1-18 所示。

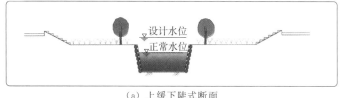

（a）上缓下陡式断面

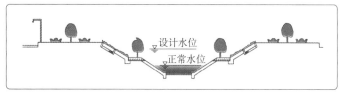

（b）上缓下缓式断面

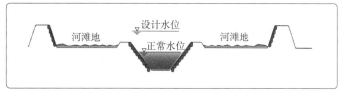

（c）上陡下缓式断面

（d）上陡下陡式断面

（e）实景照片

图 7.1-18　复合式堤防典型断面及工程实景照片

### 五、堤岸建设材料及应用

从所用材料来说，传统堤岸工程主要采取块石、砌石、预制混凝土、现浇混凝土等，生态型堤岸一般采用天然石、木材、植物、多孔渗透性混凝土及土工材料等，本书主要论述工程上常用的堤岸建设材料。

1. 混凝土

混凝土材料堤岸结构特性见表7.1-1。混凝土材料堤岸结构断面及工程实景照片见图7.1-19。混凝土材料为不透水硬化材料，抗冲刷能力高，施工工艺成熟，但生态及景观效果较差，植物无法生长，建议中小河流治理仅在局部必要河段采用。

表7.1-1　　　　　　　　　　　混凝土材料堤岸结构特性表

| 材料名称 | 结构型式 | 对材料要求 | 适用范围 | 优点 | 缺点 | 造价（不含附属材料） | 备注 |
|---|---|---|---|---|---|---|---|
| 混凝土 | 混凝土挡墙直立护岸（重力式、悬臂式、扶壁式、空箱式）、现浇混凝土贴坡护岸、现浇混凝土板护坡、预制混凝土块护坡等 | 挡墙混凝土强度一般为C15～C25，钢筋混凝土结构不低于C20；护坡混凝土强度一般采用C15或C20 | 迎流顶冲段，当地缺乏石料，水流条件复杂，抗冲刷要求高的河段，直立式岸墙可在土地紧张的市镇河段使用 | 抗冲刷能力高，施工工艺成熟 | 生态及景观效果较差，植物无法生长 | 混凝土挡墙350～450元/m³混凝土板60～90元/m² | 不推荐大规模全河段采用，建议仅在局部必要河段采用 |

2. 砌块石

砌块石材料堤岸结构特性见表7.1-2。砌块石材料堤岸结构断面及工程实景照片见图7.1-20。砌块石多为运用当地材料，抗冲能力强，可就地取材，但生态及景观效果稍差，建议在石料丰富区域采用该形式，挡墙高度建议控制在5m以下，不宜过高。

表7.1-2　　　　　　　　　　　砌块石材料堤岸结构特性表

| 材料名称 | 结构型式 | 对材料要求 | 适用范围 | 优点 | 缺点 | 造价（不含附属材料） | 备注 |
|---|---|---|---|---|---|---|---|
| 砌块石 | 干砌石或浆砌石挡墙直立护岸（重力式、衡重式）、干砌石或浆砌石贴坡护岸、干砌石或浆砌石护坡 | 石块最小边不应小于20cm，一般大小在25～40cm为宜，叠砌面凹凸幅度不应大于2.5cm，每块质量应大于30kg，并保持块石具有两个大致平行的表面。并且应选用强度大、无风化、表面密度大、吸水率小、耐水性高的石料 | 当地石料丰富、抗冲刷要求较高的河段 | 抗冲能力强，可就地取材，节约"三材"，施工技术简单，为河道应用非常广泛的护岸类型 | 景观效果较差，植物无法生长，需定期检查和维修 | 浆砌石挡墙250～350元/m³细骨料混凝土砌石挡墙300～400元/m³，干砌石挡墙150～250元/m³干砌石护坡45～80元/m²浆砌石护坡60～100元/m² | 建议局部河段且石料丰富区域采用，挡墙高度建议控制在8m以下，不宜过高 |

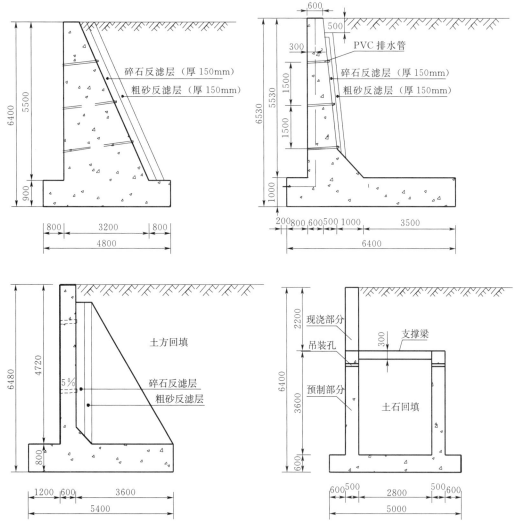

（a）混凝土直立挡墙护岸典型断面（单位：mm）

（b）混凝土直立挡墙护岸实景照片

图 7.1-19（一）　混凝土材料堤岸结构断面及工程实景照片

（c）混凝土直立挡墙护岸实景照片

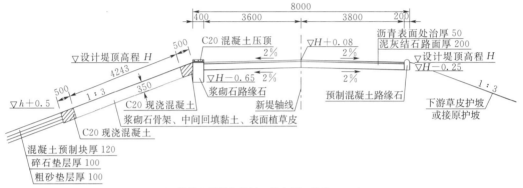

（d）混凝土预制块护坡工程实例（单位：mm）

（e）混凝土预制块护坡工程实景照片（一）

图 7.1-19（二） 混凝土材料堤岸结构断面及工程实景照片

（e）混凝土预制块护坡工程实景照片（二）

图 7.1-19（三） 混凝土材料堤岸结构断面及工程实景照片

（a）干砌石直立挡墙护岸工程实景照片

（b）浆砌石直立挡墙护岸工程实景照片

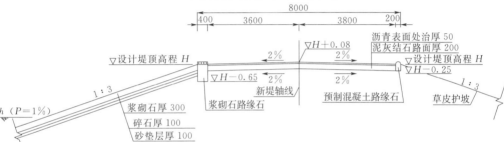

（c）浆砌石护坡工程实例（单位：mm）

图 7.1-20（一） 砌块石材料堤岸结构断面及工程实景照片

（d）

图 7.1-20（二） 砌块石材料堤岸结构断面及工程实景照片

3. 砌卵石

砌卵石材料堤岸结构断面及工程实景照片见图7.1-21。砌卵石材料堤岸结构特性见

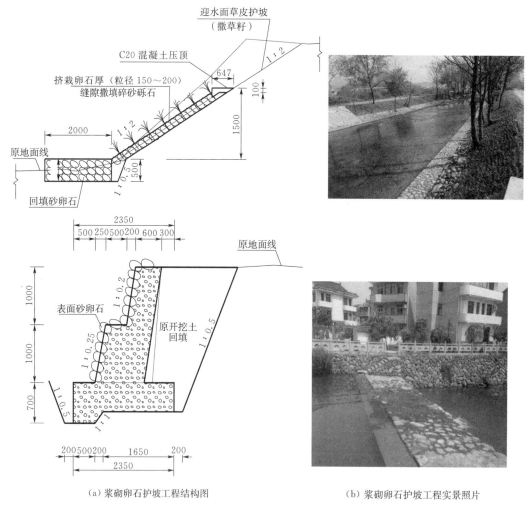

（a）浆砌卵石护坡工程结构图 （b）浆砌卵石护坡工程实景照片

图 7.1-21 砌卵石材料堤岸结构断面及工程实景照片（单位：mm）

表 7.1-3。砌卵石同样多为运用当地材料，具有一定的防冲刷能力，一般为地取材，生态及景观效果较好，建议在卵石丰富区域采用该形式，挡墙高度建议控制在 5m 以下，不宜过高。

表 7.1-3　　　　　　　　　　砌卵石材料堤岸结构特性表

| 材料名称 | 结构型式 | 对材料要求 | 适用范围 | 优点 | 缺点 | 造价（不含附属材料） | 备注 |
|---|---|---|---|---|---|---|---|
| 砌卵石 | 浆砌卵石挡墙直立护岸（重力式、衡重式）、干砌卵石或浆砌卵石贴坡护岸、干砌卵石或浆砌卵石护坡 | 卵石指的是风化岩石经水流长期搬运而成的粒径为 60～200mm 的无棱角的天然粒料 | 当地卵石料丰富、抗冲刷要求高的河段 | 具有一定的防冲能力干砌可透气植草，浆砌卵石护岸抗冲刷能力较强，景观效果较好，就地取材，节约工程投资 | 施工工艺相对复杂 | 浆砌卵石挡墙 300～400 元/m³　浆砌卵石护坡 60～100 元/m²　干砌卵石护坡 50～90 元/m² | 建议卵石丰富区域采用，挡墙高度建议限制在 5m 以下，不宜过高 |

4. 植物草皮草籽

植物草皮草籽材料堤岸结构特性见表 7.1-4。植物草皮草籽材料堤岸结构断面及工程实景照片见图 7.1-22。植物草皮草籽护坡经济成本最低，采用自然的植被替代混凝土等，利用发达根系植物进行护坡固土，生态及景观效果较好，但抗冲刷性较差，建议在抗冲刷能力要求不高的河段采用，可大量运用于中小河流治理当中。

表 7.1-4　　　　　　　　　　植物草皮草籽材料堤岸结构特性表

| 材料名称 | 结构型式 | 对材料要求 | 适用范围 | 优点 | 缺点 | 造价（不含附属材料） | 备注 |
|---|---|---|---|---|---|---|---|
| 植物草皮草籽 | 缓坡式护岸 | 生态适应性、生态功能优先、乡土植物为主、抗逆性、经济适用性为原则 | 设计流速小于 2m/s 的顺直河段，冲刷不太严重、岸坡为缓坡的河段 | 经济成本最低，采用自然的植被、原石等材料替代混凝土，利用发达根系植物进行护坡固土 | 护坡当年易被雨水冲刷成沟，影响护坡效果。河岸较陡或长期浸泡在水下、行洪流速超过 3m/s 的坡面和防洪重点河段不适宜 | 草皮 5～15 元/m² | 建议有条件的河段优先考虑，可作为主要的护岸护坡材料 |

5. 框格或拱圈草皮

框格或拱圈草皮材料堤岸结构特性见表 7.1-5。框格或拱圈草皮材料堤岸结构断面及工程实景照片见图 7.1-23。框格或拱圈草皮岸坡防冲能力较草皮护坡强，具有一定的景观效果，利用发达根系植物进行护坡固土，生态及景观效果较好，但造价较草皮护坡高，施工相对烦琐。建议根据工程需要采用。

（a）草皮护坡堤防工程实景照片　　　　（b）堤防植物防洪带护岸工程实景照片

（c）河道采用水杉林护坡

种植刚结束　　　　　　　　　　　　种植三个月

种植一年半　　　　　　　　　　　　种植两年后

（d）种植效果

图 7.1-22　植物草皮草籽材料堤岸结构断面及工程实景照片

表 7.1－5　　　　　　　　　　　框格或拱圈草皮材料堤岸结构特性表

| 材料名称 | 结构型式 | 对材料要求 | 适用范围 | 优点 | 缺点 | 造价（不含附属材料） | 备注 |
|---|---|---|---|---|---|---|---|
| 框格或拱圈草皮 | 斜坡式护岸；框格形状做出多样造型，如斜45°大框格、六角形混凝土预制块防护、浆砌片石拱形防护、浆砌片石或预制块做成的麦穗型等 | 用混凝土、浆砌块（片）石等材料，在边坡上形成骨架，框格或拱圈内种植草皮 | 有一定抗冲要求的土质边坡 | 防冲能力较草皮护坡强，具有一定的景观效果 | 造价较草皮护坡高，施工相对繁琐。公路边坡应用较多，水利工程多用在常水位以上 | 50～80元/m² | 建议根据工程需要选择采用，不作为主要的护岸护坡材料 |

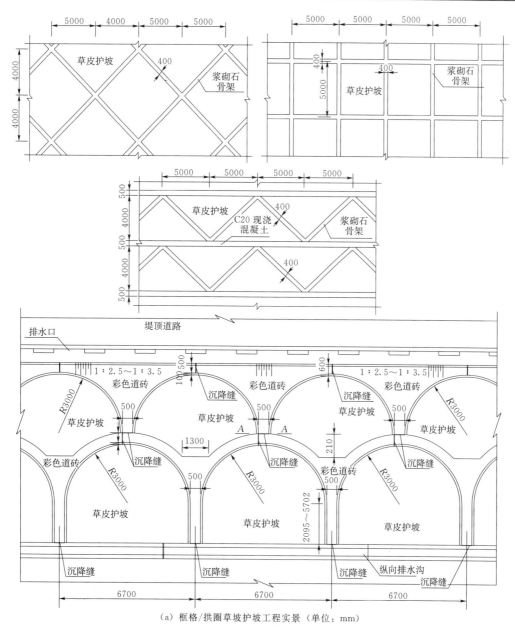

（a）框格/拱圈草坡护坡工程实景（单位：mm）

图 7.1－23（一）　格或拱圈草皮材料堤岸结构断面及工程实景照片

（b）工程实景照片

图 7.1 - 23（二） 格或拱圈草皮材料堤岸结构断面及工程实景照片

6. 生态格网

生态格网材料堤岸结构特性见表 7.1 - 6。生态格网材料堤岸结构断面及工程实景照片见图 7.1 - 24。生态格网岸坡防冲能力较强，具有一定的景观效果，但格网材料有被水流冲刷腐蚀的隐患，作为挡墙高度不宜超过 2m。

表 7.1 - 6　　　　　　　　　　　生态格网材料堤岸结构特性表

| 材料名称 | 结构型式 | 对材料要求 | 适用范围 | 优点 | 缺点 | 造价（不含附属材料） | 备注 |
|---|---|---|---|---|---|---|---|
| 生态格网 | 直立挡墙护岸采用格宾笼，断面型式一般为前倾式、宝塔式、后倾式、阶梯式等；缓坡部分采用格宾笼、格宾垫等；格网网袋用于装载抛石体，进行水下抛投 | 生态格网满足国家及行业专业标准；填充材料可采用天然块石、卵石、废旧混凝土块或者其他特定生态功能的产品等 | 格宾笼、加筋格宾笼适用于河道护岸、护脚和挡土墙等。适用于自然边坡大于1:1.5；格宾垫适用于河岸护坡，也可用于河堤迎、背水侧护坡，但应铺设于稳定的边坡之上。适用于自然边坡小于等于1:1.5；生态格网网袋适用于大、中、小河流的水下施工、防汛抢险、临时围堰等，具体尺寸可根据实际需要而定 | 较强的抗冲刷和抗风浪袭击能力；是理想的生态建设和生态修复功能，生态景观效果好；透气性好，可水下施工；整体性好，适应变形能力强；使用寿命长；抗震性能好；松散的填料可以减轻风浪的冲击力；施工方便，价格较经济，安全性较好 | 石笼的铺设高度、流速和水流腐蚀等都会影响到石笼结构的稳定性，可能会造成格网破裂、石笼结构失稳等 | 生态格网石笼挡墙250～350 元/m³；生态格网网兜 300～400 元/m³；生态格网护坡 50～80 元/m² | 建议有条件优先采用作为护岸、护坡材料，石笼挡墙挡土高度建议控制在 2m 以下，不宜过高 |

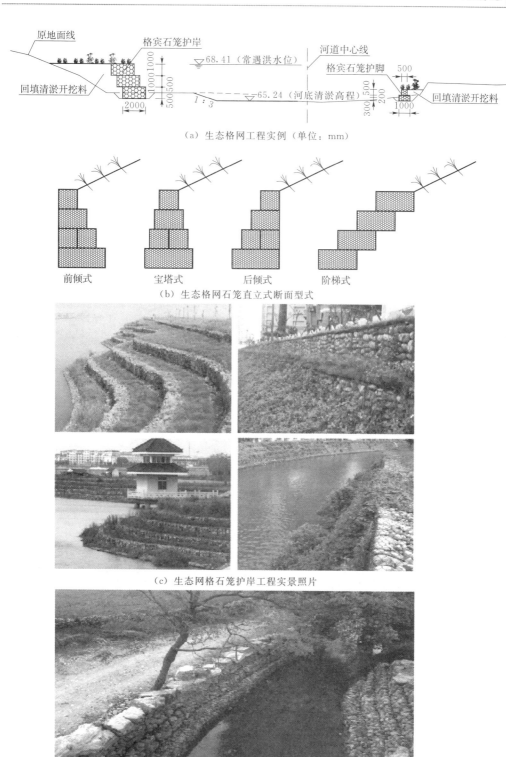

（a）生态格网工程实例（单位：mm）

前倾式　　宝塔式　　后倾式　　阶梯式

（b）生态格网石笼直立式断面型式

（c）生态网格石笼护岸工程实景照片

（d）生态网格石笼直立护岸工程实景照片

图 7.1-24（一）　生态格网材料堤岸结构断面及工程实景照片

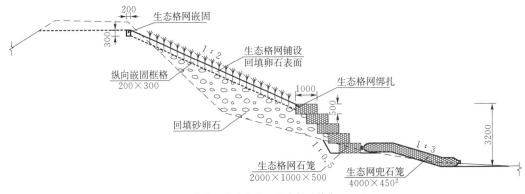

（e）生态格网坡式护岸工程实例（单位：mm）

↑ 施工结束实实景　　　↑ 施工结束后5个月实景　　　↑ 施工结束后一年实景

（f）生态格网坡式护岸植被生长过程

（g）实景照片

图7.1-24（二）　生态格网材料堤岸结构断面及工程实景照片

（g）实景照片

图 7.1-24（三） 生态格网材料堤岸结构断面及工程实景照片

7. 生态连锁块生态砌块

生态连锁块材料堤岸结构特性见表 7.1-7。生态连锁块材料堤岸结构断面及工程实例照片见图 7.1-25。生态连锁块岸坡具有一定的抗冲刷能力，利于生物生长，具有净化及生态护岸的优势，但造价较高，在水流的反复作用下容易引起失稳、结构破坏等。

表 7.1-7 生态连锁块材料堤岸结构特性表

| 材料名称 | 结构型式 | 对材料要求 | 适用范围 | 优点 | 缺点 | 造价（不含附属材料） | 备注 |
|---|---|---|---|---|---|---|---|
| 生态连锁块生态砌块 | 生态连锁块护坡生态砌块挡墙 | 生态连锁块、生态砌块需满足国家及行业专业标准；生态砌块挡墙高度小于2m无需加筋，生态砌块挡墙高度2m以上需加筋；常水位以下挡墙砌块内回填块石，常水位以上挡墙砌块内回填碎石土。生态连锁块在斜坡护岸上铺砌 | 适用于有一定抗冲要求和景观要求的土质岸坡 | 利于生物生长，具有净化及生态护岸的优势；充分保证河岸与河流水体之间的水分交换和调节功能，具有滞洪、调节水位、生态修复、蓄洪等优点；抗冲能力较强 | 造价较高，在水流的反复作用下容易引起失稳、结构破坏等 | 生态连锁块护坡 80～100 元/m²  生态砌块挡墙 350～450 元/m² | 建议根据工程需要选择采用，不作为主要的护岸护坡材料 |

8. 生态袋

生态袋材料堤岸结构特性见表 7.1-8。生态袋材料堤岸结构断面及工程实景照片见图 7.1-26。生态袋岸坡具有一定的抗冲刷能力和景观效果，但造价较高，袋体老化后，护坡抗冲能力降低。

（a）生态连锁块护坡工程实景照片

图 7.1-25（一） 生态连锁块材料堤岸结构断面及工程实景照片

（b）堤岸结构断面

图 7.1-25（二） 生态连锁块材料堤岸结构断面及工程实景照片

表 7.1－8             生态连锁块材料堤岸结构特性表

| 材料名称 | 结构型式 | 对材料要求 | 适用范围 | 优点 | 缺点 | 造价（不含附属材料） | 备注 |
|---|---|---|---|---|---|---|---|
| 生态袋 | 一定坡度的护坡 | 生态袋是由聚丙烯（PP）或者聚酯纤维（PET）为原材料制成的双面熨烫针刺无纺布加工而成的袋子，需满足国家及行业专业标准；生态袋里面装土，用扎带或扎线包扎好 | 适用于有一定抗冲要求和景观要求的土质岸坡，斜铺、平铺和叠铺适用于平缓（$\alpha \leqslant 30°$）任意高度的边坡；叠码和打"丁"叠码适用于稍陡边坡（$30°\leqslant\alpha\leqslant45°$）且高度小于 3.0m 的边坡；当边坡高于 3.0m 时，可采用"错台分级"的应用方式，分级高度不宜大于 2.0m，错台宽度不宜小于 0.5m | 通过植被，起到绿化美化环境的作用；可以起到护坡的作用 | 袋体老化后，护坡抗冲能力降低，价格偏高 | 150 ～ 250 元/$m^2$ | 建议根据工程需要选择采用，不作为主要的护岸护坡材料 |

顶层生态袋，采用垂直于破面摆放
顶层生态袋下采用 400g/$m^2$ 防渗土工布向后延伸 1.5m 以上

播种后，采用 150g/$m^2$ 透水土工布进行养护
放置软式透水管或者塑料排水带
用单向高强度聚酯 60kN 土工格栅加筋完全反包 3 层生态袋并向后延伸 1.5m 以上
生态袋内土壤和营养要求根据绿化需求而定
每层生态袋之间采用三维加强排水连接扣进行连接
每只生态袋搭配一个三维加强排水连接扣
底层生态袋，采用垂直于坡面摆放，袋内可放石子、利于排水
现浇混凝土护脚（或开挖预埋底部生态袋）

（a）生态袋工程结构断面

（b）工程实景照片(一)

图 7.1-26（一）   生态袋材料堤岸结构断面及工程实景照片

（b）工程实景照片（二）

图 7.1-26（二） 生态袋材料堤岸结构断面及工程实景照片

9. 土工格室

土工格室材料堤岸结构特性见表 7.1-9。土工格室材料堤岸结构断面及工程实景照片见图 7.1-27。土工格室岸坡具有一定的抗冲刷能力和景观效果，材料种类较多，价格浮动空间较大，不利于质量控制。

表 7.1-9　　　　　　　　　土工格室材料堤岸结构特性表

| 材料名称 | 结构型式 | 对材料要求 | 适用范围 | 优点 | 缺点 | 造价（不含附属材料） | 备注 |
|---|---|---|---|---|---|---|---|
| 土工格室 | 斜坡式护坡；直立式挡墙 | 土工格室满足国家及行业专业标准；高度一般为 50～300mm。单组格室的展开面积不应小于 4m×5m。格室片边缘接近焊接处的距离不大于 100mm | 适用于有一定抗冲要求和景观要求的土质岸坡坡度缓于 1:1.0 时，采用平铺，坡度缓于 1:0.5、陡于 1:1.0 时，采用叠砌式 | 材质较轻，较高的侧向限制，收缩自如，运输体积小，连接方便、施工速度快。坡体可供植物生长，可与环境配合，景观较佳 | 材料种类较多，价格浮动空间较大，不利于质量控制 | 30～200元/m² | 建议根据工程需要选择采用，不作为主要的护岸护坡材料 |

图 7.1-27　土工格室材料堤岸结构断面及工程实景照片

113

### 六、涉水建筑物治理措施

中小河流流经城镇、乡村，沿河两岸居民为了生产、生活所需，修建了大量的河道建筑物，在建筑物上游河道形成一定的水量，用于供水、灌溉、发电。对于河道整治来说，河道建筑物的设计也是至关重要的。在进行河道建筑物设计时，既要考虑建筑物的整体功能，同时还要考虑建筑物与周围环境的融合性，从而选择合适的建筑物形式，在实现社会效益的同时，实现生态效益。

本书通过在中小河流治理中的实践经验，对河道中常见的涉水建筑物类型、特点等进行过流条件、施工条件、运行管理、维护管理、水景观及生态环保等方面分析论述，对各种河道建筑物型式在中小河流治理中的实用条件及选择提出建议，供河道建筑物设计参考。

1. 水陂

在中小河流中，水陂因其结构简单，施工方便，应用极为广泛，发挥着灌溉、引水、发电等功能。传统的水陂为实体堰，一般由混凝土、埋石混凝土、块石等材料形成堰体，造型简单单调，缺乏足够的景观效果。浙江省在河道治理中，根据河道所处的具体位置及河流特性，应用先进的坝工技术，建成了一批实用、坚固、经济的新型堰坝。例如在陂体上修建混凝土墩，与两岸的步级连通，既方便两岸村民出行，又避免建筑物的简单划一；在混凝土陂体表面贴砌卵石或者直接采用卵石砌筑陂体，增加建筑物的观赏性，提高人文气息；有些小流域治理将堰体设计成圆形、弧形等各种不同形状，既保证防洪要求，又避免千篇一律，增加其景观功能。工程实景照片见图7.1-28。

2. 格栅坝

格栅坝的特点是拦、排兼备，变实体重力坝的全部拦挡为部分拦挡。与实体坝相比，格栅坝具有良好的拦石排水效果，受力条件好且结构简单、施工周期短、工程费用低、利于维护管理。格栅坝在防治泥石流灾害中应用较多，在水利工程中也有运用。格栅坝实景照片见图7.1-29。

3. 翻板闸

水力自控翻板门一般可用于替代平板提升闸门和弧形闸门，能够实现自动控制水位，在广东省水利水电工程中使用较广，在广东省河道治理中也有不少工程实例，实景照片见图7.1-30。翻板闸工程造价低，可自动翻闸，无需人工控制，节约管理成本，但在中小河流实际应用中，往往易被杂物堵塞，造成洪水期无法自动翻闸从而壅高上游水位的情况，近年来，翻板闸的运用数量在逐步减少。

4. 橡胶坝

橡胶坝是一种现代水利工程技术，由高强度的织物合成纤维受力骨与合成橡胶构成，锚固在基础底板上，形成密封袋形，充入水或气，形成水坝，可根据需求调节坝高，控制上游水位，以发挥灌溉、发电、航运、防洪、挡潮等效益。橡胶坝在河道整治中应用较多，实景照片见图7.1-31。橡胶坝造价较低，景观效果较好，但坝袋容易破损，需定期更换。

图 7.1-28　水陂工程实景照片

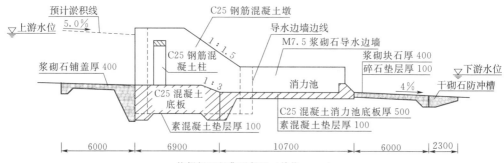

格栅坝工程典型断面（单位：mm）

图 7.1-29 格栅坝工程实景照片

翻板闸工程典型断面（单位：mm）

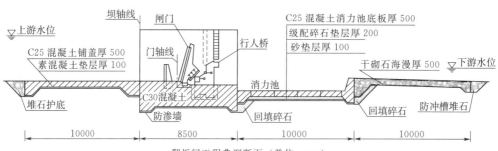

图 7.1-30 翻板闸工程实景照片

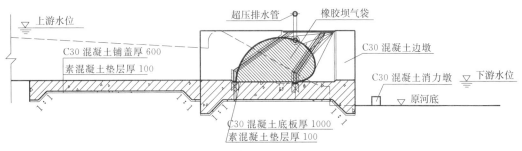

橡胶坝工程典型断面（单位：mm）

图 7.1-31　橡胶坝工程实景照片

5. 气动盾闸

气动盾闸为新型闸门，其综合传统钢闸门及橡胶坝优点，在行洪安全、景观效应、维护管理上都有较明显的优势，但造价相对偏高。气动盾闸由门体结构、埋件、坝袋（充胀气囊）和气动系统组成。门体结构为强化钢板，坝袋支撑在钢板下游侧，利用坝袋的充气或排气控制门体起伏和支撑闸门挡水。国内在北京市新凤河水环境处理工程中第一次运用，于 2006 年 8 月投入运行，近几年运行良好。贵阳市南明河畔、清远市阳山县七拱河流域、江西会昌县水利工程也陆续应用该新型闸门。实例照片见图 7.1-32。

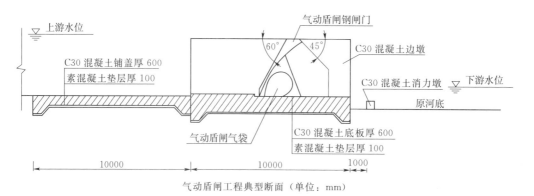

气动盾闸工程典型断面（单位：mm）

图 7.1-32 气动盾闸工程实景照片

6. 钢坝闸

钢坝闸是通过闸门底部的液压驱动轴来带动闸门进行启闭，并配合有锁定装置进行闸门开启角度的控制的一种新型水闸。已在上海市苏州河河口水闸工程中得到应用，运行情况表明，闸门运行正常，安全可靠，百米跨度底轴驱动闸门的成功应用在国内外尚属首例，并陆续在州河东引西排和西引北排综合调水等工程中得到应用。实例照片见图 7.1-33。

图 7.1-33　钢坝闸工程实景照片

### 七、水生态修复措施

#### （一）植物措施应用技术研究

河道生态建设是融现代水利工程学、环境科学、生物科学、生态学、美学等学科为一体的水利工程。它是采取各种措施使受损河流尽可能恢复至近自然状态，以及实现其生态服务功能为目的，植物措施是河道生态建设中的重要组成部分。随着社会经济的发展，人们对河流生态环境的认识和要求不断提高，传统水利工程措施（在河床、河岸铺设混凝土、浆砌石等硬质材料）的治河方法已被各国普遍否定，建设生态河堤已成为国际生态治河的大趋势。随着我国河道建设工程的深入实施和治河理论的不断完善，河道建设的理论和技术都发生了明显的变化，在满足河道主导功能要求的前提下，人们开始关注河流生态系统的服务功能，关注河道生态建设。利用植物对河道进行生态修复与重建，已成为河道生态治理的重要内容。

植物是河道生态建设的重要材料，在河道发挥生态功能方面具有独特的、不可代替的作用。不同的植物种类在耐水性、耐旱性、耐盐性和固岸护坡、水质净化等方面存在着显著差异，所以科学合理地选用适宜的植物种类对于应用植物措施进行河道生态建设是至关重要的。不同类型、不同功能的河道和河道的不同河段、不同坡度在土壤理化性质、河流坡降、水文地质、断面形式等方面也各不相同。因此，各地河道生态建设，应根据河道的主导功能和植物的生态学特性，因地制宜地选用优良的植物种类。本书主要介绍河道生态建设植物种类选择的原则和要点，并针对不同类型、不同功能的河道和河道的不同河段、不同坡位，推荐适宜的植物种类。各类型、功能坡位植物种类选择如下。

1. 不同类型河道的植物选择

山丘区河道的主要特点是坡降大、流速快、洪水位高、水位变幅大、冲刷能力强、岸坡砾石多、土壤贫瘠且保水性差。往往需要砌筑浆砌石、混凝土等硬质基础、挡墙等，以确保堤防（岸坡）的整体稳定。针对山丘区河道的上述特点，应选用耐贫瘠、抗冲刷的植物种类，如美丽胡枝子、细叶水团花、硕苞蔷薇等。应选用须根发达、主根不粗壮的植物，否则粗壮的树根过快生长或枯死都会对堤防、挡墙的稳定与安全造成威胁。

平原区河道具有坡降小、汛期高水位持续时间较长、水流缓慢、水质较差、岸坡较陡等特点。通航河道，船行波淘刷作用强，河岸易坍塌。因此，平原区河道应选用耐水淹、净化水质能力强的植物种类，如池杉、芦苇、美人蕉等。

沿海区河道土壤含盐量高，土壤有机质、N、P 等营养物质低，岸坡易受风力引起的水浪冲刷，植物生长受台风影响很大。因此，要选用耐盐碱、耐贫瘠、枝条柔软的中小型植物种类，如柽柳、夹竹桃、海滨木槿等。否则，冠幅大，承受的风压大，在植物倒伏的同时，河岸也可随之剥离坍塌。在河岸迎水坡应多选用根系发达的灌木和草本植物。

2. 不同功能河道的植物选择

一般来说，河道具有行洪排涝、交通航运、灌溉供水、生态景观等多项功能。某些河道因所处的区域不同，同时可具有多项综合功能，但因其主导功能的差异，所采取的植物措施也应有所不同。

（1）行洪排涝河道。在设计洪水位以下选种的植物，应以不阻碍河道泄洪、不影响水流速度、抗冲性强的中小型植物为主。由于行洪排涝河道在汛期水流较急，为防止植被阻流及植物连根拔起，引起岸坡局部失稳坍塌，选用的植物的茎秆、枝条等，还应具有一定的柔韧性。例如，选用南川柳、木芙蓉、水团花等植物种类。

（2）交通航运河道。船舶在河道中航行，由于船体附近的水体受到船体的排挤，过水断面发生变形，因而引起流速的变化而形成波浪，这种波浪称为船行波。当船行波传播到岸边时，波浪沿岸坡爬升破碎，岸坡受到很大的动水压力的作用，使岸坡遭到冲击。在船行波的频繁作用下，常常导致岸坡套刷、崩岗和坍塌。在通航河道岸边常水位附近和常水位以下应选用耐水湿的树种和水生草本植物，如池杉、水松、香蒲、菖蒲等，利用植物的消浪作用削减船行波对岸坡的直接冲击，保护岸坡稳定。

（3）灌溉供水河道。为保护和改善灌溉供水河道的水质，植物种类选择应避免选用释放有毒有害的植物种类，同时还应注重植物的水质净化功能，选用具有去除污染物能力强的植物，如池杉、薏苡、水葱、芦竹等，利用植物的吸收、吸附、降解作用，降低水体中的污染物含量，达到改善水质的目的。

（4）生态景观河道。对于生态景观河道植物种类的选用，在强调植物固土护坡功能的前提下，应更多考虑植物本身美化环境的景观效果。根据河道的立地条件，选择一些固土护坡能力强的观赏植物，如白杜、木槿、美人蕉等。为构建优美的水体景观，应选用一些水生观赏植物，如菖蒲、水烛、睡莲等。

（5）污染河道。对于受污染的河道，应注重植物的水质净化功能，选用具有去除污染物能力强的植物，目前，已经确定了几十种对水体净化有显著作用的水生态修复植物。这些水生植物主要包括3大类：水生维管束植物、水生藓类和高等藻类。应用较多的是水生维管束植物，它具有发达的机械组织，植物个体比较高大，按生活型，可分为下述4种类型：①挺水植物，根茎生于底泥中，植物体上部挺出水面，如芦苇、香蒲等；②浮叶植物，根茎生于底泥，叶漂浮于水面，如睡莲、荇菜等；③漂浮植物，植物体完全漂浮于水面，具有特殊的适应漂浮生活的组织结构，如凤眼莲、浮萍等；④沉水植物，植物体完全沉于水气界面以下，根扎于底泥或漂浮于水中，如狐尾藻、金鱼藻等。水生植物的生命代谢活动去除污水中重金属、富营养化物质和耗氧有机物等污染物，使这些污染物在水生态环境中的浓度或毒害降低。但是不同水生植物在耐受和累积污染物能力上存在较大差异。有些水生植物体内金属含量可以直接反映当地水体中重金属的污染程度，且可作为重金属的负载体，从而在一定程度上缓解了重金属污染的危害。

种植水生植物必须根据不同植物的生长特点进行合理搭配，使水生植物的覆盖率始终维持在合理的水平；另外必须应用生态系统稳定化管理技术，定期收割水生植物，保持水生植物有稳定的生物量。

3. 不同河段的植物选择

一条河流往往流经村庄、城市（镇）等不同区域。考虑河道流经的区域和人居环境对河道建设的要求，将河道进行分段。

（1）城市（镇）河段。城市（镇）河段是指流经城市和城镇规划区范围内的河段。河道建设除满足行洪排涝要求外，通常有景观休闲的要求。城市河道首先要能抵御洪涝灾害，满足行洪排涝要求；其次是要自然生态，人水和谐，突出景观功能。城市河道两岸滨水公园、绿化景观，为城市营造了休憩的空间，对提升城市的人居环境，提高市民的生活质量具有十分重要的作用和意义。

因此，城市河道应多选用具有较高观赏价值的植物种类。如，垂柳、紫荆、鸡爪槭、萱草等，使城市河道达到"水清可游、岸畅可安、岸绿可闲、景美可赏"。

（2）乡村河段。乡村河段一般不宜进行大规模人工景观建设，流经村庄的乡村河段，可根据乡村的规模和经济条件，结合社会主义新农村建设，适当考虑景观和环境美化。因此，应多采用常见价格便宜的水土保持植物，如苦楝、榔榆等。

（3）其他河段。其他河段是指流经的区域周边没有城市（镇）、村庄的山区河段，如果能够满足行洪排涝等基本要求，应维持原有的河流形态和面貌；流经田间的其他河段，主要采取疏浚整治措施达到行洪排涝、供水灌溉的要求。这类河道应按照生态适用性原则，选用当地土生土长的植物进行河道堤（岸）防护。如枫杨、朴树、美丽胡枝子、狗牙根等。

4. 河道不同坡位的植物选择

从堤顶（岸顶）到常水位，土壤含水量呈现出逐渐递增的变化。因此，应根据坡面土壤含水量变化，选择相应的植物种类。从堤顶（岸顶）到设计洪水位，设计洪水位到常水位，常水位以下，土壤水分逐渐增多，直至饱和。因此，选用的植物生态类型应依次为中生植物、湿生植物、水生植物。

（1）常水位以下。常水位以下区域是植物发挥净化水体作用的重点区域。种植常水位以下的植物不仅起到固岸护坡的作用，而且还应充分发挥植物的水质净化作用。常水位以下土壤水分长期处于饱和状态。因此，应选用具有良好净化水体作用的水生植物和耐水湿的中生植物，如水松、菖蒲、苦草等。另外，通航河段，为了减缓船行波对岸坡的淘刷，可以选用容易形成屏障的植物，如菰、芦苇等。而对于有景观需要的河段，可以栽种观叶、观花植物，如黄菖蒲、水葱、窄叶泽泻。

（2）常水位至设计洪水位。常水位至设计洪水位区域是河岸水土保持、植物措施应用的重点区域。在汛期，常水位至设计洪水位的岸坡会遭受洪水的浸泡和水流冲刷；枯水期，岸坡干旱，含水量低，山区河道尤其如此。此区域的植物应有固岸护坡和美化堤岸的作用。因此，应选择根系发达、抗冲性强的植物种类。如枫杨、细叶水团花、获、假俭草等。对于有行洪要求的河道，设计洪水位以下应避免种植阻碍行洪的高大乔木。有挡墙的河岸，在挡墙附近区域不宜种植侧根粗壮的大乔木。

（3）设计洪水位至堤（岸）顶。设计洪水位至堤（岸）顶区域是河道景观建设的主要区域，起着居高临下的控制作用。土壤含水量相对较低，种植在该区域的植物夏季可能会受到干旱的胁迫。因此，选用的植物应具有良好景观效果和一定的耐旱性，如樟树、栾树、构骨冬青等。

（4）化堤（岸）坡的覆盖。在河道建设中，为了满足高标准防洪要求，或是为了节约土地，或是为了追求形象的壮观，或是由于工程技术人员的知识所限，有些河段或岸坡进行了硬化处理。为减轻硬化处理对河道景观效果带来的负面影响，可以选用一些藤本植物对硬化区域进行覆盖或隐藏，以增加河岸的"柔性"感觉。常用的藤本植物有云南黄馨、中华常春藤、紫藤等。

（二）生态护坡护岸材料研究

近年来人们开发出了多种既能起到良好边坡防护作用，又能改善工程环境、体现自然环境美的生物护坡新技术，主要有植被护坡护岸、喷播类护坡护岸、土工材料复合种植基护坡护岸、基材类护坡护岸和特种混凝土护坡护岸，按照不同的护坡类型将各种护坡技术进行分类论述。

1. 植被护坡护岸

根系发达的固土植物在水土保持方面有很好的效果，国内外对此研究也较多，采用发达根系植物进行护坡固土，既可以达到固土保沙，防止水土流失，又可以满足生态环境的需要，还可以进行景观改造，在河道护坡护岸方面可以借鉴。

植被护坡护岸类型可分为以下几种：①铺草皮护坡护岸；②植生带护坡护岸；③香根草篱护坡护岸；④挖沟植草护坡护岸；⑤浆砌片石骨架植草护坡护岸；⑥藤蔓植物护坡护岸；⑦钢筋混凝土框架内填土植草护坡护岸。各种护岸类型均具备个体特征，具有一定的优势，同时也存在一定的劣势。因此在选择植被护坡护岸类型时，应因地制宜、合理选取。

中小河流河道采用植物护坡也存在一些问题。护坡当年易被雨冲刷形成深沟，护坡效果差，影响景观。长期浸泡在水下、行洪流速超过 3m/s 时的土堤迎水坡面和防洪重点地段（如河流弯道）不适宜植被护坡。

2. 喷播类护坡护岸

在播种方法的选择上，主要包括：①人工种植或移植法；②草皮卷护坡法；③水力喷播法等。近年来，一些发达国家，利用水力喷播的方法在人们常规方法难以施工的坡面上应用。目前普通使用的技术主要有以下几种：

（1）液压喷播植草护坡护岸。液压喷播植草是将草种、木纤维、保水剂、黏合剂、肥料、染色剂等与水的混合物通过专用喷播机喷射到预定区域建植草坪的高效绿化技术。由于喷出的含有草种的黏性悬浊液具有很强的附着力和明显的颜色，喷射时不遗留、不重复，可以均匀地将草种喷到目的位置。因此，液压喷播植草是一种高速度、高质量和现代化的绿化技术。

（2）喷混植生护坡护岸。喷混植生护坡是一种将含草种、有机质、混凝土喷在岩石坡面上的边坡绿化方法。喷混植生护坡技术其核心是在岩质坡面上营造一个既能让植物生长发育，而种植基质又不被冲刷的多孔稳定结构。它是在稳定岩质边坡上施工短锚杆、铺挂镀锌铁丝网后，采用专用喷射机将拌和均匀的种植基材喷射到坡面上，植物依靠"基材"生长发育，形成植物坡的施工技术，它具有防护边坡、恢复植被的双重作用。

（3）客土喷播技术。客土喷播技术护坡，是在边坡坡面上挂网、机械喷填（或人工铺设）一定厚度适宜植物生长的土壤或基质（客土）和种子的边坡植物防护措施。该技术的特点是可根据地质和气候条件进行基质和种子配方，从而具有广泛的适应性，多用于普通条件下无法绿化或绿化效果差的边坡。

**3. 土工材料复合种植基护坡护岸**

土工材料复合种植基护坡主要利用活性植物并结合土工合成材料，在坡面构建一个具有自身生长能力的防护系统，通过植物的生长对边坡进行加固的一门新技术。原先多用于山坡及高速公路路坡的保护，现在也开始被用于河道岸坡的防护。根据土工材料不同，一般可分为三维植被网、土工格室、土工格栅、格宾、土工袋等。土工材料复合种植基护坡形式虽然比单纯植物护坡抗雨水冲刷效果好一些，但还不能应用到堤防迎水坡面。以后又有进一步发展，用混凝土、石笼等做成外框来增加坡面稳定性，但还是难以抵御较大洪水侵蚀。

**4. 基材类护坡护岸**

生态基材护坡护岸是利用混凝土喷射机将基材与植物种子的混合物依据设计厚度均匀喷射到需要防护的工程坡面的绿色护坡技术，以达到护坡、绿化的作用。

日本的纤维土绿化工法、高次团粒 SF 绿化工法和连续纤维绿化工法都是近年来日本最常用的生态基材喷射工法。在借鉴日本护坡技术的基础上，针对我国国情，我国也开始进行生态基材护坡的研究，并利用喷混植生护坡技术进行岩石边坡喷射施工试验。生态基材护坡主要是针对岩石边坡的植被防护而开发，岩石边坡不同于土质边坡。目前常用的植被护坡如撒播、液压喷播、植生带、框格植被、三维土工网植草等无法应用于岩石边坡。因为岩石边坡无法供给植物生长所需的土壤水分和养分。要求的施工技术较高，绿化效果依赖于施工质量。在河道护坡的应用未见报道。

**5. 特种混凝土护坡护岸**

特种混凝土不同于普通混凝土，主要有植被型生态混凝土、植被混凝土护坡绿化技术、无砂混凝土等。植被型生态混凝土是日本首先提出的，并且做了大量的研究，在河道护坡方面进行了应用。近几年我国也开始进行植被型生态混凝土的研究。植被型生态混凝土由多孔混凝土、保水材料、缓释肥料和表层土组成。这种护坡材料既实现了混凝土护坡，又能在坡上种植花草，美化环境，使硬化和绿化完美结合。植被型生态混凝土具有较好的抗冲刷性能，上面的覆草具有缓冲性能。由于草根的"锚固"作用，抗滑力增加，草生根后，草、土、混凝土形成一体，更加提高了堤防边坡的稳定性。但是混凝土材料的高碱性对植物的生长不利。

无砂混凝土就是不含砂的混凝土，是轻骨料混凝土的一种形式，仅由水、水泥和粗骨料拌和而成。粗骨料可以是碎石、卵石或人造轻骨料。无砂混凝土由于没有细骨料而存在大量的孔洞，孔洞的大小略小于粗骨料的粒径。这些孔洞的存在使得无砂混凝土具有好的透水性能，护砌河涌边坡后，在孔隙中充填腐殖土、种子、肥料等，创造适合植物生长的环境，种子发芽生长形成植被；同时天然形成或人工预留的较大的孔洞，适合作为螃蟹、塘虱、虾、泥鳅等鱼类的巢穴和产卵的场所。

综上所述，各类生态护坡材料和方法各有优缺点，关键问题在于要针对实际情况选择适宜的护坡材料和护坡技术。针对河道护坡，特别是传统护坡修复的研究还很少，有进一步研究的必要。

（三）生态护岸适用技术研究

发达国家对环境和生态退化的问题认识较早，很早就开始研究传统的护坡技术对环境与生态的影响，认为传统的混凝土护岸，会对环境带来不良影响，从而引起生态退化。为了有效保护河道岸坡和生态环境，提出了一些生态型护坡技术。

1938年，德国Seifert首先提出"近自然河溪整治"（Near Natural Torrent Control）的概念，即指能够在完成河流治理的基础上可以达到接近自然景观的治理方案。指出治理工程应在实现传统河流治理的各种功能（比如防洪、供水、水土保持等）的基础上，达到接近自然的目的。与此同时，很多西方国家对破坏河流自然环境的做法进行了反思，开始有意识的着手对遭受破坏的河流自然环境重新进行修复。河流生态修复意识逐渐在世界范围广为传播。

早在公元前28世纪，我国在渠道整治工程中就使用柳枝、竹子等编织成的篮子装上石块来稳固河岸和渠道。明代的刘天和总结了历代植柳固堤的经验，创始了包括"卧柳""低柳""编柳""深柳""漫柳""高柳"等的"植柳六法"，成为生物抗洪、水土保持、改善生态环境、营造优美景观的生态护岸有效途径。

近代我国在河道生态工程技术领域起步较晚，近些年才开始河道生态工程技术的研究与实践，目前还处于探索和发展阶段，主要是借鉴发达国家的理论和经验，研究水利工程对河道生态系统的影响，对受损河道利用生态工程技术和生态材料进行修复。

近年来生态型护岸在我国实际工程中得到了广泛运用。生态型护岸有许多种分类方式，较常见的有植物护岸、木材护岸、石材护岸和生态混凝土护岸等。

（1）适用于缓流水体侵蚀较小河道的生态护岸技术：草皮护坡、杨柳护岸、水生植物护岸、椰植卷等。在缓流水体，岸坡侵蚀较小的河段，对岸坡的坚固程度要求较低，可以直接利用草、芦苇、柳树等天然的植物材料进行岸坡防护，它们都是亲水的，在潮湿环境中能茁壮成长，可以在保护岸坡的同时创造出丰富的岸边自然生态环境。

（2）适用于急流水体侵蚀较大河道的生态护岸技术：网垫植被复合型护坡、框架覆土复合型护坡、植生型砌块复合型护坡、柳桩梢捆护岸、柳排梢捆护岸、木桩柳梢篱笆护岸、石笼柳杆复合护岸、水生植物复合护岸、木材护岸、石材护岸、石笼护岸等。在急流水体，岸坡侵蚀较大的河段，单纯利用草皮、柳树和芦苇等活体材料进行护岸容易遭到破坏，因此应结合土工材料、石料、木桩等坚固材料，加强护岸的稳定性和抗侵蚀性。

（3）适用于水位变化较大河道的生态护岸技术：复式护岸、栅栏阶梯护岸。复式护岸由主河槽和河漫滩构成，在这两部分分别构建生态型的护岸形式，枯水期流量较小时，水流在主河槽中流动，洪水期水位抬高进入河漫滩，这样既不影响枯水期生物生长和景观效果，也利于洪水期的行洪。栅栏阶梯护岸以各种废弃木材（如间伐材、铁路上废弃的枕木等）和其他一些已死了的木质材料为主要护岸材料，逐级在岸坡上设置栅栏，栅栏以上的坡面植草坪植物并配上木质的台阶，形成阶梯状的护岸形式。这样的护岸形式不受水位涨落的影响，始终能保持生态的护岸结构，实现了稳定性、安全性、生态性、景观性与亲水性的和谐统一。

（4）适用于面源污染严重河道的生态护岸技术：景观型多级阶梯式人工湿地护岸、潜流型和表面流型人工湿地护岸。陆地污染物经过降雨径流的冲刷进入河道，成为河道水体的一个重要污染来源。一般的河道护岸对面源的入河考虑较少，或者有的护岸对面源污染具有一定的截留功能，但由于其材料和结构的限制，效果有限。通过在河岸构建多级阶梯式、潜流型、表面流型人工湿地护岸系统，可以综合解决岸坡稳定和面源污染的问题。

（5）适用于城市河道的生态护岸技术：景观净污型混凝土组合砌块护岸，通过一定形式的预制混凝土砌块组合可以节省用地，通过组合砌块内种植植物，利于生物栖息生长，砌块内生长的植物－土壤－微生物系统对污染物质具有去除效应，可以达到对入河面源污染物的截留去除效果，并形成了多层次的"生态景观"。根据不同的坡度应用条件，可分为应用于垂直岸坡的景观净污型组合实体砌块护岸和应用于倾斜岸坡的景观净污型组合空心砌块护岸。

（6）适用于现有混凝土护岸改造的生态护岸技术：桩板护岸绿化技术、新槽开挖及辊式植被技术、新槽开挖及抛石技术、坡面打洞及回填技术、利用原有护岸材料技术。

（7）适用于创造生物栖息地的生态护岸技术：萤火虫护岸、鱼巢护岸，有利于提高生物的多样性。同时，也为人类休憩、亲近大自然提供良好的场所。

**八、水景观建设措施**

广东省地势北高南低，北部、东北部和西部都有较高山脉，中部和南部沿海地区多为低丘、台地或平原，山地和丘陵约占62%，台地和平原约占38%。全省中小河流的分布与地形地貌基本吻合，约80%属于山区型河流，其余20%属于平原区河流。本书通过借鉴已成功整治的山区型、平原区城市型、河网村落水乡型三种典型的中小河流，进行广东省中小河流水生态景观建设的研究。

（一）山区型河流典型型式

广东省中小河流在全省7大流域均有分布，但大多河道的中上游起始于偏远山区。一般交通不便，经济条件差，经常遭受山洪、滑坡、泥石流和水土流失等自然灾害的威胁。

山区型中小河流具有山多、地少，石头多、泥土少，且河道主要受山洪、暴雨影响较大，洪水一般历时较短，但来势迅猛。因山区地少，不适用缓坡型护岸；因山区暴雨流速快、冲刷大的特性，单纯的植草护坡不适用；因山区经济发展滞后，运输成本高，预制生态砌块、多孔混凝土构件也不适用。因此山区型河流水生态景观应因地制宜，清理河道淤积，采用当地易获取的材料，保留河道曲线及边滩，种植乡土植物，适当用景观植物点缀即可。

以清远市阳山县七拱河为例。七拱河具有典型的山区河流特色：平时水流量较小，汛期河道水位涨落较快，河道主槽不明显，护岸冲刷严重。生态治理理念：不随意裁弯取直，固定河道主槽，局部保留深潭，放缓河道边滩，不渠道化、不硬底化河道。七拱河流域大块石资源丰富，根据这一特点，治理时选用较为生态的叠砌大块石护脚方式。叠砌大块石选用块石重量一般不低于300kg，宽度约600~800mm，厚度约500mm，埋深约500mm。上部叠石紧贴岸脚错层摆放，层间块石需错位摆放稳固，能起到良好的防淘刷作用，并且具有较高的抗冲刷性能。块石之间留有空隙，适宜植物生长，以及两栖及水生动物栖息，是较好的维系河道原生态环境的护脚方式。在河道局部运用大块石砌筑水陂，利用水体高差形成跌水景观，块石组成连接两岸的水中汀步，既方便两岸村民的出行，又增加了构筑物的观赏性。七拱河治理标准断面见图7.1-34，治理后河道效果照片见图7.1-35。

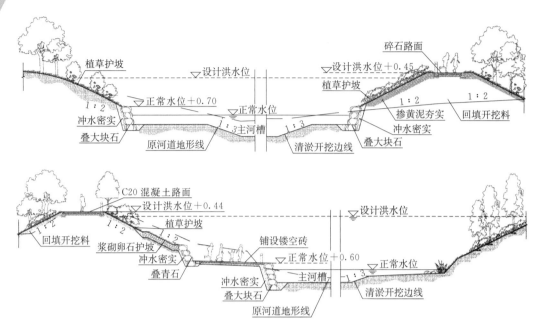

图 7.1-34 七拱河治理标准断面

图 7.1-35 七拱河整治后效果照片

山区中小河流淤积料大多为砂卵石，以往清淤料为外运或沿岸堆放。在七拱河治理中，利用清淤料掺入黏土，并碾压密实。掺土后的护坡，利用了河道淤积清淤料，减少料场开挖的生态破坏，并利于乡土植物的生长，且其抗冲刷性能高于普通植草护坡。

七拱河治理尊重河道现状，保留河道蜿蜒曲折的形态；充分利用当地材料大块石，降低工程造价的同时，又不会造成其他材料对现有环境的污染。经过一段时间的运行，叠砌块石与岸坡之间的咬合程度好，空隙间已有乡土植物生长，河道鱼虾蟹等也栖息其间，块石本身与周边山水环境融为一体。

**（二）平原区城市型河流典型型式**

在广东省中小河流中，平原区河流较少，多属于平原区城市型河流。虽平原型河流流域面积较小，因所属经济发达地区，废、污水排放总量却约占全流域排污总量的50%，水环境污染逐渐发展为区域性污染；面源污染加剧水体的恶化；湿地资源大幅减少；咸潮上溯不断加强；生态环境受到极大影响，生物多样性下降。

针对平原区城市型河流，以东莞市麻涌为例。城市建设挤占河道，使河道空间减少，水面缩窄，行洪能力降低。工业和生活污水处理滞后，致使河流水质普遍恶化，影响城市环境。由于水生态系统比较脆弱，须提高对生态景观的设计要求，在满足防洪、排涝、排污的功能前提下，以"安全、自然、生态、亲水、景观"为设计目标。

麻涌河道的岸线已基本定型，且受周边城市建设的约束，对岸线进行自然岸线恢复处理，对河道清淤挖深，增大河道过流断面，增加涌容。河道局部断面过窄，采用松木桩进行部分挡土，挖深达到清淤底高程。

在非乡镇村庄段护岸采用缓坡型自然护岸，植物群落护坡，松木桩固土；在乡镇村庄段新建、已建的浆砌石挡墙脚种植水生植物，采用松木桩固土。水生植物的种植可以保护动植物物种的多样性，起到一定的净化水质的作用，提高土壤的持水性，且水生植物的发达根系能有效地防止水的侵蚀和冲刷，既改善了水生态，又美化了景观，增加了人与水的互动性。

麻涌河道整治多在乡镇村庄段结合当地民俗人文风情，在每段河道建架空凉亭为村民提供集会休闲空间，在河道较宽处设置连接木栈道和小型码头，为村民出行和游览提供方便。水生植物多以开花的美人蕉、鸢尾、再力花、千屈菜等为主，使整个空间颜色丰富、层次感强，并美化了河道浆砌石硬质挡墙。麻涌河治理标准断面见图7.1-36，治理后河道效果照片见图7.1-37。

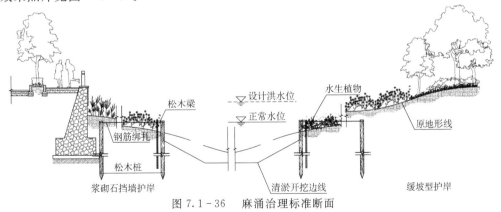

图 7.1-36 麻涌治理标准断面

图 7.1-37 麻涌整治后效果照片

（三）河网村落水乡型

河网是指珠江三角洲地区各平原地块之间的主要河道及密如蜘蛛网的小河道（在珠江三角洲水乡地区称为"涌"）。位于河网密布的珠江三角洲冲积平原的番禺、南海、顺德、中山等地，以农业经济为基础，社会、经济、文化等多方面相互作用，经过漫长的农业社会的沉积，形成了具有浓郁岭南人文特色、自然形态与人工环境极为和谐的水乡村落。其典型自然特征是水网纵横、渔憩树影、花果飘香。

河网村落水乡其景观空间形态有明显共性，内部空间是有层次，呈序列显现出来的。水乡的整体格局可概括为——田园风光、河涌水巷、村落三位一体，三要素相融相生，互为脉络。

重点保护河涌两侧的岭南水乡传统特色景观，如桥、祠堂、埠头、麻石路等水乡独特构件，保留河两岸古榕树和原村民集会场所。

水乡内驳岸构成形式相对单一。驳岸形式规整，材料为常用的麻石、红砂岩、毛石、砖等砌筑而成，垂直于水界面，如图 7.1-38 所示。

图 7.1-38 驳岸形式

驳岸每隔一段设置埠头，有的为跌落河涌的阶梯状，有的凸出河岸两边或一边开石阶，一般正对一侧的巷门方便村民上下船和浣洗衣物（图7.1-39）。水埠不仅体现着水道的存在，同时意味着街、巷通向水道边的尽端，是河与路（街、巷）的连接点，通过水埠，河与街、巷有了更进一步的联系。不再是位于两个水平面互不相干的物质要素。而是平面上参差咬合，空间上下联结立交的空间统一体。从而形成完整的村镇交通网络系统。

图7.1-39　埠头

桥在整个河道上具有点景的作用，在与周围景物融合的基础上，以其恰当的位置和自身优美的形态成为景观中心。桥又有隔景的作用，上桥后四周景色尽收眼底，若乘船从桥下穿过，则更有别样感受，如图7.1-40所示。

图7.1-40　桥

榕树是岭南水乡景观不可缺少的标志和特色，榕树以其飘逸的气生根、奇异的板状根以及具有绞杀作用的支柱根所创造的独特景观，常是人们视线的焦点。临水岸或疏或密的大榕树，呈现"江洲烟户岭云西，百亩榕荫百丈堤"的"江洲榕荫"美景（图7.1-41）。岭南人都有在榕树下聊天、乘凉的习惯。

图7.1-41　水乡榕树景观

# 第二节 非 工 程 措 施

中小河流综合治理应坚持工程措施和非工程措施相结合的理念，为最大限度地降低洪涝可能造成的影响，必须同时注重抗御洪涝灾害和洪涝风险管理，充分发挥洪涝专家和政策制定者的智慧，加强和完善洪涝预警，建立和健全防洪减灾体制，做好防洪工程措施日常管理，建立救灾保障体系，提高防洪除涝能力。

## 一、完善预警预报系统

### (一) 目前广东省采用的预警预报系统

目前，广东省、市、县（市、区）信息共享、信息上报等信息流程采用自下而上、分级处理方式，即按照"报汛站→水情分中心→省水情中心→省三防指挥中心→国家防总"这个流程，实现监测信息的自动采集、传输、处理、服务等。

在省、市、县（市、区）建立基于平台的山洪灾害预警系统，所有自动监测站信息首先传到市水情分中心，通过数据接收设备实时完成监测站点信息数据的实时接收处理，并存入数据库中。同时，市级平台通过数据传输交换软件，在局域网中进行共享传输，将信息发送到省和县级监测平台，实现省、市、县信息共享，及时发布预报、警报。

接入本系统的水利、气象、国土等相关部门的监测信息，经省、市防汛平台处理后，按照统一的数据格式存入数据库中，县级监测预警平台从省、市级平台获取相关信息，实现水利、气象、国土信息共享并发布预警信息服务。

广东省山洪灾害防治体系采用图 7.2-1 所示基本模式进行建设。

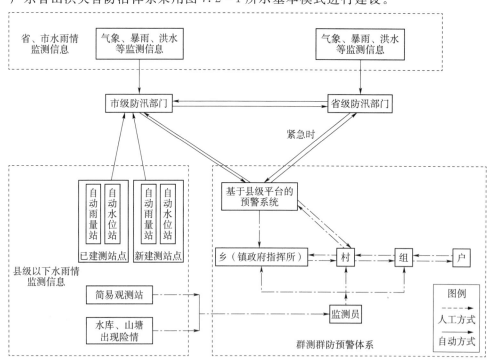

图 7.2-1 广东省监测预警系统建设基本模式示意图

预警信息的发布，根据预警信息的不同获取渠道，分为从县级监测预警平台获取信息和群测群防获取信息两种途径。

1. 预警信息通过监测预警平台制作、发布

县级防汛指挥部门通过县级平台监测预警系统向县、乡（镇）、村、组及有关部门和单位责任人发布预警信息；各乡（镇）、村、组和有关单位，根据防御预案组织实施。具体流程见图 7.2-2。

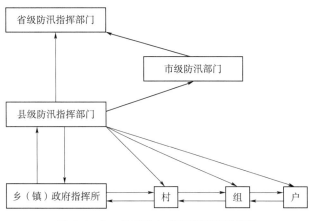

图 7.2-2　基于平台的预警流程示意图

2. 群测群防预警信息

由监测人员根据山洪灾害防御宣传培训掌握的经验、技术和监测设施监测信息，发布预警信息。各乡（镇）除接收县防汛部门发布或下发的预警信息，还接收群测群防监测点、村和水库、山塘监测点的预警信息。村、组接受上级部门和群测群防监测点、水库、山塘监测点的预警信息。上游乡镇、村组的预警信息要及时向下游乡镇、村组传递。具体流程见图 7.2-3。

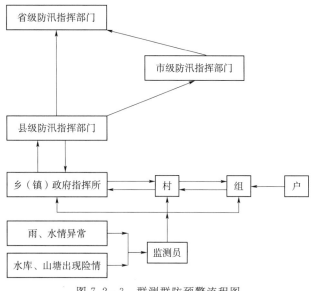

图 7.2-3　群测群防预警流程图

（二）中小河流预警预报系统研究

中小河流洪水的特点决定了中小河流的洪水预报与大江大河的洪水预报思路不同，其洪水预报的难点可以归纳为以下几个方面：①中小河流的水文资料一般较为缺乏；②中小河流的洪水突发性强，洪水预报预见期短；③中小河流洪水常常发生在夜间，洪水控制时间难以把握；④雨洪响应的复杂性和作业预报要求的简单性难以兼顾；⑤无规范可依。本书建议针对中小河流特点，建立中小河流防洪预警机制。

1. 建立中小河流防洪预警组织机制

中小河流防洪预警机制建设是一项复杂的系统工程，它的总体框架应该包括组织机制、决策机制、运行机制、信息机制和保障机制等五个部分。组织机制是危机预警体系的根本，为预警工作的实施提供力量保证；决策机制是危机预警体系核心，通过分析判断危机的警度，决定采取相应的措施；运行机制是危机预警体系的关键环节，通过预警运行系统对搜集的信息数据进行处理、加工、分析、反馈；信息机制是危机预警体系的必备要素，贯穿于预警活动的全过程；保障机制则从政策层面、物质准备、技术准备等方面为预警活动的有效实施提供保证。因此，要完善中小河流防洪预警机制，应从上述五方面入手，逐步建立、健全和完善。

危机预警机制建设是随着地区发展而不断发展的，它需要与之发展相适应的组织体系来保证，这是建设危机预警机制的基础条件。不论什么管理，在工作目标明确的情况下，首先要建立起负责具体运作的组织架构；其次要理顺各级组织和相关组织之间的工作关系，定岗定责；最后要发动全社会力量共同参与，需要有牵头的组织和安排。因此，建立洪涝灾害危机预警组织机制的目标是建立以政府应急办为核心，以非政府组织、慈善团体、企业、个人等社会力量为辅的强而有力的危机预警组织体系。

2. 建立洪涝灾害危机预警运行机制

（1）指标管理系统。指标管理系统分为两部分：第一部分是建立指标体系。要依据一系列科学方法，确定进入危机监测预警系统的指标体系。第二部分是维护指标体系。随着社会发展，不同阶段的形势变化不同，同一环境下不同时期的指标衡量标准不同，因此，原有的指标体系要与时俱进，根据实际情况，对指标体系作适当的修改完善。

（2）信息管理系统。信息管理系统主要包括两方面内容：一是建立信息采集系统。要通过建立专用、畅通、可靠的信息采集系统，形成专门的信息采集渠道。二是信息初加工系统。危机预警体系中的有些指标标的加工合成工作，要求有关人员必须具备数据信息甄别和计算能力。

（3）数据管理系统。要充分发挥危机监测预警体系的作用，必须要有大量充实的数据。由于数据量非常庞大，因此，需要建立依靠计算机辅助管理的数据管理系统。这个系统由专人负责，对有关数据进行录入、分类、汇总、储存和更新。这个系统的主要任务是，依靠计算机技术代替人脑完成庞杂的数据计算工作。

（4）专家分析系统。要使预测结果更加接近和更能反映真实情况，必须要建立专家库，通过专家深入的分析判断，加强信息沟通和反馈，从而达到人-机智能化互动。需要指出的是，进入专家系统的人员，可以是该领域的资深研究人员，也可以是富有实践经验的政府工作人员，并且必须具备相当的专业知识，专家库的数量和知识结构要以满足预警指标体系所需为原则。

（5）预控对策系统。预控对策系统分两部分内容：一是常规案例库，它是在收集到的常规案例的基础上，根据警情性质和类别等设定条件，自动调出与之相对应的若干对策；二是应对非常规警情的专家咨询系统，它通过互联网与上述专家分析系统相连，利用互联网技术实现即时咨询，而来自专家分析系统的咨询意见则会自动保存在案例库中，以备日后所需。预控对策系统是一个为政府危机管理部门提供应对危机启发性、思路性、提示性建议的智能互动系统。

3．建立洪涝灾害危机预警信息机制

（1）建立洪涝灾害预警信息监测机制。要准确、及时、全面地收集与洪涝灾害有关的各类信息，运用科学的分析方法，提高信息搜集、监测水平。并要在纷繁复杂的信息中寻找规律，捕捉危机征兆。

（2）建立洪涝灾害预警信息评判机制。预警信息评判机制，主要是通过有关专家或专业技术人员，对筛选出来的原始信息进行深加工，去粗取精，去伪存真，在此基础上，过滤和提炼出有价值的信息，并形成一种长效的信息工作机制。科学的信息评判机制在危机预警中起着十分重要的作用，能有效地预测危机的变化趋势，从而为政府管理者有效实施危机预警和预控提供科学依据。

（3）完善洪涝灾害预警信息发布机制。危机预警信息发布是建立和健全突发事件预警机制的重要环节。通过向社会提供及时、准确、客观、全面的预警信息，及时作出适当的应急响应，采取相应防范措施，能够最大限度地预防和减少洪涝灾害造成的危害，保障人民的生命财产安全。因此，各级政府要在充分认识预警信息发布工作重要意义的基础上，按照分级管理、分级负责和谁管理谁负责的原则，迅速建立和完善洪涝灾害预警信息发布制度，形成政府统一发布、部门分工负责的高效、快捷的预警信息发布机制。

4．建立洪涝灾害危机预警决策机制。

洪涝灾害危机决策应遵循：时间第一原则、果断决策原则、非程序化原则。在危机状态下，由于时间非常紧迫，所获取的信息不完全或不确定，理性决策模式不可能得到重视或应用，即便能够正确使用理性决策模式，也会因过程过于复杂而耗费太多的时间。快速决策法和专家紧急咨询法作为较具代表性的非程序化方法，对紧急状况下的危机决策有很好的经验借鉴作用。

5．建立洪涝灾害危机预警保障机制

（1）强化政府和民众的危机意识。树立危机意识，做到居安思危、未雨绸缪，才能有效地减少危机带来的损失。一是政府部门工作人员要树立危机意识；二是增强广大民众的危机意识。

（2）为危机预控做好充分准备。一是加大财政投入；二是要针对洪涝灾害可能发生的各种危险情形制定出相对的预控方案；三是要做好技术上的准备；四是要充分做好物资上的准备。

（3）运用现代化的信息处理技术。在全省范围内统筹开发和应用危机预警系统软件，充分发挥现代化监管手段，使其具有审核、汇总、预警分析和提供预控对策的功能，并逐步建立洪涝灾害危机风险预警指标的数据库和对策库系统。

（4）把预警工作纳入政府绩效考核。把预警工作纳入政府绩效考核，能够强化政府工作人员的危机预警工作意识，增加他们的压力感，提高他们对预警工作的自觉性。通过对政府预警工作效能的自我评估与公众对政府危机管理满意度打分相结合的办法，对政府的危机预警管理综合能力进行考核，健全相关绩效考核机制，确保绩效考核工作取得实效。

（5）全责任追究制。一是以地方行政法规形式明确实行洪涝灾害危机预警责任追究制，制订具体的实施细则，使责任追究有据可依。二是按照谁主管谁负责的原则，在启动问责程序时，不单要追究直接责任人，还要对分管领导进行问责，在追究责任时要做到一视同仁。三是明确洪涝灾害危机预警的责任部门，解决以往经常发生的责任主体不明，部门之间相互推诿扯皮等问题。四是各部门和各镇街要层层落实责任制，签订责任书，明确责任人，一旦发生政府官员或工作人员因工作疏忽或预警工作不力而造成严重后果的，应对照有关规定，严格贯彻落实责任追究制。

**二、建立和健全防洪减灾体制**

建立和健全防洪减灾体制包括以下内容：

（1）建立和健全防洪减灾组织体制。各级领导要加强防洪减灾的意识，实行以各级人民政府首长责任制为核心的五方面责任制，即地方政府行政首长负责制、分级责任制、分部门责任制、技术人员责任制和岗位责任制，并贯穿到防洪排涝工作的各个方面、各个环节，逐步实现正规化、规范化、制度化。

（2）编制县级及防治区内的基层乡村预案。广东省各县（市、区）、乡（镇）及行政村根据山洪灾害的人口、工矿企业、中小学校分布，结合地区山洪地质灾害的特点、广东省山洪地质灾害防治专项规划的内容，要求分别编制山洪灾害防御预案。主要内容包括县、乡（镇）、行政村的自然和经济社会基本情况，山洪灾害类型、分布、历史灾害，安全区、危险区划分及转移路线，防御组织体系及职责分工，监测站点分布及预警方式，抢险救灾队伍，宣传培训演练安排等。

（3）建立群测群防体系。群测群防体系包括县级以下责任制组织体系、山洪灾害宣传、人员培训和预案演练等。利用广播、宣传栏、宣传册、挂图、光碟及发放明白卡等方式宣传山洪灾害防御知识。组织居民熟悉转移路线及安置方案，在危险区醒目的地方树立明确的警示牌，标明转移对象、转移路线、安置地点等。

对县、乡（镇）山洪灾害防御指挥部人员、责任人、监测人员、预警人员、片区负责人进行山洪灾害专业知识培训，明确各自职责。对山洪灾害监测预警系统技术及运行维护进行培训，保障系统有效运行。

山洪灾害防治区组织开展山洪灾害避灾演练，演练内容包括应急响应、抢险、救灾、转移、后勤保障、人员转移、安置等。

**三、做好防洪工程措施日常管理**

按照《广东省水利工程管理条例》《堤防工程管理设计规范》《水库工程管理设计规范》及其他工程设计规程、规范的规定，划定工程的管理范围和保护范围，由当地县、市以上人民政府及有关部门确权发证。按《水法》的有关规定，工程实施后所得的新增土地，由水库、堤、闸等管理机构或行政主管部门统一管理使用。在工程管理范围内，禁止建设碍洪建筑物、构筑物及倾倒垃圾、渣土，禁止开采地下水、考古发掘、放牧、集市贸易，禁止打井、钻探、爆破、采石、挖土等危害防洪工程安全的活动。

防洪工程设施管理，除对管理范围内防洪工程的管理外，还包括对防洪工程所属的水文、气象及防洪工程观测设施、通信、交通、防汛抢险设施及生产、生活和其他维护设施的管理。

### 四、建立救灾保障体系

救灾保障体系的目的是帮助和促进受灾群众和企业及时有效地恢复生活和生产，减轻灾害对家庭和社会造成的影响，是一项必不可少的措施。救灾保障体系主要包括防洪基金和洪水保险两个部分。

防洪基金是指政府采取一定的形式和措施，在洪水未发生前，积累一定的资金，以待洪水发生时进行政府救济和补偿。根据山区五市的实际情况，可以采取如下三个方面的措施：①在水利部门现在收取的各类费用中，以适当的比率提取资金，作为防洪基金；②通过发售灾害救助等类型的社会福利彩票筹措救助资金；③通过社会募捐，建立相应的基金会组织，广泛吸收社会各界人士的捐助资金，作为洪灾基金，在洪水发生后，救急使用。

洪水保险是一种灾害风险分担的经济行为。通过实施范围广泛的洪水灾害保险，可以对局部受灾地区的企业和家庭财产损失实施部分经济赔偿。现有的灾害保险有两种：一种是商业性保险；另一种是公益性保险。商业性保险可以由各家保险公司或由政府指定的保险公司实行。对于公益性保险，其实施范围越广，效用越大，建议采取强制性保险的方式，在风险度不同的地区实行不同的保费收取制度，从而既保证措施的可行性，又可以有效筹措资金。

# 第八章

# 典型治理案例分析

## 第一节  连南安田河治理工程

连南安田河治理工程是广东省首批启动的中小河流治理工程。安田河治理段河道及其两岸形态各异，制定治理方案时根据现场情况及群众诉求，实行分段治理，采用适合该河段的工程措施。安田河治理工程实施过程中涉及如何与幸福新村安居工程的结合，如何利用河道材料砌筑护岸，如何满足群众诉求而不违反原则，如何在有限的投资内使治理后河道发挥最大综合效益等相关问题。

### 一、工程概况

安田河位于清远市连南县，为同灌河的一级支流，流域面积 $51.9km^2$。安田河长度25km，主要流经金鸡村、安田村、老富冲村、中心江村等多个行政村，需治理长度为10.97km，治理的起点为下游合河口 718 乡道桥，桩号为 AT0＋500，讫点至上游塘凼村附近，桩号为 AT11＋470。安田河河宽为 20～40m，护岸高 1～2.5m，河道综合平均比降约 8‰。

安田河治理段根据河道及两岸特点布置了多种护岸形式，主要为金鸡村贴砌卵石护岸段（AT0＋500～AT1＋840 左右岸），安田幸福新村水景观亮点段（AT2＋168～AT3＋334 左岸），幸福新村对岸农田段格宾石笼护岸（AT2＋168～AT3＋334 右岸），零星分布房屋段埋石混凝土护脚（AT3＋334～AT4＋159 右岸），浆砌石贴坡护岸（AT3＋528～AT4＋010 左岸），改进的混凝土护坡段（AT2＋168～AT2＋870 左岸），中心江段砌大块河道卵石护坡（Ata0＋000～Ata0＋686 左右岸），老富冲村段缓坡护岸（AT4＋478～AT6＋840 左右岸）等。

### 二、河道分段治理措施

#### 1. 下游贴砌卵石护岸

金鸡村段（AT0＋500～AT1＋840）是治理河段的最下游段，河道较为平缓，河宽30～40m，河道淤积较严重，边滩宽主槽窄。对该段的治理方案考虑以下几点：

（1）本段为河道下游，离河口较近，应达到淤积治理效果，满足行洪畅顺。

（2）河床中零星分布有中小卵石，可加以筛选利用。

（3）此段民居房屋离河较远，可布置较为生态的护岸结构。综合以上因素，该段采用的治理方案见图 8.1-1 及图 8.1-2。

　　两岸采用浆砌卵石护坡，护岸高度取 1.0m，浆砌卵石护坡顶高程略低于本工程设计洪水标准 5 年一遇水位。浆砌卵石护坡上部为草皮护坡，并在后期加种景观树木，下部为埋石混凝土护脚，为增强景观效果，在埋石混凝土护脚表面贴砌卵石。

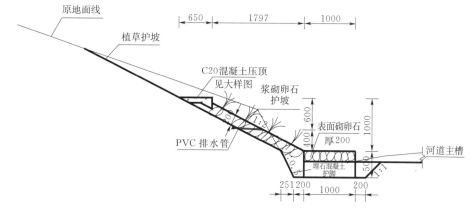

图 8.1-1　安田河金鸡村段贴砌卵石护岸设计断面（单位：mm）

图 8.1-2　安田河金鸡村段贴
砌卵石护岸治理效果

　　在常水位以下采用贴砌石卵石护坡，常水位以上采用草皮护坡，既生态又节约投资，较适用于该河段。

　　2. 安田幸福新村段水景观打造。

　　该段地处安田村行政村，岸线范围为桩号 AT2+168～AT3+334 左岸，是以幸福新村为核心的河流生态治理水景观亮点段。幸福新村安居工程是安田村的扶贫项目，位于安田河岸边，该工程的建成对安田河的治理而言是一道相得益彰的风景线，其现场照片见图 8.1-3。

　　河道治理方案充分考虑与幸福新村的结合，打造安田河治理工程的亮点。新村的房屋相比自然村落更具有现代感，且临河而建，因此首先需满足护岸结构足够安全，除此以外，重点考虑新村居民群众的休闲观景。由此，该段的治理方案主要由两部分组成，即新村侧护岸和蓄水陂头，新村段平面布置见图 8.1-4。

图 8.1-3　安田幸福新村现场照片

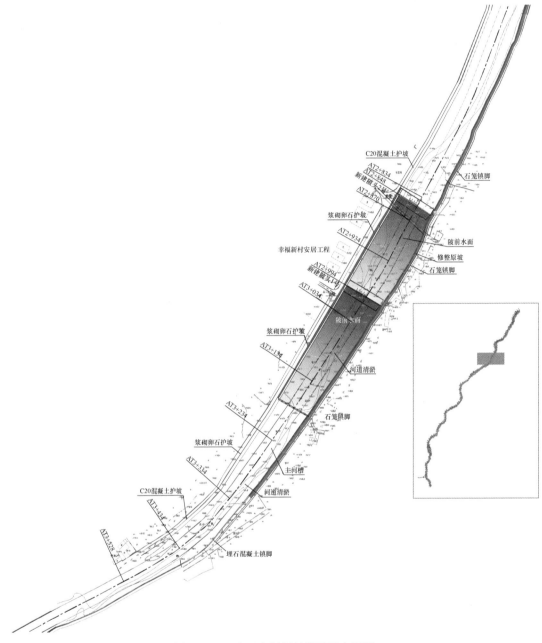

图 8.1-4 安田幸福新村段平面布置图

新村侧护岸采用浆砌卵石直立墙护岸，并设置亲水平台，见图 8.1-5 中新村侧岸线。浆砌卵石直立墙为外部干砌内部浆砌，亲水平台步道采用表面砌筑卵石，形成观赏性较强的亲水护岸结构。

该河段较宽，平常水位较低，结合左岸水景观需求，设置两座蓄水陂分级蓄水。两座陂头分别位于新村上游及下游侧，除蓄水功能外，采用不同的造型以增强观赏性。上游陂头采用两边缓坡形式，缓坡面贴砌卵石，过水时形成波光粼粼的效果。陂头顶部砌筑高出

图 8.1-5 连南县安田河治理工程幸福新村段断面布置图（单位：高程，m；其余，mm）

过水面 20cm 的混凝土圆墩用于人行，圆墩直径 50cm，净距 40cm，既不影响过水，平面景观效果较好。陂头纵断面见图 8.1-6。

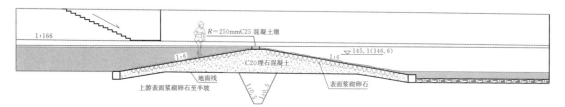

图 8.1-6 新村段上游陂头纵断面图

目前新村段已实施完成，治理效果见图 8.1-7 及图 8.1-8。

图 8.1-7 蓄水陂头的过水效果

图 8.1-8 新村侧护岸的表面干砌卵石观赏效果

3. 幸福新村对岸农田段格宾石笼护岸

该段为桩号 AT2+168～AT3+334 右岸，位于幸福新村对岸，河岸离房屋较远，岸上多为农田。为保持新村段河道的生态特性及田园景观，该段采用格宾石笼护脚，见图 8.1-5 中的新村对岸侧岸线。但是格宾石笼对于当地而言存在一些缺点，如钩挂垃圾、金属钩刺容易使赤脚行走的人受伤，个别地方甚至出现盗取网箱钢丝的情况。考虑到目前河道管理水平的现实情况，为弥补网箱的上述缺点，在格宾石笼网箱顶部用 20cm 混凝土压顶，既不影响格宾石笼的使用，也使格宾石笼对地方的影响得到一定程度的改善。混凝土压顶照片见图 8.1-9。

图 8.1-9  格宾石笼顶部混凝土压顶

格宾石笼的使用与地方的观念、管理水平、群众对材料的认可及熟悉程度有关，在石笼挡墙顶部加混凝土压顶，对于山区地方的现实状况而言是一种推广措施。

4. 零星分布房屋段的埋石混凝土挡墙护脚

安田河有的河段两岸分布了零星的房屋，代表段为 AT3+334～AT4+159 右岸，人类活动在该河岸相对频繁，因此用埋石混凝土挡墙做护脚，设置亲水平台，原有上部边坡若现状较好，尽可能维持不动，若原有土埂较小或边坡较乱则修理整齐边坡。设计断面见图 8.1-10。

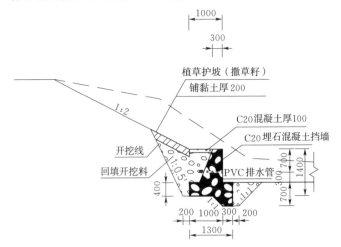

图 8.1-10  埋石混凝土挡墙护脚断面图（单位：mm）

埋石混凝土挡墙护脚是常见结构，适用于大多数护岸。

5. 道路沿岸浆砌石贴坡护岸

河岸为水泥路，公路边坡为浆砌石护坡，但现有护岸较残破，受水泥路的用地限制，治理方案对这些原有结构尽可能利用，根据结构破损程度对原有挡墙进行拆除重建或加固，拆除重建维持其基本样式，实施过程中，要求保留岸上原有乔木，对护面进行勾缝，建议后期可在岸上补种藤本植物，使藤条垂落至墙面，以增强美感。浆砌石贴坡护岸设计断面图见图8.1－11，治理效果见图8.1－12。

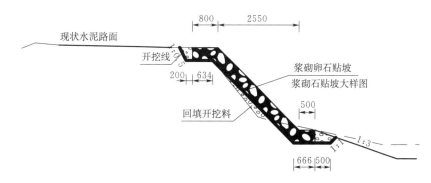

图8.1－11　浆砌石贴坡护岸断面图（单位：mm）

浆砌石贴坡是一种较为节约用地的护岸形式，适用于两岸无法扩挖的情况，该河段采用此护岸形式亦是延续现有护岸结构。

6. 部分冲刷段改进混凝土护坡的尝试

部分易被冲刷段及群众活动频繁地段，地方强烈要求某些堤岸段采用混凝土护坡，典型段为AT2＋168～AT2＋870左岸。考虑到要求的岸线不长，确定治理方案时充分考虑地方要求，但是采用传统的混凝土护面对河流生态不利。为此，将整块混凝土板开洞，开洞形状可根据地方特色采用一定的图形，如扇形、圆形、方形等，洞内种草或小灌木。改进混凝土护坡实施效果见图8.1－13。

图8.1－12　浆砌石贴坡护岸实施效果

图8.1－13　改进混凝土护坡实施效果

混凝土护坡是一种常见护坡，一般较易为群众接受，但是在中小河流治理中，却有不生态、投资大等缺点。在群众要求强烈的情况下，减少混凝土板面积，适当采用不失为一种尝试。

7. 石材丰富段砌大块河道卵石护岸。

中心江村段为分汊型河道，桩号为 AT9＋041～AT9＋797 和 Ata0＋000～Ata0＋686，河道两岸包括江心洲均为农田，岸高约 2m，该河段采用稳定汊道的工程措施。由于

图 8.1-14 中心江村段河道大块卵石

农田不可占用，原设计方案为浆砌石贴坡护岸。进场清障后发现，河道大块的卵石较多，见图 8.1-14。若将河道中的大块卵石外运使用或丢弃，不符合就近利用河道材料的理念，考虑修改护岸形式，利用河道中的大块卵石砌筑护岸，见图 8.1-15。浆砌大块卵石直立墙高 2.6m，保证 0.8m 埋深，将巨块的卵石放置于直立墙前趾护趾，由此可充分利用河道大块或巨块的卵石，避免了原设计浆砌石贴坡材料的外运及河道大块卵石的丢弃。

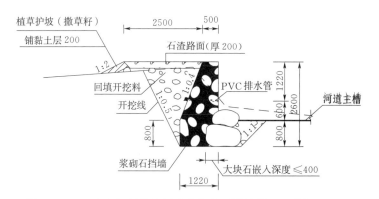

图 8.1-15 中心江村段砌河道大块卵石设计断面（单位：mm）

砌大块卵石是安田河治理工程就地取材理念的典型应用。

8. 河岸开阔段缓坡护岸

典型河段是 AT4＋478～AT6＋840 左右岸，位于老富冲村，周围民居较少，离山较近，对该河段清出固定主河槽，两岸留缓坡，零星民居段局部采用埋石混凝土挡墙护脚。典型设计断面及实景见图 8.1-16。

在有拓宽条件的情况下采用缓坡断面对于群众诉求要求不高的河道是一种节约投资，有效的护岸措施。

**三、安田河治理小结**

安田河多种断面形式的使用，是在了解当地实际情况的条件下做出的优化方案。安田河治理工程实现了打造亮点，满足了村民诉求，做到了就地取材，节约了工程投资。广东省中小河流治理工程要求在一定工程投资的条件下，达到水清、流畅、岸绿、景美的治理效果。在投资有限的情况下，如何达到既定的效果，是中小河流治理工程的重要目标，这就需要对整条河流统筹考虑，不能一概而论。因此，分段治理，因地制宜，与现场充分结

合，是达到治理效果实现治理目标的有效方法。

图 8.1-16　老富冲村段缓坡护岸设计断面（单位：高程，m；其余：mm）

# 第二节　阳山七拱河治理工程

阳山县七拱河治理工程是广东省首批中小河流治理的试点工程，项目试点段最早于 2014 年年底开工建设，全流域治理于 2017 年基本完工。七拱河流域治理河段周边山清水秀，人文及自然景观优秀，河道流经潭村、钓鱼公、大禾岗等村庄，潭村村落古典优雅，大禾岗学发公祠历史悠久，钓鱼公山山势嶙峋，当地政府已考虑在该处进行旅游综合开发。因此，七拱河流域的治理在保证行洪安全的同时，重点还需考虑周边景观需求、水陆串联等，河道堤岸及建筑物建设要尽量为后续旅游开发提供基础与便利。

## 一、工程概况

阳山县位于广东省西北部，东接乳源、英德两县，南连清远和广宁县，西界怀集、连南两县，北与连县及湖南省的宜章县接壤。七拱河地处珠江流域，发源于与怀集交界的石羊楼山，流经阳山县的太平镇、七拱镇、杜步镇和阳城镇，最后在阳城镇的水口汇入连江，其主要支流有根竹水、朱陂洞、白沙河、沙河、鱼沙坑、隔坑水、元江水和鱼水坑。

阳山七拱河河道总治理长度约 127km，工程总投资约 2.6 亿元。工程于 2015 年 10 月开工，2017 年 4 月基本完工。在治理过程中，因地制宜，充分利用当地材料，大胆尝试新型工艺技术，打造当地特色，在保障结构安全的同时，节省了工程投资，营造了生态景观，为当地的生态建设和旅游开发等打下了坚实的基础。治理过程采用了新工艺、新定额，即采用机械叠砌大块石新工艺，自然生态，能满足岸坡结构稳定要求。机械叠砌节省人工，安全经济，施工速度快，且能水下施工，保留与岸坡空隙，自然生态。通过实践运用，不断总结完善施工技术要求，并新增造价定额。治理过程大胆尝试了新技术，即在广东省内首次采用气动盾闸技术，为改善河道水流条件、降低行洪压力创造有利条件，气动盾闸使用年限较长，可营造良好的水景观。治理采用了新理念，即：在治理过程中，充分利用现有滩地打造生态湿地；缩窄开拓宽、新开渠道，加大河道调蓄功能；在治理过程中，利用现有资源，顺势造景；通过设置景观步道、桥梁、陂头等，使水陆景观串联设计，带动当地美丽乡村建设，打造水陆景观。

七拱河治理工程平面布置如图 8.2-1。

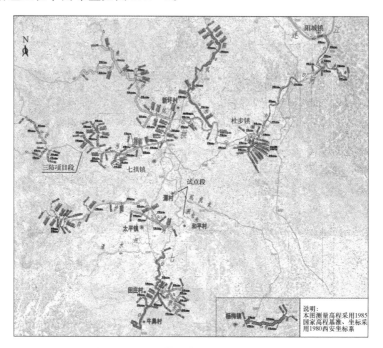

图 8.2-1　七拱河治理工程平面布置图

**二、典型治理措施**

**(一)机械叠砌大块石护岸**

根据现场调研，阳山县七拱河周边大块石资源丰富，在治理过程中，开始在七拱河试点段尝试采用新型叠砌块石工艺。根据该段河道的水流情况，为保证大块石具有良好的抗冲刷性能，选取大块石重量一般不低于 300kg，块石宽度在垂直水流方向约 600～800mm，厚度约 500mm，叠砌块石一般先进行基槽开挖，然后采用钩机摆放。叠石埋深约 500mm，可起到良好的防淘刷作用，上部叠石紧贴岸脚错层摆放，层间块石需错位摆放稳固，贯穿性缝隙不大于 150mm。

叠砌大块石采用机械施工，施工速度快，造价相对较低，且可水下施工。砌石既可直接置于黏土边岸上或低渗透率的土岸上，也可放在一个适当的垫层上。叠砌大块石护岸保留岸坡缝隙、孔洞，为河流与大地之间架构水循环通道，保证水、气的渗透顺畅并为生物提供繁殖和生长环境，有利于河道生态体系的保护。

机械叠砌大块石需采用机械施工，难点主要在于施工道路的铺设，石块质量、尺寸的控制，石块叠砌过程中的摆放，需在实际运用过程中不断总结经验，反复验证，针对不同河流形态，分段进行研究。在实际应用中，对于岸边没有交通道路的，临时施工道路采取从河道进占的方式进行，将河道清淤料堆积在两岸坡脚位置，形成临时施工道路，即可满足临时交通需求，同时也为叠石机械提供了操作空间。石块质量、尺寸可选取几种规格，分别运用于工程实践，经洪水检验过后确定石块质量、施工控制标准。

通过在实际应用中不断地摸索、总结，逐渐形成一套对机械叠砌大块石的施工要求如下：

（1）叠石所选用块石应大致方正，且石应采用新鲜硬质岩石，不得使用片状、条状、带尖角的块石。块石料应选用材质良好、质地坚硬、耐磨、纹理均匀、不含铁砂、无节理、瑕点、砂眼、隙缝、裂纹及风化皮等外观缺陷的材料。

（2）块石饱和抗压强度≥50MPa，软化系数≥0.7，天然密度≥2400kg/m，最大吸水率≤10％。

（3）块石在垂直河道轴线方向有效宽度应为600～1000mm，且宽度大于800mm的不小于50％；每块叠石的有效厚度应为400～600mm，且厚度大于500mm的不小于50％。

（4）所用块石不得有片状尖角，表面无贯穿性裂纹。

（5）单块重量低于500kg的块石数量不得大于5％，且不可作为外立面主骨架使用，只可用于部分孔隙较大处的后侧补强措施。

（6）叠石工程应先进行基槽开挖，并经提请监理检验，验收合格后，方可开始叠石施工。

（7）叠石最底层应挑选有效宽度相对偏大的块石，其宽度不应低于800mm。

（8）层间块石需错位摆放稳固，贯穿性缝隙不得大于150mm。

（9）叠石的顶部高程应满足设计要求，误差允许范围为±100mm。

机械叠砌大块石典型断面、施工过程及实景照片如图8.2-2所示。

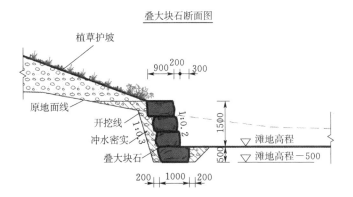

图8.2-2　机械叠砌大块石典型断面、施工过程及实景照片（单位：mm）

机械叠砌大块石是新型施工工艺，利用当地材料在中小河流治理中进行的一个大胆尝试，并取得了较好的成效。

**（二）河道砂卵石掺土护坡**

七拱河河道淤积料多为砂卵石，且多数河段河道砂卵石级配较好，可以用于就地堆高堤岸，但堆高堤岸需保证砂卵石不再被冲刷回到河道中去，于是在本段小河流治理中，尝试采用了河道砂卵石掺土护坡技术。河道卵石掺土护坡主要利用河道淤积料砂卵石填筑岸坡，在其表层掺入黏土，与砂卵石拌和均匀，掺黏土后的填筑料碾压密实后满足护岸稳定要求。

根据尝试应用，总结河道砂卵石掺土护坡的相关要求如下：利用河道淤积料砂卵石填筑岸坡，在其表层掺入黏土，与砂卵石拌和均匀，掺黏土后的填筑料黏粒含量控制为15%～25%，用于掺入黏土的黏粒含量不宜低于40%。掺土卵石护坡要求碾压密实，压实度不低于0.91。该工艺为首次使用，主要适用于淤积料以砂卵石为主的河段，还需通过实践运用不断完善技术要求，目前该工艺已新增了相关的造价定额。

河道砂卵石掺土护坡典型断面及实景照片如图8.2-3所示。

图 8.2-3 河道砂卵石掺土护坡典型断面及实景照片

**（三）清淤料的运用**

基于七拱河清淤料的性状，主要以砂卵石为主，且清淤料非常大，在该工程中，研究了对河床清淤料的运用问题，并付诸实际行动。通过对清淤料的利用，减少了弃渣，保护了生态，取得了良好的效果。清淤料的主要运用于以下几个方面：

（1）用于叠砌大块石后部回填。机械叠砌大块石在叠砌完成后，还需对其后部进行回填处理，回填采用级配良好的河道砂卵石，回填后还可利用河道水对回填料进行冲水密实。通过实践检验，该方法运用效果良好。

（2）用于堆高堤岸。沿线堆高堤岸是处理清淤料的一个较好方法，但堆高不宜过高，一般不超过 1.5m，且应做好相应的处理，保证堆高段的稳定性。该方法在七拱河流域治理中得到广泛运用，消耗了大量的清淤料，由于同时采用了表层掺黏土技术，实际运行效果较好。

（3）用于填筑机耕路。河道砂卵石是用于填筑机耕路的良好材料，中小河流治理的重要的一个便民措施就是打通河岸交通道路，如果采用常规的道路铺装，会耗费大量建材，且造价较高，在七拱河流域，充分利用清淤料，铺设泥结石路面。

清淤料利用的实景照片见图 8.2-4。

图 8.2-4　清淤料运用实景照片

（四）利用边滩打造生态湿地

在七拱河元潭陂上游，利用河道滩地，打造生态湿地，既保留了滩地的蓄滞洪功能，又增强了生态景观效果。在中小河流治理中，不宜过渡切滩，也不宜堆高边滩，而是应因势利导，加以利用，保留滩地现有功能，营造良好的生态景观。边滩打造生态湿地的设计平面及完工时的效果图、实景照片见图 8.2-5。

（五）恢复古码头顺势造景

七拱镇莫屋段与阳山县美丽乡村建设之潭村古屋相邻，历史悠久，沿河存有六百年树龄古树、古码头、庙宇等历史风景。在河道治理时，拓宽该河段行洪断面，利用其沿河岸的古树资源，恢复古码头，结合美丽乡村建设，顺势打造河岸风景。

在中小河流治理过程中，利用现状风景、建筑，发现亮点，梳理河岸，采用贴近现状的治理方案和接近的建筑材料，发挥当地特色，顺势造景，提高河岸的生态风景效果。

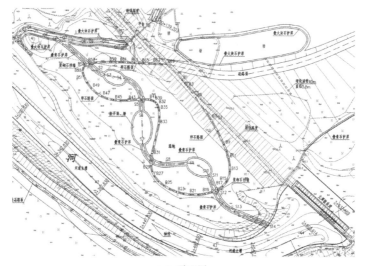

（a）平面图

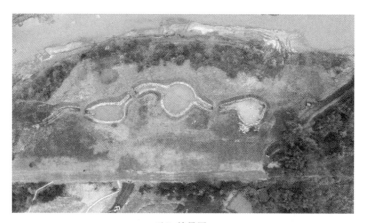

（b）效果图

（c）实景照片

图 8.2-5　生态湿地设计平面及效果图、实景照片

莫屋古码头段基本完工时的实景照片和效果图如图 8.2-6 所示。

图 8.2-6 莫屋古码头段实景照片及效果图

（六）结合美丽乡村建设

七拱河元江村段为美丽乡村建设重点村落，中小河流治理在遇到美丽乡村建设时，应尽量结合村落建设特色，配合建设内容，打造相应的水陆景观，同时可通过建设陂、桥、路等将村落景观与河道景观相连接。

本段在建设过程中，采用当地石材，建设浆砌卵石挡墙、卵石贴面步道等，同时对老旧桥梁进行改造，从而和美丽乡村建设相呼应，取得良好的人文景观效果。治理效果见图 8.2-7。

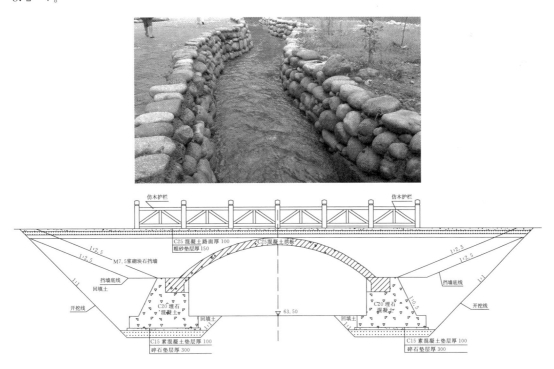

图 8.2-7（一） 河道治理实施效果

图 8.2-7（二） 河道治理实施效果

**（七）清疏主槽防护边滩**

中小河流的边滩由于人为或自然长期水力作用，通常呈现不规则淘刷状态，在七拱河流域治理中，采用清疏主槽，防护边滩的做法，保证边滩的稳定性，呈现了有滩有槽的原始河道面貌。治理过程通过主槽清淤措施增大河道行洪断面，清淤时，尽量清深、放缓清淤边坡，在常水位时形成稳定的行洪断面，从而保护堤脚不被淘刷。同时，不过度切滩，保持河道有滩有槽状态，为水陆生物栖息创造有利条件，保护河道生态。

清疏主槽防护边滩的设计断面及实施效果见图 8.2-8。

图 8.2-8 清疏主槽防护边滩的设计断面及实施效果

**（八）气动盾闸技术的运用**

七拱河中小河流治理大胆尝试采用新技术，在广东省内首次采用气动盾闸技术，为改善河道水流条件，降低行洪压力创造有利条件。

七拱河道中陂头众多，对于部分较高的陂头，由于其对上游河道水位的壅高很大，影响河道的行洪安全，加大河道上游两岸的防洪压力，因此应采用必要的工程措施降低其河道上游水位。主要工程措施为将陂头进行改造，常见的改造方式有翻板闸、橡胶坝和气动盾闸。气动盾闸虽在投资上稍高，但在施工条件、运行管理、维护管理、水环境、生态环保等方面均有较大优势。根据改建后的运行情况，气动盾闸的能较好地满足运行要求。

气动盾闸的典型设计断面和实景照片见图8.2-9。

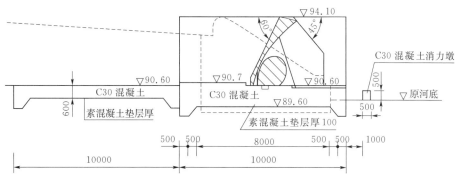

图8.2-9　气动盾闸的典型设计断面和实景照片（单位：高程，m；其余，mm）

（九）采用陂桥结合型式

在元江村段治理中，采用了陂桥结合的治理方式，取得了较好效果。具体做法为：在陂堰建筑物顶部浇筑混凝土桥墩，并搭建混凝土板供村民日常通行。陂堰建筑物顶部应适合布置桥墩，为提高混凝土简易桥的稳定性，应在新建陂头或顶部有新覆混凝土层的修复陂头顶修建。对比陂顶混凝土墩步道，陂顶简易桥通行更为方便，更适合人流量较多的位置，混凝土墩数量较少，可增大溢流面积，但是桥板的存在容易勾挂河道垃圾树枝等，垃圾堵塞桥孔后受洪水推力面积增大，容易冲毁简易桥面板，如图8.2-10所示。

### 三、七拱河治理小结

在七拱河治理过程中，遵循因地制宜的治理原则，充分利用当地材料，大胆创新工艺技术，在保障结构安全的同时，节省了工程投资，并达到了生态自然的效果。七拱河流域大部分河段位于山区、农村，局部位于城镇段。对于山区河段，设计创新采用了机械叠砌大块石工艺，充分利用当地材料，与周边景色协调一致，实施后生态效果较好。部分乡村段和城镇段沿河设置亲水步道，营造河岸风景，通过设置景观步道、桥梁、陂头等，使水陆景观串联设计，带动了当地美丽乡村建设。七拱河的治理基本实现了"岸固河畅、自然生态、安全经济"，提高了流域综合防灾减灾能力。

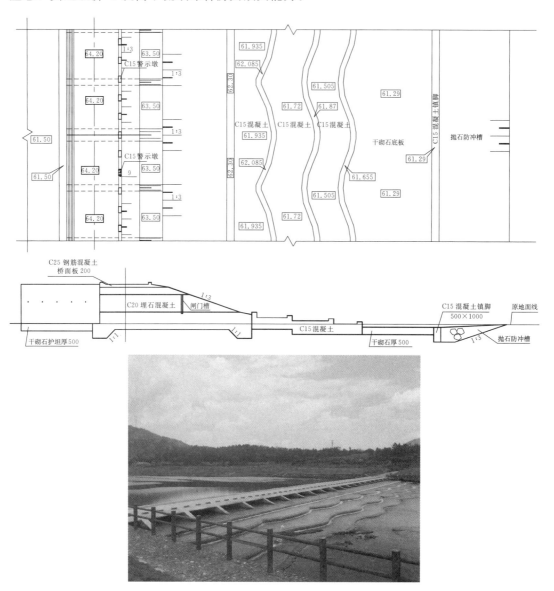

图 8.2-10 气动盾闸的典型设计断面和实景照片

# 第三节 金坑河治理工程

## 一、工程概况

连州东陂流域的金坑河干流有近 3km 为裁弯取直河道，河道大部分为矩形断面硬质护岸，由于裁弯后河道比降变大，冲刷较为严重，治理中如何改造和修复这类河道是一个比较有意义的探索。另外，该河下游重点段人口密集，河道有古桥和陂头等，如何结合这些河道原有建筑进行景观改造，打造宜居环境，对周边居民日常生活有着重要的意义。金坑河治理旨在提高河道防洪能力、修复河道生态环境，提升河道景观功能，满足人民群众对河流安全性、生态性、美观性及亲水、休闲性的综合需求。

连州市地处连江上游，全市总面积 2663km²。其中，山地占总面积的 61%，丘陵占 13%，谷底平原占 26%。属粤北丘陵山区。连州市内主要河流有星子河、东陂河、三江河、九陂河，四条河流汇合为连江，其中东陂河流域面积占全市总面积的 31%。金坑河为东陂河主要主流，治理总长度为 10.6km，其中金坑干流 5.5km，支流 5.1km。干流下游治理起点为金坑河汇入东陂河的河口，上游讫点为观音山村，河道宽度约 15～20m。

金坑河治理工程平面布置示意图如图 8.3－1 所示。

金坑河干流治理工程的干流段为"广东省山区五市中小河流治理工程"2015 年度的生态示范性项目。本次治理从各河段不同的区域位置、河态河况及生态景观需求出发，因地制宜，提出了不同治理理念和措施。出口段离村落位置较远，以稳定河床、强化

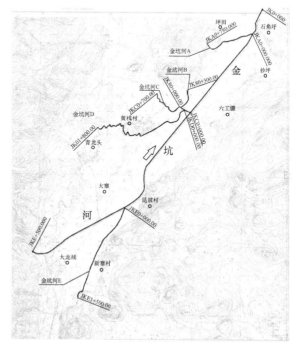

图 8.3－1　金坑河治理工程平面示意图

防洪安全功能为主；河道下游人口密集区域重点段在提高防洪能力的同时，以区域内生态修复及景观改造为主，使河流生态与人文环境有机的融合在一起，充分体现出人与自然"相融性"的治理理念；河道中上游段以加固护岸、修复岸滩及保护现状自然生态为主。

在本次金坑河干流综合治理中，下游重点段生态修复及景观改造的成功尝试，让河流回归自然，促进人与水的和谐，保护了水生态系统，加强了水生态文明。

**二、河道分段治理概述**

本次综合治理根据各河段的区域位置、河流形态及区域内居民文化、生活需求等分段进行治理。对于出口远离村庄段以新建护岸满足功能需求为主，使水流归槽，河床、河岸稳定。下游重点段通过拓宽河道、疏浚河床、重建护岸等措施提高防洪能力，同时重点进行生态修复及景观改造，着力于生态文明建设，使该区域形成人与自然相融相通的宜居生活圈。中上游段河岸较为稳定，河流依势而流，河岸自然生态，治理中只加强了河岸护脚功能，同时对部分河岸及河滩的生态进行简单修复。

本次治理重点突出于下游重点段人与自然"相融性"的治理理念，在保障河道行洪安全的基础上，改善了河流环境，在全力对河流周围自然及生态群落进行多样性修复的同时，努力大胆地进行景观改造的尝试，使河流生态与人文环境有机的融合在一起。

金坑河干流各分段治理底蕴相通，理念相连，使其在治理后成为人水和谐的特色生产生活圈及景观旅游区——"金坑银带"。

（1）出口段离村庄位置较远，但经多条支流汇水后，水量较大，且沿程无护岸措施，两岸冲刷较为严重，农田安全受到一定程度影响。本次治理采用新建护岸以满足防洪功能需求为主，使水流归槽，使河床、河岸稳定，两岸及农田安全并存，该段河道的治理成效如图8.3-2所示。

（2）河道现状，下游区域为人口密集区，为重点治理段。该河段内共有三座桥梁，一座水陂，现状河道紊乱，局部淤积较为严重，河道存在缩窄口，影响了水流通畅。故该重点河段防洪需求要加强，河道生态需修复，景观更有待改善。本次治理从点到线到面，围绕着三桥两河一陂头开展河道水流控导、滩地生态修复和岸线景观改造设计，使该段形成人与自然相融相通的韵味。治理后效果如图8.3-3所示。

图8.3-2  治理中的出口段

图8.3-3  下游重点段初步治理后效果

（3）中上游段离村庄位置较远，现状砌石挡墙护岸保留较为完好，两岸局部大树植物群应运而生，河流顺畅，两岸生态较好。本次治理旨在保留并延续其固有生态性，尽量维持现有天然河道，加强河道防洪护岸能力，提升两岸生态景观视觉效果，创造适宜水生物生长的生态环境，进一步提高河流的自净能力，更好地维护河道的生态平衡。

图8.3-4  治理中的中上游段

1）本段河道河势较为顺直，比降较大，沿程出现掏脚情况。本次治理拟在堤脚掏刷处回灌混凝土，并在两岸堤脚处设置格宾笼固脚，为节省工程投资和更好地进行生态修复，格宾笼在平行河道方向上的堤脚处每4m设置一个宽2m的格宾笼，格宾笼埋深0.5m，同时对沿程出现破损的挡墙进行原位修复，在河床比降较大位置设置格宾石笼景观低位陂，以提高挡墙护脚功能和增加生态滚水效果（图8.3-4）。

2）该河段治理着重在于水生态修复，在已有格宾笼护脚位置形成落淤或覆土并种植适宜生长的水生物，同时在掏空处回灌混凝土采用生态混凝土以适宜水生物的成长，水生态的修复既能连片形成景观带更有护脚固基的功能。

### 三、下游重点段治理

#### （一）现状分析

河道现状下游重点段为人口密集区域，交通交错延伸，人口流动性大，是区域内较为繁华的三角地带。该河段内共有三座桥梁，其中有两座新桥、一座古桥，另有一座水陂，新桥有待进行局部加固和修复，古桥以保留现状古式风格为主进行针对性修复，水陂已局部破损，需进行整体拆除后，重新修筑（图8.3-5）。两岸树不成群，杂草丛生。河道位于第二座新桥下游处位置受支流汇入影响，形成局部深槽，影响现状一岸侧岸坡稳定，同时河道紊乱，局部淤积较为严重，存在有岸滩无护岸，且河道有缩窄口的情况，影响了水流通畅及岸滩稳定。

总之，位于该重点地段防洪防汛需求有待进一步加强，河道生态景观性较差，虽尚存有一些有自然风光，但少了人与自然的相融相通的韵味，生态有待进行修复，景观有待进行改造。

图8.3-5　陂头位置现状上下游情况

#### （二）治理思路

本区域治理理念不仅要突出水与自然并存，更是要显现出两者与人文的充分融合。故从该点出发，本次重点段治理措施围绕着点-线-面的方向进行河道的综合治理。以靠近下游侧现状两座桥梁位置（JK0+527.380、JK0+717.000）为基本点，对两岸进行功能性需求设计和生态修复、景观改造的双线治理（图8.3-6），同时对旧古桥进行修复以保留现状风格形成独具一格的风景线，以及对现有陂头进行重建形成多线景观。使其形成完整、生态的休闲旅游闭合圈，达到点、线、面的完美结合，满足人与自然的相融相通性。

考虑到该区域淤积较为严重且为河道缩窄口，该段河道清淤底高程按原天然纵坡控制，清淤不改变原河道纵坡，以使上下游底高程平顺衔接，本次河道整治，要保证有足够的排洪断面，避免出现影响河道宣泄洪水的过分弯曲和狭窄的河段，以维持主槽保持相对稳定，故在该河段适当拓宽河道宽度，确保河道排水顺畅。从节约投资及与当地生态环境协调角度考虑，在满足防冲防洪要求下，对于常水位变动及冲刷区域采用埋石混凝土硬质护岸、护脚，同时外露部分面层贴砌卵石以增强景观视觉效果。常水位变动区以上区域重点进行生态景观改造，如采用植草皮护坡增强景观绿化效果，新建亲水性景观卵石步道及

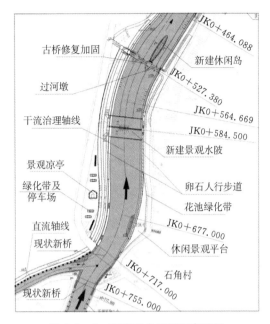

图 8.3-6　下游重点段平面布置图

仿木栏杆，亲水性观光平台及小型桥头公园等。

**（三）下游古桥至陂头位置方案设计**

如图 8.3-7 所示，本河段以拓宽河道、顺理岸线、重建护岸、加强护底等具体措施以满足于河道防洪防汛功能需求。在生态修复及景观改造方面，对于常水位变动及冲刷区域采用埋石混凝土硬质护岸、护脚，同时在水位变动区外露部分面层贴砌卵石以增强景观生态感。常水位变动区以上区域则进行柔性生态护坡，如采用植草皮护坡增强景观绿化效果。在断面设计方面，左、右岸挡墙至河滩位置采用亲和性较强的卵石步道并采用卵石大斜坡过渡至河滩，后用大块石衬底，以提高陂头下水流对河岸的冲刷，同时与陂头的卵石缓坡形成连通的亲水区；左岸挡墙顶则设置高水位亲水鹅卵石人行步道，外侧设置新型仿木栏杆，栏杆底脚处采用西岸片石衬面，真正做到生态出于点，亮点成就于生态效果。平台内侧进行固脚后草皮护坡过渡至岸顶景观路面。右岸则平路面高程新建卵石步道并新建卵石砌筑花池作为绿化过渡。两岸做好各部位新建步级的过渡使用，使该区域形成人与自然相融相通的宜居生活圈。

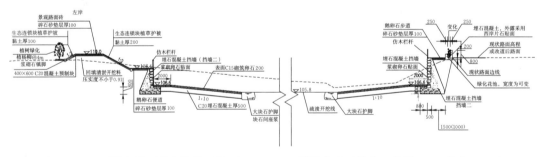

图 8.3-7　下游古桥至陂头位置（JK0+564.669）设计方案（单位：高程，m；其余，mm）

**（四）陂头至上游新桥位置方案设计**

如图 8.3-8 所示，本河段是下游古桥至陂头河段方案设计的延伸，但考虑到陂头蓄水的影响，本段在挡墙堤脚处不设置涉水人行道及缓坡亲水平台。但在桥头位置充分利用现状宽敞的空间新建小型桥头公园，内置有小型停车场和景观凉亭，并做好区域内绿化景观设计。右岸位置则清理现状的杂草空地成观景平台，观景平台采用具有当地特色的西岸片石砌筑而成，区域内大树保留并采用浆砌卵石圈围形成景观座凳，横跨小排洪渠处则采用小拱桥，面层贴砌卵石，同时做好区域内绿化景观建设，让河流回归自然，促进人与水的和谐，加强水生态文明。

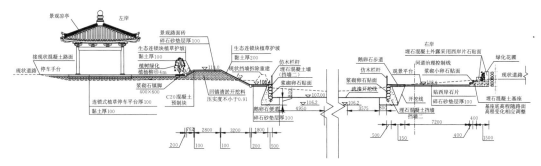

图 8.3-8　陂头至上游新桥位置（JK0+677.000）设计方案（单位：高程，m；其余，mm）

**（五）建筑物设计**

现状水陂破损严重，本次综合治理则在不改变原有陂面高程的前提下，采用新建亲水性较强的缓坡滚水陂，即采用1：6的浆砌卵石滚水陂，同时在镇脚处贴砌花岗岩以示点缀（图8.3-9）。为了满足涉水活动生活圈的需求，在陂面上还新建了过河休闲墩。下游古桥则利用原有上下游衔接段拆除的具有当地特色的西岸石砌筑修复桥墩，并增加一孔以提高该处位置的过流能力，桥面板则采用与之匹配的西岸片石贴砌，体现出浓浓的仿古气息。本次古桥的修复加固旨在保留原有风格，同时从治理全局出发，还融入了人行便道，水景观的需求。即在桥上游新建大块石景观陂兼顾人行过河功能，同时在桥墩上砌筑环墩小步道，在大墩迎水面侧增加门式造型景观墩，通过两岸下河卵石步级形成桥下人行便通区，与古桥交通形成具有层次较强的画面感。同时桥梁大墩后侧利用叠石措施将现有大树圈围形成墩后休闲景观岛，并设置有上桥下河的卵石步道交通，岛上铺设休闲步道并完善景观绿化，使其在古桥后侧形成具有特色的景观条带。

**（六）上、下游延伸段设计**

延伸段以"上接下顺"为原则，做好护岸护脚与生态景观的合理衔接和过渡，形成连续的防洪及生态体系。如图8.3-10所示，上游延伸段"上接"即以修复现状挡墙，维持两岸现状生态景观，修复两岸河滩水生态，新建卵石步道为主。而下游延伸段"下接"则是满足于防洪要求前提下，与重点段"相融性"设计理念的顺接，具体措施为新建挡墙护岸及齿墙护脚，同时堤脚处预留人行河中道，常水位以上仍采用草皮护坡等景观护岸，同上游息息相接，在右岸护坡位置还设置有卵石字体草皮护坡的新型护坡型式。岸顶以完善路面交通及大树绿化为主。

**（七）"相融性"理念贯彻成效及治理后效果评价**

由于当前河道治理工程所处的自然条件与社会环境往往都具有复杂性，所受到的制约因素也非常多，同时在社会发展的各进程有着不同的阶段性治理理念。所以这更要求我们需与时俱进、创新思维，适时、适地提出综合治理的理念，并得到有力、高效的贯彻和实施。

本次金坑河干流治理工程下游重点段项目"相融性"理念的提出，融入了生态与景观的因素，追逐了时间的步伐，适应了当地的人文背景，回衬了人与自然的一体化。目前现场已初步形成治理面貌（图8.3-11），对当地社会的可持续发展和居民生活环境的提高奠定坚实的基础，得到了当地群众的一致好评。

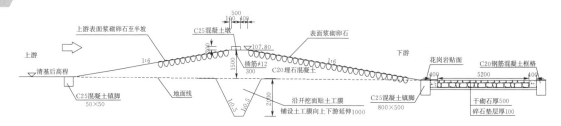

新建陂头横剖面图

新建水陂

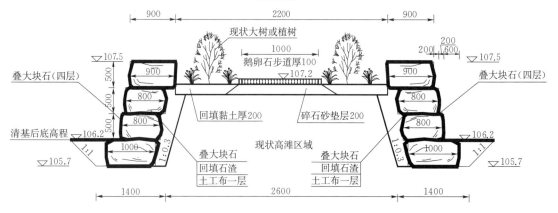

休闲岛标准剖面图

C－C 剖面图

图 8.3-9 建筑物设计方案（单位：高程，m；其余，mm）

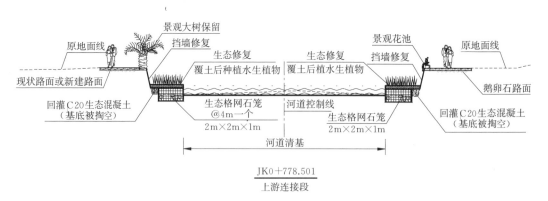

JK0+778.501

上游连接段

图 8.3-10（一） 上下游延伸段设计方案

上游连接段在建情况

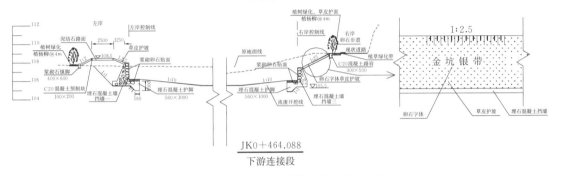

图 8.3-10（二） 上下游延伸段设计方案

### 四、金坑河治理小结

一直以来，大江大河治理工作一直受到广泛关注，但中小河流治理却相对迟缓；在中小河流治理中更多的是重视防汛防洪治理，而忽视对水生态环境的改善。近年来，中小河流治理已日益成为水利工作的重要组成部分，尤其是在"十二五"规划中更是进行了特别的强调，然随着治理的不断深入，社会经济的不断发展和人文水平的不断提升。在保障河道行洪安全的基础上，更需要改善河流环境，在全力对河流周围自然及生态群落进行多样性修复的同时，努力

图 8.3-11 相融性治理效果

大胆地进行景观生态改造的探索、尝试和应用，将人类社会与自热环境有机地结合在一起，最终实现河流，生态与人文融为一体的综合治理目标。

本次金坑河干流治理项目，立足于现状河道防洪防汛功能需求，努力创造具有活力，有多种生物生息、繁衍、有个性的中小河流文化。在治理中做到因地制宜，分段而治，突出重点，大胆尝试，并紧紧围绕地方人文特色和结合新农村建设成果展开深度探索。

# 第九章

# 中小河流整治效果研究

中小河流治理工程，是一项公益性的社会系统工程，规划实施后将会取得较好的防洪效益、社会效益、生态环境效益。实施中小河流治理后，可显著恢复河道功能，提高河流沿岸城镇、村庄及农田行洪过流能力，重要防护区防洪能力有较大提高，保障人民生命财产安全。可减少洪涝灾害造成的不稳定因素和不利的政治影响，维持正常的生活与生产秩序，支撑地区经济社会健康可持续地发展。通过河道清淤、岸坡整治和堤防加固等建设，在减少中小河流洪涝灾害的同时，可改善河流沿岸交通、绿化和休闲环境，对城镇、乡村群众的居住、生活、生产环境，起到美化和促进作用。目前，广东省已基本完成第一期中小河流治理，治理河段已经受洪水期考验，河道行洪能力得到明显提高，河流及两岸环境得到改善，同时打造了一批具有当地水文化水景观特色的典型工程，取得较为明显的社会、经济效益。主要表现为以下几个方面。

（一）中小河流防洪减灾能力显著提高

在近年来的中下河流治理工作中，通过提前大规模实施重灾易灾河段"三清"工作，高效推进试点项目建设，通过对中小河流治理实行工程措施和非工程措施相结合的方式，对河道采取清淤疏浚、砌坡护岸等工程建设，极大地改善了中小河流的行洪能力，有效提高了沿河村镇的防洪减灾能力，治理后的中小河流在抵御龙舟水和汛期洪水中发挥了明显成效。防灾减灾成果初步总结如下：

清远市 2016 年平均降雨量 2228.8mm，比多年平均偏多接近二成，其中入汛以来共有 16 场大范围强降水过程。据统计，2016 年清远市农作物受灾面积 5.4 万亩，受灾人口 5.9 万人，倒塌房屋 25 间，直接经济损失 3605 万元，将灾害损失降到最低限度，实现了罕见的人员零伤亡，防灾减灾效益明显；经对比清远市连江、滃江、滨江等主要河道站点 2013—2016 年最高水位和最大流量的数据可以得出，三条河流的最高水位和最大流量呈下降趋势，说明通过中小河流的整治，基本达到河畅的目的。

河源市 2016 年平均降雨量较常年偏多 50%，其中出现范围广、强度大的强降雨达 4 次之多。尤其是 2016 年 22 号强台风"海马"带来的强降雨，10 月 21 日 8 时至 22 日 8 时，有 43 个站点降雨超过 100mm，降雨主要集中河源市南部地区，最大降雨量出现在紫金县苏区镇，达 244.5mm，主要降雨地点有：紫金紫城镇 217.5mm、乌石镇 174.5mm、上义镇 172.5mm，龙川紫市镇 190mm、义都 174mm、东源上莞镇 161mm、康禾镇 156mm。强降雨导致东江一级支流义都河出现 10 年一遇洪水。由于今年经过大规模的

"三清一护"治理后的中小河流有效降低了河床高程，拓宽了河床断面，巩固了河道岸坡，加大河道泄洪能力，缩短过洪时间，降低洪水水位，使没有设防的天然河段提高到3～5年一遇标准，不足5年一遇防洪标准的区域提高到10年或以上一遇，使洪水淹没范围和时间大幅减少，受灾面积也大大减少，减灾效果非常明显。据统计，"海马"致全市7个县（区）92个乡镇11.19万人受灾，与2013年"8·16"洪灾相比，一样雨情、两样灾情。全市受灾人口下降71.6%，受灾农作物面积下降43.1%、倒塌房屋下降87.7%、转移人口下降85.5%、人员伤亡数量下降95.7%、经济损失下降74.9%（直接经济损失2.49亿元）。紫金县洋头河治理工程实施后，经历了2016年22号强台风"海马"带来特大暴雨袭击，10月21日8时至22日8时，最大降雨量达244.5mm（洋头河苏区站），但基本上没有发生大的灾害，河堤安全度汛，在抵御这次强台风"海马"发挥了显著作用。龙川县铁场河治理工程实施后，在今年4月多次山洪中发挥了作用，受灾人口、人员伤亡和倒塌房屋均为"零"，取得了显著的防灾减灾效果。

梅州市在2015年罕见的冬汛和2016年汛期的防汛防洪过程中，全市虽遭受多轮强降雨，但未造成大面积的山区洪涝灾害，经过治理的河流发挥了防洪减灾的明显效果。据不完全统计，全市8个县（市、区）减少房屋受浸面积545万m²，减少农田受浸面积19.7万亩，减少受灾人口42.87万人，减少经济损失达5.5亿元以上。兴宁市黄陂镇黄陂河治理实施前，每逢降雨量达到70～80mm，就有大面积农田和房屋受浸，当地群众对"年年受淹、一下雨河水就上岸"的情况苦不堪言。治理后，2016年1月以来，经受了多次日降雨量超过120mm的洪水考验，而没有再发生受淹情况。蕉岭县广福镇乐干河治理前，2013年5月日降雨量为110mm的情况下，出现了大片农田和圩镇街道受浸的情况。治理后2016年1月该镇经受住了日降雨量为119mm的洪水考验，河道行洪能力明显提升，没有再发生洪水淹浸农田、房屋的情况，当地群众对此项工程的成效赞不绝口。

韶关市实施山区五市中小河流项目后，通过对河道进行清淤疏浚，有效降低了河床高程，拓宽了河床断面，加大河道泄洪能力，缩减过洪时间，降低洪水水位，使洪水淹浸范围和时间大幅减少，成灾面积也大大减少，多次暴雨形成的洪峰水量迅速下泄，河坝、桥梁安然无恙，两岸农田、村庄、镇街基本没有受到影响，切实提高了河道的防洪减灾能力，保护人口约61万人，保护耕地约55万亩。

云浮市近三年来，面对复杂多变的天气情况和"彩虹"等强台风的考验，治理后的河道行洪畅通，生态和防洪效益明显。2015年台风"彩虹"期间，云浮市普降特大暴雨，全市83个站点累计雨量超100mm，14个站超300mm，其中罗定黄鹤塘水库过程累积雨量达470.4mm，新兴禅龙峡累积雨量达408.9mm，南江流域出现了20年一遇的洪水，其中罗定江上游尤为严重。罗定古榄水文站于10月5日12时，出现历史第4高洪峰水位，达11.15m；郁南官良水文站于10月6日凌晨2时出现历史第3高洪峰水位，达33.21m，超警戒水位2.21m。但云浮市治理后的中小河流经受住了"彩虹"的严重洗礼，其中罗定市罗镜河完成治理的河段比治理前有效降低行洪水位1～1.5m，有效保护了两岸4.5万人、9600亩农田的防洪安全；太平河有效降低了行洪水位0.6～1m，洪水顺利通过了圩镇河段，保护了圩镇数千户共3.5万人及附近近万亩农田的安全；郁南县千官河和建城河治理工程在"彩虹"期间安全度汛，捍卫了千官镇2.6万人、1万多亩农田及建城镇2.3

万人和 7000 多亩农田的安全；新兴县大南河治理河段完工后，洪水在河道安然通过，沿线河岸安然无损，农田村庄免受洪水威胁。云安区佛洞河治理前的 2014 年 3 月 30 日，高村镇录得最大降雨量达 150mm，佛洞河流域水位急速上涨导致佛洞村委 1500 多人受灾，300 亩农田受浸，要出动冲锋舟救人。治理后，2015 年 7 月 20 日虽然当地再次遇到 150mm 的大暴雨，佛洞河相应河段洪水安然通过，群众站在治理后的河岸上休闲观水。2017 年龙舟水期间，河源市普降大雨到暴雨、局部大暴雨，最大 24 小时降雨为紫金县苏区镇 244.5mm，受其影响，秋香江、船塘河、义容河等中小河流水位涨幅达 1.42～4m，但通过治理后的秋香江、船塘河和义容河，洪水平稳过渡，无人员伤亡，受淹的情况少了，灾情也比往年减少了很多，实现"零伤亡"的防灾成绩，发挥了很好的防洪减灾作用。2017 "苗柏"台风带来的强降雨中，紫金县的直接经济损失也仅为 237 万元，洪涝灾害损失比 2013 年 "8·16" 洪灾损失 4.3 亿元明显减少；清远 2017 年因灾死亡 0 人，直接经济损失 0.17 亿元；云浮在 2017 年台风 "帕卡" 期间，新兴县有 5 个站点录得超过 100mm 降水，其中太平镇水浪村录得全县最大过程雨量 137mm，其余各站雨量均超过 50mm。洪峰经六祖镇西睦村时，与同强度降雨对比，河道水位下降接近 1m，沿线均没出现受灾情况；廻龙河东成镇古院段和镇政府段由于疏浚了河道，河道水位下降 0.5m，行洪速度明显加快，未造成淹浸情况。

从数据的统计中可以看出，近年来，已治理段中小河流因暴雨洪水灾害造成的人员伤亡和经济损失数量与多年平均相比大幅下降，降幅分别超过 80% 和 40%，河源、梅州、清远等市部分地区降幅尤为明显，当地老百姓对此赞不绝口，人民群众获得感明显增强。展望未来，随着中小河流治理工程和非工程措施的逐步推进，山区五市的洪水灾害，特别是局部性暴雨洪水灾害造成的人员伤亡和经济损失将会大幅度的减少。

（二）大大改善治理河道周围生态环境

广东省中小河流治理坚持生态治河理念，从设计、施工到管理，都十分注重对当地生态环境的保护和河流生态的改善。在设计上，注重保护河道的自然特性，划定"禁止侵占河道、不得裁弯取直、避免渠化河道"三条红线，要因地制宜，在满足防洪安全的前提下，河道护岸护坡材料优先考虑当地材料和本土植物；在施工过程中，尽量保留河道沿岸不影响过洪的沙洲、滩地和植被，保护河道生态系统；在管理机制上，制订和落实"河长制"，落实管护人员和资金，建立群众监督体系，保障工程完工后的维护和管理，防止生活垃圾对河流环境的污染使治理河道周围生态环境得到根本性改善。涌现了一批结合新农村建设、美丽乡村、乡村旅游绿道、精准扶贫的美丽生态示范河流。

例如在乳源县设立了两个生态治理试验点，采用乡土植物和生态原木边滩防护等措施对河岸进行生态修复，改善了水土流失造成的河滩淤积，最大限度地保留了河滩的原貌。清远英德市水边河、连州市金坑河、大小龙河、夏东水、畔水河，佛冈县潖江上游，阳山县七拱河流域，连山小三江、上帅河；梅州的梅江区白宫水，梅县荷泗河、五华的矮车河、小都河，丰顺南寨水；河源源城区埔前河，龙川县铁场河，连平县大席河，紫金县柏埔河，和平县李田径；韶关新丰县梅坑河、新丰河，翁源横石水，乳源县重阳水；云浮罗定罗镜河，新兴县大南河、郁南县南江，逍遥河等一大批的中小河流通过治理，极大地改善了当地的环境，使中小河流治理工程成为当地的景观工程、群众休闲活动场所和享受自然、亲近河流的生态工程，受到当地群众的一致好评。

（三）促进当地镇村经济发展

在中小河流治理过程中，各地坚持综合治理、生态治理，整合水利、交通及新农村建设各项资金，融合新农村建设、美丽乡村建设、乡村旅游绿道建设、精准扶贫项目，涌现了一批美丽生态示范河流，吸引了大量外地游客，乡村旅游成为当地新的经济增长点，促进农村经济发展。如梅州市、清远市整合涉农、涉水各项资金，将河流治理与当地镇村的基础设施建设有机结合起来，大大改善了沿河道路、桥梁及农田水利设施条件，为当地发展农业生产和农村经济提供便利。梅州市梅江区白宫河经过治理，把原来"脏、乱、差"的河道打造成水清岸绿的公园，更有不少市民以水陂、水车、跌水小瀑布为背景拍摄婚纱照；清远连州市丰阳镇畔水村，村民利用河道治理后的良好生态环境，将水田改种花卉，形成花海景区，并打造成婚纱摄影基地，促进旅游经济发展，增加自身收入；河源源城区埔前河与"春沐源岭南生态小镇"结合，带动乡村经济发展；清远英德市的水边河（九龙镇段）治理项目结合特色旅游开展设计和施工，治理完成后，当地政府引进优质旅游公司将周边区域连片打造成"九龙小镇"旅游点，吸引了一大批游客到此游玩。

河源源城区治理后，七礤河、埔前河沿途更是兴起了乡村旅游的热潮，周边新建农家乐共 12 间。埔前引进春沐源项目，吸引投资 200 亿元，将其打造成为有山、有水、有人文、有产业，让人愿意留下来创业、生活的特色小镇。和平县在规划热水镇河流治理时，把中小河流治理项目与发展全域旅游、建设休闲温泉旅游相结合，在保证防灾减灾、岸固河畅、安全经济、长效管护的基础上，兼顾生态、景观、旅游、度假等多层次的功能，通过清淤疏浚及生态固脚护岸整治后，河水清澈见底，两岸植被生态优美，载满游客的游船、竹筏在河道上畅游无阻，成为该镇发展旅游的一大亮点。和平县先后获评"全国休闲农业与乡村旅游示范县""中国温泉之乡""广东省旅游强县"。

清远英德市水边河整治工程结合英西峰林走廊、黄花公园、"黄花赵州桥"、当地竹筏漂流、彭家祠（小布达拉宫）等景点规划，在河道沿岸新建了 16km 里的便道，在黄花城下村新建固滩、亲水平台等，极大地美化了沿岸景观，与特色小镇和乡村旅游有机结合，对当地旅游业发展起到了促进作用。连山县对河道沿岸具有连山壮、瑶特色的民风民俗、古朴村落进行深挖、保护和完善，辅以生态治理，积极营造水景观、挖掘水文化。

梅州梅江区政府以周溪河治理项目为基础，计划斥资逾亿元沿周溪河打造"十里梅花长廊"，形成集环境整治、河道景观提升、文化休闲设施、历史精神展现建设于一体的梅花主题综合景观带；平远县石正河治理工程项目建设形成河槽的景观化、水形的景观化、岸坡的景观化、堤顶路的景观化等多种融合设计处理方式，除工程本身自成一景外，堤顶路和乡道相结合，使原本缺少规划的道路相互贯通，带活了地方经济，沿河的石正村还利用石正河良好的水质，探索"鱼稻共生"生态种养殖模式，稻田、河流与远处的南台山相映相衬，构成一幅美丽的风景画；五华县矮车河结合益塘水库旅游区，在矮车河左岸沿线打造旅游休闲绿道，在沿途村庄建立 5 个休闲节点和驿站，使河道治理后达到岸清水绿、生态美观的效果。

广东省中小河流进行治理后，起到了防灾减灾的效果，还给人民一个水清、河畅、岸绿、景美的生活生产环境。治理效果明显，典型工程前后对比照片如图 9.1-1 所示。

清远阳山七拱河龙虎坑治理前　　　　　　　　清远阳山七拱河龙虎坑治理后

清远市连山县太保河治理前　　　　　　　　清远市连山县太保河治理后

清远市连州县金坑河治理前　　　　　　　　清远市连州县金坑河治理后

河源东源县黄村河治理前　　　　　　　　河源东源县黄村河治理后

图 9.1-1（一）　典型工程前后对比照片

云浮郁南县黑河治理前　　　　　　　　　　云浮郁南县黑河治理后

图 9.1-1（二）　典型工程前后对比照片

# 第十章

# 水文化、水生态与水景观建设研究

广东省中小河流水文化、水生态与水景观建设旨在通过河流综合治理，恢复和创建河流生态廊道功能，维持河道生态平衡。在河流水岸景观建设中融入新岭南文化，建设岭南特色的文化河流景观。通过人们的亲水活动，提高公众的人文素养，推进文化传播，弘扬岭南优秀文化。

## 第一节  水文化建设研究

水文化是以水为基础产生的文化现象，是人以水为基础而进行的活动，以及在此类活动中人与水的关系、人与人之间的关系。河流通过其运动性、可视性和永恒美学价值等特性影响着人们的美学倾向、艺术创造、感性认知和理性智慧，从而塑造了区域性的民风民俗和文明水平，进而赋予河流丰富的文化内涵。

传统治河过程中多采用单一形式的梯形钢筋混凝土护岸与复合式钢筋混凝土堤岸形式，没有把区域文化融入河流治理工程之中，不能形成文化载体，河流景观难以对人的感官刺激产生联想，影响人们的美学倾向、艺术创造、感性认识和理性创造。

基于岭南文化的水景观建设，主要是通过历史挖掘，构建文化主题，以水岸景观作为载体，把新岭南文化要素融合到水景观建设中，并通过水岸景观对岭南文化进行传承与创新。

### 一、岭南文化的特点与内涵

#### 1. 岭南传统文化

文化是一个国家或地区综合实力和可持续发展能力的重要组成部分，是一个地区发展的软实力，是人们在历史发展中形成的风土人情、生活方式、行为规范、思维方式、价值观念等。钱穆提出"文化是全部历史之整体"，"中国文化至少经历了两千年的长期演进，直到春秋战国时代始渐臻成熟。中国秦汉大一统完成，中国文化的全部机构组织方开始确立"。

地方文化是指在长期经济、历史、地理、人文等因素影响下，人们创造的一切具有区域特色的物质和精神财富总和。它既包括具有地方特色或凝聚地方精神的客观实体，也包括隐性的地方特色精神、理念、风土人情等。

古代岭南开发较迟，社会经济落后，被中原王朝视为化外之地，岭南文化比中原文化稍晚。秦统一中国后，随着中原人不断南迁，中原文化不断向岭南传播，岭南汉族地域文化与土著民族文化交替演进，至唐代以后岭南文化渐趋成熟，明代全面确立。从地域上来说，岭南文化大体分为广东文化、桂系文化和海南文化三大块。广东文化是在土著南越文化基础上，以中原汉文化为主体，博采其他民族和地域文化之精华，经过长期融合、创新、升华而成的一个区域文化体系。广东文化主要包括广府文化、客家文化和潮汕文化。在这三大文化体系中，以广府文化的区域分布最广，影响最大。

广府人主要分布在广州、佛山、深圳、东莞、中山、珠海等富庶地区，人口众多。广府地区的经济、文化十分发达，对全省乃至全国影响巨大。开放兼容、勇于创新、以和为贵、崇尚务实是广府文化的典型特征，广府文化的这种价值取向与我国当今社会的发展需求相吻合，与构建社会主义和谐社会的目标相一致。客家人是中古时期因战乱而南迁的大批汉人，分布在闽、粤、赣三省交界地区，并在这一相对封闭的山区逐渐形成了相对独特的方言。一般把刻苦耐劳、刚强弘毅、辛勤创造、团结奋斗、革命精神、开拓精神等作为客家文化特征。潮汕人是东晋南朝时代，中原和江浙一带汉人大量迁入福建晋江地区，和其他土著民族融合，进而进入潮汕地区，并与当地土著融合而形成。潮汕文化指以旧潮州府一带为核心、以韩江三角洲为中心地域的地方文化，其主要特征为使用潮汕方言。一般把自强不息、海纳百川、冒险开拓、勤奋务实、乐施好善、勤俭节约、抱团凝聚等作为潮州文化特征。由于历史源流的关系，潮汕文化又与闽地方文化有着十分密切的联系。

### 2. 新岭南文化

2012 年 12 月，广东省委书记胡春华在广州调研时提出"发展新岭南文化，培育文化产业，打造新岭南文化中心，建设世界文化名城"。对于新岭南文化代表性的论点有"新岭南文化既脱离不了传统岭南文化，又是对传统岭南文化的反思、批判和创新、重组，是对传统岭南文化资源的挖掘和开发；它是一种包容文化和开放文化，具有包容、差异和多样性"。"新岭南文化要既继承和弘扬传统的岭南文化精华，又吸收广州近现代形成的科学、民主、法治等传统，融入社会主义先进文化体系，又自成一派，体现出鲜明的地域特点和时代特色"。

综合近年来的研究成果，新岭南文化可概括为以下特点：一是新的岭南文化；二是新岭南的文化；三是客家文化、潮汕文化和广府文化的综合文化；四是北方移民文化和舶来文化与粤文化改造版的文化；五是"打通南北、贯穿东西"的文化；六是根植于历史与传统、具有与时俱进的时代性与敢为天下先的试验性，并得到珠三角、泛珠三角地区、粤港充分认同的文化；七是面向未来、面向整体、面向实践的新时代的具有岭南文化内涵和风格的文化。

### 二、岭南文化景观元素

从目前岭南文化研究内容的分类看，其文化元素可以包括方言、民系文化特征、民俗、历史文化与考古、历史人物、宗教文化、地方剧与地方文艺、音乐与舞蹈、民间工艺美术、建筑及民居、饮食文化等。

### 1. 方言与艺术

广东方言是广东文化构成的一部分，是广东文化的载体，对广东文化的传承与创新起了重要的作用。广府人的粤语文化充满地方特色，如粤剧唱腔繁多、表现力强，近年来粤

图 10.1-1 佛陶艺术

语流行歌曲、戏曲风靡全国，广府文化中的咸水歌、粤讴南音、龙舟歌曲等民间演唱形式在群众中极有影响和生命力。广府文化中的佛陶（图 10.1-1）、广式法郎、广式木宫灯、广绣等艺术种类在国内外都具有很大的影响力。

客家人"宁卖祖宗田，不忘祖宗言"，故能世代相传。客家山歌源远流长，梅县号称"山歌之乡"，基于客家话的广东汉剧具有独特的风格特点及客家风情。潮汕方言是闽南语的一种，潮剧剧目种类繁多，曲调多样，在国内外享有盛誉。

2. 聚落

在文化景观要素中，聚落是最为直观的文化形式，是人们生产、生活的建筑群，综合反映当地的自然环境、经济、科技、文学艺术、宗教、民俗等。广东古聚落布局形式受地理环境、风俗、历史等因素影响，在布局上有组团状、长条形、阶梯状、丁字形、自由状等（图 10.1-2）。广府民居都是南迁移民，受儒家文化影响，按照家族血缘关系一起居住，在聚落布置上体现尊卑有序及宗法制度。受通风、排水、防潮等要求，布局上多采取前低后高、前塘后山利于排水，同时留有纵横巷道，利于通风。广东古村聚落在布局上受风水说影响较大，如水口建筑，即村落中水的入口处与出口处，讲究"水来处要开敞，水去处宜封闭，能留住财源"。作为村落门户，水口与村落距离远近决定了村落发展规模。

图 10.1-2 番禺沙湾古镇聚落的建筑群

3. 庙宇与祠堂

庙宇分为官府庙宇和民间庙宇两种，是官府和地方富豪通过神明信仰维持区域社会秩序和社会文化结构的工具。祠堂是民间的祭祀场所，大多为宗族祠堂，用来祭祀先贤，如广州番禺沙湾镇的何氏祠堂,饶平县黄冈镇霞绕乡的奉先堂。岭南居民家族观念受儒家文化的熏陶,重视家族传承。祠堂建筑形式和规模遵循中国传统祠堂的建造原则,平面布局以一路三间三进为最普遍,严谨的中轴对称布局,体现了中国传统文化中的宗族文化(图10.1-3)。

#### 4. 民居

作为构成聚落的组成部分,民居与自然地理环境、社会环境及风俗等相适应,如广府民居的竹筒屋、三间两廊、四点金;潮汕民居中单佩剑、双佩剑、爬狮、驷拖马车等;客家民居中的围楼、走马楼、四点金、围龙屋。民居装饰和布置也充满岭南特色,如蚝壳墙(图10.1-4)、镬耳山墙等。镬耳山墙边的装饰,常是黑色为底的水草、草龙图纹,是广府传统民居山墙上不可缺少的装饰图案,镬耳大屋又称"鳌鱼屋"。另外民居上的龙船脊、风俗彩画、陶塑、灰雕以砖雕均具有岭南特色。

图10.1-3　番禺大岭村陈氏宗祠

图10.1-4　番禺沙湾古镇的蚝壳墙

#### 5. 水街景观

珠三角地区的古村落中仍然保存很多的驳岸与埠头、古桥、榕树、小桥、石板路等水街景观。

(1)驳岸与埠头(图10.1-5~图10.1-7)。顺德逢简水乡是广东典型的古聚落,河网密布,麻石、红砂岩、毛石、砖等砌筑而成的护岸形式坚固、古朴,极具岭南水乡特色。埠头是方便人们上下船的码头,也为人们日常洗涤所用。水埠不仅体现着水道的存在,同时意味着街、巷通向水道边的尽端,是河与路(街、巷)的连接点。通过水埠,河与街巷有了更进一步的联系,不再是两个互不相干的景观元素,而是空间上联结的统一体,并构成完整的村镇交通网络系统。

图10.1-5　驳岸

图 10.1-6　大型埠头

图 10.1-7　小型埠头

（2）桥（图 10.1-8～图 10.1-10）。桥在岭南河道水乡的功能除了交通同行之外，古代还有水口作用。古桥在整个河道上具有点景的作用，在与周围景物融合的基础上，以其恰当的位置和自身优美的形态成为景观中心。桥又有隔景的作用，上桥后四周景色尽收眼底，若乘船从桥下穿过，则更有别样感受。很多古桥柱头雕石狮子，石栏刻花纹图案装饰，极具艺术价值。

图 10.1-8　金鳌桥（建于清朝康熙年间）

图 10.1-9　明远桥（建于宋朝宝庆年间）

图 10.1-10（一）　其他形式桥

图 10.1-10（二）　其他形式桥

（3）榕树。榕树是岭南水乡景观不可缺少的标志和特色，其飘逸的气生根、奇异的板状根以及支柱根所创造的独特景观，常是人们视线的焦点。岭南人有在榕树下聊天、乘凉的习惯，在新会环城乡的天马河边，有一株古榕树，树冠覆盖面积约 15 亩，可让数百人在树下乘凉（图 10.1-11）。

### 6. 民俗文化

广东人民在民族融合过程中保留了传统民俗，也吸收其他民族的风俗。据统计广东汉族区的各种节令包括春节、端午等达 70 多种。这些风俗或体现人们的美好愿望，或是人们对祖先的敬重。中华人民共和国成立后通过弃恶扬善，移风易俗，许多民俗形成了游弋、竞技、体育节目，呈现出新的精神面貌。如在广府文化里，"醒

图 10.1-11　水乡榕树景观

狮""扒龙舟"从来就不是一种单纯的民间竞技，而是与族群集体意识、信仰世界、情感生活紧密联系的重要符号，龙舟运动如今作为一项民俗体育竞技活动，产生于岭南水乡民族特定的社会生存空间，来源于先民的生活、生产方式，与现实生活和社会有着直接的关联，表现着岭南人的价值观念和文化心理结构。

### 7. 人才与科技

人才的产生与分布受社会环境、经济、文化、风俗等影响。与中原相比，古代岭南开发较迟，社会经济落后，无论人才、科技常居于次要地位，梁启超评价岭南"自百年以前，未尝出一非常之人物，可以为一国之轻重"。然而清朝闭关锁国情况下，广东具有地处岭海地理位置优势，广州更是西方文明传播的桥头堡，也造就了近代广东人才辈出，如洪秀全、孙中山、梁启超、康有为等。由于地域的望族、名人、楷模对当地民众的影响巨大，需要通过历史挖掘，结合水文化主题的设计，把上述广东地方文化要素，融合到水景观建设中，促进广东文化的传承与创新。

### 三、岭南文化景观的建设

在中小河流水景观建设中，水文化是水利景观建设的灵魂，缺少文化内涵的景观是没有底蕴和活力的。基于广东文化的水景观构建，首先是水文化宣传主题的设计，要充分研

究当地的自然地理条件、人文背景、历史风俗、科技发展等要素，深入挖掘地域文化的内涵，设计文化主题。水文化的主题设计除传统文化外，还要注意把时代精神和当代楷模等与水景观相结合，宣传当代的社会注意核心价值观。

其次是通过必要的景观要素展现地域文化。如对于广府聚落文化可以选取蚝壳墙、镬耳山墙等设计景观亭台，另外广府民居的龙船脊、风俗彩画、陶塑、灰雕以砖雕均具有岭南特色。

最后是景观要素的编排策略。对于具有历史意义的地段，如古建筑、历史遗迹等，设计者应尽量予以保留、维护，可以通过重新塑造历史场景或构建历史景观要素，让人们以片段性场景和历史回忆，引发人们的情感体验。可以采用文学叙事方法，通过文化主题的提炼，景观要素塑造，构建具有广东文化特色的水景观。

# 第二节　水生态环境建设研究

传统的河道治理工程（表现为河道的硬化、渠化、直线化）对河道地貌形态及生态系统都造成了较为严重的破坏，破坏了河道廊道的生态功能，改变了动植物栖息地环境的多样化，阻碍了河流与陆地动植物的交流；并导致水环境恶化，水质下降、生物种类锐减、种类单一。传统河道水岸工程建设（大量使用混凝土、直立式坡岸）隔断了人与河流的天然联系，导致人们难以亲近河流；而亲水性是人们与生而来的一种特性，通过融入水景中，接受大自然的熏陶，解除来自精神和肉体的各种烦恼。由于原有的生态环境被严重破坏，河流水质严重下降，人们的亲水意愿也下降。

对于广东省中小河流综合整治而言，河道生态系统恢复与构建、水环境治理是生态系统恢复的重要基础工作。

## 一、河流生态廊道

河流廊道的概念来源于景观生态学理论，它是一种线形的、带状的景观要素类型，是区域生态建设的重要组成部分。根据景观生态学的原理，利用河流生态系统的生态修复技术，建立绿色河流廊道。保持河流的自然宽度和原有的自然状态，通过建立植被缓冲带，来取代人工砌岸，通过一系列的手段，使河道具有生物栖息地，生物生态河流廊道，滨水过滤带，生物银行等生态功能。

河流廊道从横向上可简化为河道、护岸、滨水过渡带。其功能主要有：

（1）河道。河道是承载水流与泥沙运动的主要通道。其生态效应主要包括：其起伏的异质地形为很多水生动物提供了生活、庇护的场所。同时河道的界面应该具有渗透性，能够使河水与地下水相互渗透和交换，从而形成能量的互补和生态平衡性。这样有利于河道恢复水量的自我调节能力。

（2）河漫滩。由于河道的自然横向摆动及周期性洪水运动，形成了河漫滩。由于水位的周期变化，从而使自然的河道具有深槽、沙洲、河滩等丰富的形态变化。保留河道自然浅滩的生态作用有：控制了河道的侵蚀、淤积过程，也能使河水携带的泥沙及营养物质沉积；形成丰富的生境并为河道动物、河滩湿地植物、鸟类等提供了栖息地和觅食通道；同时河道漫滩有助于控制消纳营养物质，防止养分的流失。

（3）滨河过渡带。作为河道与周围环境的过渡地带，其与河漫滩在水体、生物物种等方面紧密联系。该地带通常生长着浓密的植被，所以可以有效地拦截地表径流和泥沙等，同时也能有效减少水土流失对河道的影响。

滨河过渡带宽度对河道廊道生态功能的发挥有着重要的影响。其与河道宽度与周边用地直接的矛盾比较突出，但其宽度为河道生态改造的主要制约因素。廊道宽度如果太窄会影响河道自然形态的营造及干扰敏感物种的分布及迁移活动，同时降低廊道过滤污染物的功能。因此在河道改造前，研究如何在有限的土地空间上争取最大限度的河道宽度，方能保证河道生态系统的完整性。

**二、生态廊道植被的恢复原则**

广东省中小河流中生态系统恢复与构建的重要工作是建立河流水岸植被恢复。植被恢复是河道生态廊道修复和建设的一项重要内容，植被起到净化水体、为动物提供良好生境、美化景观等重要作用。植被恢复要遵循生态优先原则、适地适树原则、生物多样性原则。

（1）生态优先原则。植物具有生态价值、美学价值、经济价值等。河道生态建设时选取的植物应重点考虑植物的生态价值，如含蓄水源、保护水土、缓冲过滤、净化水质、改善环境等功能，结合植物的美学价值，选取植物。可以在主导功能和所处区域不同，兼顾植物的经济价值。植被恢复必须遵循"生态优先"和"可持续发展"的原则，并以营造良好的生态环境和取得最佳的生态效益为目的。

（2）适地适树原则。乡土植物是当地原有树种，适合当地气候条件，在河道植物配置种植时，多选用当地树种可以提高树木成活率，降低管理费用。此外，乡土树种能够代表当地的地域风情，具有极高的生态价值，文化价值。外来物种有增加管理费用、成活率低的缺点。适应性强的外来植物在缺少天敌的情况下，有很大可能造成外来物种入侵。植物选用应按照"适地适树"的原则，优先选用乡土植物，特别是各地区的原有植物，以及一些适应本地气候的优良外来植物。

（3）生物多样性原则。稳定健康的植物群落往往具有较为丰富的植物多样性，所以要保证河道生态环境的健康稳定，就要提高河道物种多样性。植物群落的多样能够为更多的动物提供栖息地和食物，有利于食物链的延伸。不同生活类型的植物及其组合，为河流生态系统创造多样的异质空间，从而容纳更多生物。只有丰富的植物种类才能形成丰富多彩的群落景观，满足人们不同的审美要求；也只有多样性的植物种类，才能构建不同生态功能的植物群落，更好地发挥植物群落的生态作用，取得更好的景观效果。选用植物要遵循"生物多样性"的原则，尽可能采用多种植物，以增加生态系统的稳定性和可持续性。每隔一定的距离宜更换不同科属的植物，以控制病虫害的大规模发生，营造景观的变化及节奏。

**三、生态廊道恢复的植被选择**

适宜于广东省中小河流水岸生态系统构建与恢复的植物种类库主要包括乔木类、灌木类、藤本类、竹类苗木、草本植物、花坛植物、水生植物。

1. 乔木类

乔木类苗木要求有主干，主枝 3～5 个，主枝分布均匀，乔木类苗木质量以树高、主枝数和移植次数等为规定指标；作行道树种植时，乔木的定干高度（分枝点高）不得小于

2.3m；选择苗木在18个月内至少移植过一次，如果移植次数达不到要求，需提前2～3个月断根。

重点景观、路段建议用容器苗或假植苗，并且要求使用的乔木胸径为7～8cm或以上，木兰科树种及小乔木树种胸径宜在8cm以上。

由于广东省北接南岭，面临南海，山区、丘陵、平原等地貌类型多样，自然地理条件差别也较大，在选用植被类型需要考虑植被的特殊习性。

（1）抗风树种：阴香、樟树、白千层、海南蒲桃、尖叶杜英、细叶榄仁、秋枫、凤凰木、海南红豆、印度紫檀、腊肠树、高山榕、非洲桃花心、芒果、扁桃、人面子、盆架子等。

（2）耐水湿树种：落羽杉、池杉、水杉、墨西哥落羽杉、水翁、蒲桃、黄槿等。

（3）耐盐碱树种：南洋楹、榄仁、黄槿等。

（4）适宜微酸性土壤树种：玉兰、阴香、樟树、蒲桃、铁冬青等。

（5）不耐涝树种：玉兰、白兰、木棉、无忧树等。

2. 灌木类

灌木类苗木质量以主枝数、苗高、移植次数等为规定指标。丛生型灌木主要质量要求：灌丛丰满、主侧枝分布均匀，主枝数不少于5个，主枝平均高度达到1.0m以上。匍匐型灌木主要质量要求：应具有3个以上主枝达到0.5m以上。单干型灌木主要质量要求：具主干，分枝均匀，基径在2.0cm以上，树高1.2m以上。绿篱（植篱）用灌木类苗木主要质量要求：冠丛丰满，分枝均匀，脚叶茂密，苗龄1年生以上，选择的苗木在二年内至少移植过一次。

广东省中小河流常用的灌木主要有含笑（木兰科）、假鹰爪（木兰科）、山瑞香（海桐花科）、勒杜鹃（紫茉莉科）、红果仔（桃金娘科）、野牡丹（野牡丹科）、大红花（锦葵科）、红花檵木（金缕梅科）、洒金榕（大戟科）、红桑（大戟科）、红背桂（大戟科）、红绒球（含羞草科）、双荚槐（苏木科）、洋金凤（苏木科）、黄榕（桑科）、九里香（芸香科）、灰莉（马钱科）、米仔兰（楝科）、鸭脚木（五加科）、锦绣杜鹃（毛杜鹃，杜鹃花科）、桂花（木樨科）、尖叶木樨榄（木樨科）、夹竹桃（夹竹桃科）、黄婵（夹竹桃科）、软枝黄婵（夹竹桃科）、白蝉（茜草科）、希美利（茜草科）、龙船花（茜草科）、福建茶（紫草科）、金脉爵床（爵床科）、花叶假连翘（马鞭草科）、金叶花叶假连翘（马鞭草科）、假连翘（马鞭草科）、马樱丹（马鞭草科）。

3. 藤本类

藤本类苗木质量以苗龄、分枝数、主蔓直径、主蔓长度和移植次数为规定指标。藤本类苗木要求分枝数不少于3个，主蔓直径应在0.3cm以上，主蔓长度应在1.0m以上。

广东省中小河流常用藤本类植物主要有珊瑚藤（蓼科）、使君子（使君子科）、白花油麻藤（蝶形花科）、野葛（蝶形花科）、紫藤（蝶形花科）、薜荔（桑科）、小叶扶芳藤（卫矛科）、大叶扶芳藤（卫矛科）、异叶爬山虎（葡萄科）、青龙藤（葡萄科）、常春藤（五加科）、金银花（忍冬科）、凌霄（紫葳科）、美国凌霄（紫葳科）、炮仗花（紫葳科）、大花老鸭嘴（爵床科）。

4. 竹类苗木

竹类苗木质量以苗龄、竹叶盘数、土坨大小和竹竿个数为规定指标。母竹为2～5年生苗龄。散生竹类苗木主要质量要求：大中型竹苗具有竹竿 1～2 个；小型竹苗具有竹竿 5 个以上。丛生竹类苗木主要质量要求：每丛竹具有竹竿 5 个以上。

广东省中小河流生态景观建设适用竹类苗木主要有黄金间碧玉竹、佛肚竹、粉单竹、青皮竹。

5. 草本植物

草本植物包括花卉、地被和袋装苗。草本植物要求无病虫害、叶片色泽光亮，分枝均匀，修剪匀称，草皮要求无杂草，草皮生产密度不低于 85%，厚度不低于 2cm，边缘整齐。

广东省中小河流生态景观建设适用花卉如美人蕉（美人蕉科）、蜘蛛兰（石蒜科）、文殊兰（石蒜科）、花叶葶麻（葶麻科）、花叶良姜（姜科）。地被植物如大叶红草（苋科）、蔓花生（蝶形花科）、花叶葶麻（葶麻科）、白蝴蝶（天南星科）、葱兰（石蒜科）、银边草（禾本科）、马尼拉草（禾本科）、台湾草（禾本科）、大叶油草（禾本科）。

6. 花坛植物

花坛布置选用草花要求生长健壮，枝繁叶茂，开花整齐，无缺株倒伏，无枯株残花，无病虫害和机械损伤，花型丰满，色彩鲜艳，同一品种的植株、花期、花色一致。

广东省中小河流生态景观建设适用花坛、花境布置花草如矮牵牛、彩叶草、鱼尾菊、百日红、鸡冠、黄穗冠、红穗冠、黄星花、长春花、丰花百日草、夏堇、孔雀草、一串红、万寿菊、非洲凤仙、新几内亚凤、银叶菊、四季海棠、中国石竹、白晶菊、三色堇、金鱼草、羽叶甘蓝、富贵菊。

7. 水生植物

水生植物根据生长方式和形态的不同可以分为：挺水植物、浮叶植物、漂浮植物、沉水植物。挺水植物一般植株高达，植物的根、根茎生长在水的底泥之中，茎、叶挺出水面。浮叶植物是指植株的根部长在水域的底泥中，其叶片浮于水面上。这类植物的叶柄或茎和叶片组织较为发达。漂浮植物是指根不生长在底泥中，整个植物体漂浮在水面上。沉水植物的根茎生于底泥中，整个植株沉入水体之中。

广东省中小河流生态景观建设适用挺水植物如荷花、菖蒲、花叶芦竹、花叶水葱、旱伞草、香蒲、黄菖蒲、水生美人蕉、千屈菜、再力花、梭鱼草；浮叶植物如萍蓬草、水罂粟、睡莲、芡实；漂浮植物如竹叶眼子菜、黑藻、穗状狐尾藻；沉水植物如浮萍、水鳖、槐叶萍、大漂、凤眼莲。

**四、水环境治理措施**

由于广东省很多地方现有工业废水处理水平不高，有限的工业水污染处理装置也未能稳定运行，大量未经处理或有效处理的污染物直接排入河流，致使河流水质超标现象严重。此外，随着城市化水平提高和城镇人口增加，城镇污水排放量快速增长。而废污水处理基础设施和运转机制都比较落后，难以满足水资源保护的基本要求。与此同时，流域水土流失、农药化肥及河道垃圾等面源污染问题也日益突出。这些水环境问题影响中小河流治理成效。因此水环境整治应采用综合整治的措施，加大治理力度，控制进入河流的污染物总量，入河污染物的有效治理与控制是中小河流治理的关键工作。水环境的综合整治措施主要有截污、清淤、补水、生态修复等。

### 1. 市政截污

要发挥城镇河涌的生态景观功能，必须控制生产、生活污水直接排放入河，应将污水收集范围全面覆盖城镇区域，并将污水输往污水处理厂集中处理，开展市政截污，这是减轻河涌污染的根本措施，也是水景观构建的前提和保证。

### 2. 河涌疏浚与底泥处置

很多城镇区域河涌成为排污通道，多年的污染沉淀淤积，河涌底部形成厚度不等、成分复杂的黑臭淤泥状污染底泥，更有各种固体垃圾夹杂其间。底泥的成分以有机污染为主，氮、磷含量高。排放工业废污水的河涌，底泥则含有各种有害重金属，如汞、锌、镉、铅、铬等。污染严重的河涌，泛泡黑色底泥裸露，臭气熏天，鱼虾绝迹。

对淤积较厚、过流断面已缩小的河段，予以清淤。而对不影响行洪，只沉积于涌底的淤泥，可考虑采用环保疏浚方法，清除污染底泥；或采用不清挖污染底泥，就地生物法处置方式等。

### 3. 面污染治理和控制措施

面源污染来自暴雨径流对地面污染物的冲刷，弥漫性进入水体。这是造成河涌水质污染的重要原因。污染物包括泥沙、垃圾、营养盐、耗氧物质、细菌、重金属等。面源污染主要来自农田、林地、城镇、矿业。由于面源污染的复杂性，涉及面广，并且具有不连续性和突发性，防治难度大，应采取综合治理和控制措施。目前，面源污染的治理和控制措施主要有：

加大城区绿化面积，减少不透水地面，以增大渗透，蓄滞径流，其作用为降低径流系数，减少径流的冲刷。推进生态农业建设。根据生态经济学原理，运用生物技术、生态农业技术等高新技术，积极发展绿色农产品和有机食品生产。减少侵蚀，减少和保护好裸露的土壤，最大限度地保持植被。清扫街道。城镇的环境卫生管理对于减少面污染进入地表水体非常重要。定期清扫的地区，河涌水质有明显的改善。在旱季，街道冲洗产生的径流引入污水管道送入污水处理厂处理后排放。垃圾集中无害化处理。加强管理，特别是加强小村镇的环境卫生管理，完善垃圾收集系统，加强街道清洁管理，加快垃圾无害化处理，并注重埋场渗滤液处理问题。对建筑施工单位负责人与人员，加强环保教育，按政府规定，强制执行建设项目施工期的环保措施，加强现有城市管理监察体系对施工工地在环保方面的管理。

### 4. 恢复河流自净能力和生态修复

恢复河流自净能力和生态修复是水环境整治中带有根治性质的创新思路，是实现水环境良性循环不可或缺的措施，对恢复河涌的生命力和生物多样性有重要作用。

（1）建设生态河堤、恢复河流的自然形态。生态河堤是融现代水利工程学、环境科学、生物科学、生态学、美学等学科为一体的水利工程。作为一种新概念河堤，它以"保护、创造生物良好的生存环境和自然景观"为前提，"还河流以空间"，在考虑建筑物具有一定的强度、安全性和耐久性的同时，充分考虑生态效果，例如将河堤由改造成水体和土体、水体和植物或生物相互涵养的形式。有条件的河涌，尤其是河涌上游段，应实施裁直变弯的措施，以恢复天然河道的自然形态，河中有巨石、有急滩、有跌水，有不同的流速带。在滩地或湿地种养适生的水生植物，以吸收氮磷，净化水质。

（2）利用人工湿地净化环境。由于湿地的生物多样性非常丰富，在生态学中有着非常重要的作用，应把湿地的保护放在保护生态的首位。在河涌整治中，既要做好河岸的生态护岸工程，也要保留必需的湿地和水面。人工湿地系统由于具有滞蓄洪水、改善水质、美化景观、投资少等众多优点。

5. 就地生化治污

市政截污管网目前无法敷设的地区及农田区可以开展就地生化治污，在宏观规划上，作为一种辅助的补救措施是极其必要和有效的。通过底泥的生物氧化、水体生物修复和河涌生态恢复等生物修复技术，对河涌进行生物治理。对于一些未纳入市政截污的生活、生产污水，例如那些分散的小村庄、乡镇企业、禽畜养殖等产生的污水，可利用就地处理技术，例如因地制宜地采用氧化塘、氧化池、湿地系统各种曝气复氧技术等是常用的经济有效的方法，是源头治污的发展趋势。

# 第三节　水景观建设研究

景观生态建设是以现代景观生态学为理论基础和依据，通过一系列景观生态设计手法营建具备生态功能、美学功能和游憩功能的良好的景观格局，以满足人们休闲游憩活动的同时，实现人与自然的和谐相处以及人类社会的可持续发展，从而提高人居环境质量的景观建设方式。景观生态建设强调人与整个自然界的相互依存关系和相互作用，维护人类与地球生态系统的和谐关系，其最直接的目的是自然资源的永续利用以及自然与人居环境的可持续发展，最根本目的是人类社会的可持续发展。

根据广东省中小河流所流经地区的自然地理、社会文化经济环境，可以将河流景观分为城市河流景观模式、乡村水岸景观模式、风景区景观模式等。城市水岸景观模式是指城市中的河流与建筑、河流与城市、河流与人、河流与文化有机组合的自然生态与人文历史景观，可分为：现代城市河流景观、历史名城河流景观和城市水街景观等，如蕉岭县碧水街景观等。乡村河流景观模式是由河流与自然田园与乡村居民村落相互融合的河流景观，一般以农耕文化为载体，以田野自然风光和乡村村落为要素，形成河流、田园、村落有机结合的河流景观。风景区河流景观模式是由自然河流与人文历史景观组成的，富有特色的风景区河流景观。

## 一、建设原则

广东省中小河流水景观建设需要综合考虑功能定位、生态环境因素、历史文脉传承、以人为本的景观设计原则。

（1）合理的功能规划。中小河流水景观建设中应按照河流、城镇的总统规划，并结合河流自然状况与人文条件划分出功能分区，围绕周围及整个城镇的社会、经济、历史和文化特点，确定各种功能之间的关系，明确功能分区的定位，指导中小河流治理设计工作。

（2）重视生态系统构建。根据景观生态学的原理，维持足够宽的植被带，消减来自周围景观的各种溶解物污染，保证河流水体质量，并为两岸内部动植物种群供适宜的生态环境和足够的通道等，保护生物多样性和栖息环境，构建健康的生态系统。

（3）文化传承。充分挖掘地方历史文化特色、研究区域发展的历史背景 、要求自然环境和人文环境共存。维护现存的文物古迹、文化遗址、历史性建筑物，延续历史文脉，提升区域的文化内涵和品质，塑造具有广东地方特色的文化河流新形象。

（4）以人为本。要体现"以人为本"的理念，规划设计中要考虑人的不同需要，实现人的物质与精神需求，达到人水和谐的目的。解决水景观中的人对水的物质需求、精神需求，设计多样化的亲水空间（如亲水平台、生态驳岸等）。

（5）高效土地利用。中小河流整治中的重要问题是用地矛盾问题。水景观设计中需要严格控制建筑物建设，限制建设对河流产生污染性建筑物或设施。

（6）后续管养机制的可持续性。中小河流治理的景观设计需要考虑景观工程的管养、运营机制，从而保证良好的土地利用效率、景观工程的持续利用等。

**二、生态景观建设技术要求**

中小河流治理应把恢复和改善河道生态和环境放在重要位置，改变以往河道治理"重防洪、轻生态"的传统理念，要在防洪安全保障的前提下，将生态和环境理念融入到中小河流治理，在改善河流防洪功能的同时，确保河道的生态系统稳定和自净能力。在工程建设中应尽量保持河流的自然状态，保留河流连续性、蜿蜒性，保留河流的深潭、浅滩、沙洲等原有河流地貌形态，防止对现有水生态环境的破坏。河道生态设计应引入植物群落概念，在不影响河道行洪安全的前提下，创造出丰富多彩的水边环境，维持水生生物生存、繁育等的自然环境，促使建成的人工群落与自然群落相适应，维护河流生物群落多样性和系统稳定性。河道水景观建设应尽量采用自然景观，与沿河的自然环境、历史文化、生态环境相协调。城市（镇）河段的河道景观设计，应注重对沿河历史文化、生态环境和景观特色的调查，应结合相关规划和市政园林等建设，将河道堤防、护岸等工程融入城市景观和市民休闲场所中，美化河道及其周边环境。乡村河道应尽量保持原有的自然景观。对于已遭受破坏，但仍有一定历史人文价值的河道自然景观，应采取有效的保护措施，并结合河道建设，逐步加以恢复。

在有条件的地区，应结合水环境综合治理措施，采取生态湿地、生态滤沟、生物浮岛、跌水复氧和微生物等水生态修复技术，充分利用河道生物对污染物的吸收、吸附、分解、代谢等功能，提高河道自净能力，实现河道的水质净化和生态修复。在河道断面结构形式、岸坡与河床护砌材料、施工工艺等方面的选择过程中，应充分考虑河道内各种生物生存环境，采取必要的措施，维持河道生物的生存条件，尽量避免平面形式规则化、断面形式单一化和建筑材料硬质化。河道绿化应结合护坡措施、水土保持、植物对污染物的降解作用、防护林、护堤林、经济林建设以及区域绿化规划要求等统筹安排，提高绿化的综合效益，减少养护管理成本。应结合河道绿化，尽可能保留河道江心洲、边滩上的林木和其他植物，尤其是古树名木、成片林地、特色植物等；宜推广种植或保留对水体污染物有降解作用和对堤岸有保护作用的本土护堤植物。

在不影响行洪的情况下，河道内的滩地和近岸水域宜保留或种植有利于治污和净化水体的低秆植物。河道两侧的宜林地段，应结合林业规划建设营造绿化林带。城市河道绿化带宜在堤防背水坡和迎水坡常水位或设计洪水位以上一定范围进行布置。

城市（镇）河段应通过对河道水质控制、河道水面保洁、保留或扩大河道两岸堤防及周边的绿化面积等措施，改善城市河道及周边环境面貌。乡村河道应保护沿岸和江心洲原有的林带。堤防保护范围、迎水坡前较高较宽滩地、面积较大的江心洲等区域，宜选用合适的树种，形成防护林带。城市（镇）河段的堤防、护岸工程及沿河的水闸、泵站等工程设施，应结合绿化措施，美化工程环境，并与周边环境相协调。对堤防和护岸用硬质材料的部位，可采用适当的植物覆盖或隐藏，但应避免植物的根系生长或腐烂对堤防和护岸的破坏。排洪骨干河道两岸堤防的迎水坡、堤顶、背水坡渗流出逸区域不应种植高秆植物或根系发达、枝叶茂盛的树木，以保持行洪通畅，防止对堤防破坏。绿化的草种和树种应从因地制宜、便于养护管理、适应本地区自然条件、有利于形成良好的自然群落、对工程运行和生态环境无负面影响等方面考虑，慎重选择和使用外来物种。

对常水位变幅小于0.5m的城市（镇）河段，可布置亲水平台；常水位变幅为0.5～2.0m的河段，宜布置亲水台阶。亲水平台和亲水台阶设置应充分考虑亲水过程中的安全因素，亲水平台高程宜略高于设计常水位高程。采用矩形断面的城市（镇）河段，常水位变幅大于2.0m以上时，可设置沿直立护墙的上下台阶。采用梯形断面的城市（镇）河段，边坡宜控制在1：1.75～1：5或者更缓，作为行走、休闲便道的道路宽度宜大于2m。城市（镇）河段或经过村庄的乡村河段，可在河道适当的部位设置固定坝或活动坝，拦蓄枯季水流，形成一定水面，以满足景观休闲、生态环境等功能要求。固定坝或活动坝的设计除满足功能要求外，还应与环境景观协调。固定坝宜采用低矮的宽顶堰，应以当地建筑材料为主。活动坝设计时应考虑放水时下游的安全。固定坝或活动坝的设置应防止在较长的河段内形成梯段，降低河道水体自净能力，破坏鱼类洄游。

梅州五华矮车河、清远星子河、清远连州金坑河、韶关乳源重阳水的治理后的效果分别如图10.3-1～图10.3-4所示。

图10.3-1　梅州五华矮车河

图10.3-2　清远星子河治理

图10.3-3　清远连州金坑河

图10.3-4　韶关乳源重阳水

### 三、评价指标体系

综合考虑中小河流的多功能性与河流景观风貌营造，从河流的生态性、亲水性和景观性三方面对河流景观进行评价（见表10.3－1）。

表10.3－1　　　　　　　　　中小河流水景观指标体系及评价方法

| 一级指标 | 二级指标 | 评价标准 | 分值 | 等级 |
|---|---|---|---|---|
| 生态性指标 | 流动性 | 水体流动较急，变化丰富，接近自然 | 5 | 优 |
| | | 水体流动缓慢，缺乏变化 | 4 | 良 |
| | | 水体流动较慢，难以判断水体是否流动 | 3 | 中 |
| | | 没有水体流动，形如死水 | 1 | 差 |
| | 形态结构 | 自然形态，变化丰富；水体流速明显，能在凹凸处形成明显深潭浅滩 | 5 | 优 |
| | | 较曲折，变化明显，能在凹凸处形成深潭浅滩 | 4 | 良 |
| | | 略微弯曲，对水流、水底形态无明显作用 | 3 | 中 |
| | | 呈直线形 | 1 | 差 |
| | 植被状态 | 具湿生、水生和陆生植物，种群丰富，群落结构复杂，适合多生物栖息和迁移 | 5 | 优 |
| | | 具湿生、水生、陆生植物，种类较多，结构简单，能提供动植物迁移的廊道 | 4 | 良 |
| | | 水生、陆生植被种类少，没有形成连续分布；阻隔动物迁移 | 3 | 中 |
| | | 只有水生或陆生植物，品种单一 | 1 | 差 |
| | 水体健康 | 水体透明度高，清澈可见水底；没有异味。水体质量在Ⅲ类水体以上 | 5 | 优 |
| | | 水体透明度高，可见水底，没有异味。水体质量在Ⅳ类水体以上 | 4 | 良 |
| | | 水体透明，能见度不高，有不良气味。水体质量在Ⅳ类水体以上 | 3 | 中 |
| | | 水体浑浊，不透明，有异味。水体质量在Ⅴ类水体以下 | 1 | 差 |
| 亲水性指标 | 岸坡倾斜度 | 自然式坡岸，坡度为30°左右，人较容易接近水面 | 5 | 优 |
| | | 生态型坡岸，坡度为45°左右，人能够接近水面 | 4 | 良 |
| | | 半自然式坡岸，坡岸为60°~75°，存在危险性，不适宜接近水面 | 3 | 中 |
| | | 岸坡垂直于水面，人不能接近水面 | 1 | 差 |
| | 亲水空间 | 亲水台阶、亲水平台等亲水设施种类多；分布合理，有浅水河湾 | 5 | 优 |
| | | 有亲水台阶、亲水平台等设施，人能够通过亲水设施接近河水 | 4 | 良 |
| | | 有楼、阁、台、桥等观景设施，但不能亲近水面，只能远处观赏水体 | 3 | 中 |
| | | 无亲水设施 | 1 | 差 |
| | 景观小品 | 亭廊、雕塑、花坛、树池等景观小品丰富，且主题与水景观相一致，富有情趣 | 5 | 优 |
| | | 景观小品种类繁多，主题明确，具有活力 | 4 | 良 |
| | | 景观小品单一，随意分布、无主题 | 3 | 中 |
| | | 无景观小品 | 1 | 差 |
| | 视线的通达性 | 视线良好，视野开阔，观景视距最佳，层次清晰，市民停留时间15min | 5 | 优 |
| | | 视线较好，有景可观，观景视距较好，市民停留时间8~12min | 4 | 良 |
| | | 视线被屏障，可观景，但视距不好，停留时间5min | 3 | 中 |
| | | 观景处无景可观，无驻留 | 1 | 差 |

| 一级指标 | 二级指标 | 评 价 标 准 | 分值 | 等级 |
|---|---|---|---|---|
| 景观性指标 | 自然绿地 | 空间开阔，绿地质量良好，周边环境较好，适宜市民休闲、娱乐活动 | 5 | 优 |
| | | 空间开阔，硬质广场与绿地结合，环境良好，适宜市民进行娱乐活动 | 4 | 良 |
| | | 河岸只有硬质铺装的人工广场等活动空间 | 3 | 中 |
| | | 河岸没有适宜开展活动的绿地空间 | 1 | 差 |
| | 河岸建筑 | 建筑沿河岸呈簇或呈组分布，建筑尺度适当、色彩、形式与河岸自然景观相协调 | 5 | 优 |
| | | 建筑沿河岸呈簇或呈组分布，建筑尺度适当，形态良好 | 4 | 良 |
| | | 建筑沿河岸线形排列，建筑形态一般，与自然环境基本融合 | 3 | 中 |
| | | 建筑沿河岸线形排列，形式与自然环境不相融合 | 1 | 差 |
| | 人文景观 | 结合滨水开敞空间，设置主题广场，河岸周边历史遗迹与自然景观相协调 | 5 | 优 |
| | | 设置主题广场，河岸周边历史遗迹有所表现 | 4 | 良 |
| | | 缺乏主题，设置游憩广场，仅少量景观小品 | 3 | 中 |
| | | 无景观小品的开敞空间 | 1 | 差 |
| | 景观资源组合度 | 组合度良好，市民使用频率高，具有较好地景观效益 | 5 | 优 |
| | | 组合度较好，市民使用频率一般 | 4 | 良 |
| | | 组合度一般，市民使用频率一般 | 3 | 中 |
| | | 组合度一般，市民使用频率较少 | 1 | 差 |

1. 生态性指标

河流的生态规划能有效促进河流自我净化和自我修复的能力，从而提升河流景观性、增强亲水性，降低经济成本。结合河流生态修复与河流生态系统功能提出四个评价子指标。

（1）流动性：流动性是指河流通过水流和流沙的相互作用形成适宜多种水生生物栖息地，同时一定的流动速度下可增加河流自我更新特力，保证被破坏系统在短时间内自我调节、自我恢复，从而维持整个生态系统的平衡。

（2）形态结构：河流的弯曲形态可以使水流速度发生变化，并形成具有浅滩和深潭的交替结构。弯曲的河流能减少水土流失、扩大生境面积，提供多种生境条件、增加生物多样性，提高自净能力，改善水质污染。

（3）植被状态：河岸植被可增加河岸强度、提高堤岸稳定性。自然状态植被可通过特有生物和环境特征，为水生、陆生、水陆共生植物提供栖息地。

（4）水体健康：包括水质、水量、水味等感观性认知，通过对水体的浑浊程度、水量的大小、气味反应河流的健康程度。水体健康度对城市环境至关重要，具有开阔水面、健康水质的河流是城市景观的重要组成部分。

2. 亲水性指标

亲水性指标包括以下四个指标。

（1）岸坡倾斜度：合理的岸坡斜度可增强水体的可达性，较容易接近水体，从而增加亲水性。

（2）亲水空间：包括亲水台阶、观水平台及直接戏水的浅水河湾。

（3）景观小品：包括休闲廊亭、花坛、雕塑、灯光小品等能提升滨水环境质量和景观特色的景观小品。

（4）视觉的通达性：亲水性不仅包括河流的可达性，还包括视线的通达性，良好的视域景观可以提升人们感知空间的能力，同时激发由此产生的驻足停留观景的时间。

3. 景观性指标

景观性指标包括以下四个指标。

（1）自然绿地：河流岸边的自然绿地是市民游憩、休闲的重要载体，也是水景观文化的具体形式之一。

（2）河岸建筑：河岸建筑形式、色彩、尺度、位置，以及与周边环境的融合度影响着河岸景观的观赏性。通过合理规划河流周边建筑，可以突出水系景观性。

（3）人文景观：河岸周边的历史遗存、文化遗址、纪念物都在空间上与河流存在相关性，这些历史遗迹可增强城镇水系的景观性，同时又表现着城镇的文化性。

（4）景观资源组合度：河流两岸的景观从视觉上分纵、横向，纵向景观沿水流方向线性布局，横向景观沿河道断面点状布局，景观资源的组合度能体现出河流景观空间的和谐程度，及市民的使用频率。

# 第四节 应用示范案例

## 一、区域水景观规划实例

以蕉岭县为例，简述区域水景观规划的理念目标及方法。蕉岭县，位于广东省东北部，韩江上游，闽粤赣交界处，隶属梅州市。县境四面环山，由北向南倾斜。全县总面积 960km²，其中有山地 113.4 万亩，耕地 11.5 万亩，河、湖水面及其他面积 18.7 万亩，是全国绿化模范县。蕉岭是汉族客家民系聚居的地方，是广东的重点台乡之一，是广东省可持续发展实验区。蕉岭县水系发达，穿越城区河流、渠系众多。长潭风光是"南粤百景"之一，有"形似巫峡，景似漓江"之称。

水安全、供水、水环境、水景观、水文化建设是生态城市建设的重要组成部分。蕉岭县区域水景观规划以科学发展观作为指导，通过综合整治，统筹梳理区域内水系，将江、河、湖、库合理连接，在满足防洪排涝的前提下，以"水绿生态网络"构筑生态城市骨架，营造可持续发展人居环境，实现经济社会的可持续发展。

（一）规划理念和目标

1. 规划理念

（1）遵循科学发展，安全生态优先的理念。蕉岭水景观规划注重水系本身的自然特征，综合协调水系的多种功能，结合城市总体规划，体现对人居环境的全面关怀，关注河流对城市可持续发展的积极作用。规划以科学发展观为指导、以生态学和水力学为基础理论、以先进科学技术为手段、以构筑"山、水、城、田，客家新邑"的生态精品小城为目标，确保城市水安全及建设自然生态河流，实现经济社会可持续发展。

（2）全面规划，综合治理，人水和谐的理念。依据蕉城总体战略发展规划，将蕉城建设成为"青山环抱、绿水绕城的山水生态之城"是本次规划的指导思想。规划将统筹梳理区域内水系，将江、河、湖、库合理连接，在满足防洪排涝的前提下，形成生态功能完善、稳定的水网络系统。充分利用现有河网水系，市区突出亲水和文化，郊区体现自然和生态，通过"双治双添"（治水治岸、添绿添景），构建相互沟通、各具特色的河湖景观水系框架，打造"水清、岸绿、景美"的客家山水城市新景观。

（3）以人为本，人水和谐的理念。体现人与自然和谐相处的理念，考虑"人与生俱来的亲水特性"，水的魅力主要通过视觉、听觉、触觉而为人所感受，因此，应提供更多位置能直接欣赏水景、接近水面，满足人们对水边散步、娱乐等的要求。规划拟将蕉岭城市空间进一步拓展，提升蕉岭城市功能和品位，优化人居和创业环境，增强城市综合竞争力。建立以水为载体的水景观及水文化体系，实现人与自然的和谐。

2. 规划目标

（1）近期目标。精心打造通过分析现状资源，结合城市发展要求，对石窟河水系进行合理的梳理调整，形成"一轴、二廊、三分区、多节点"的空间布局结构。按照蕉岭城镇发展规划的总体框架，统筹兼顾防洪潮、排涝、水污染防治、灌溉供水、航运和水生态建设，进行水景观布局。在景观建设中，顺应当地的自然特点，反映当地历史文化特征，立足平民化共享性的亲水绿色空间，营造一个景色靓丽、环境怡人、底蕴深厚、休闲舒适的山水精品小城，实现水系治理与水景观建设的和谐统一。

（2）远期目标。以"山、水、城"的自然格局为基础，城市水空间将进一步拓展，布局将进一步优化，逐步实现由山水精品小城向滨水、生态城市的转变；良好的水资源环境促进循环经济迅速发展，初步形成人与自然和谐的城市环境；岸线布局合理、功能完备、环境优美，岭南客家自然景观与人文景观兼备，对建设适宜创业发展和生活居住的现代化生态城市具有重要的推动作用。

（二）水景观布局规划

空间布局是水景观设计在地理空间上的体现。蕉岭县境内山系众多，地势起伏较大，规划地段内的河涌、水塘、沙洲、湿地以及农林耕地等地貌和原生态资源素材丰富，规划方案充分依托现状山水格局，凸显蕉城"青山环抱、绿水绕城"诗情画意般的总体布局。本次规划提出蕉岭水景观"一轴、两涌、三区、五湖、多节点"的空间格局，为市民、游客提供最为便捷和有效地接触自然的途径，让人们能够最大化地感受天、地、人三者的和谐关系。

1. 空间布局原则

优越的自然山水环境，是蕉城赖以生存发展的先决条件，现状老县城是自然环境与城市形态有机融合的体现，背靠桂岭，面向石窟河，周围大量农田，负山、临水、卧田已经成为现在的蕉城的基本生态特征，更体现了环境与形态互为依存的关系。环境效应成为城市生活的发展导向，本次规划应充分尊重蕉城良好的自然生态环境要素——良好的山、水自然环境特色，打造精品山水小城的新格局。

（1）安全生态优先、可持续发展原则。遵从生态发展区空间布局的宏观指导，蕉岭县大部分区域环境较为脆弱，应坚持开发与保护相结合的原则，充分、合理地开发利用和保护资源。统筹兼顾防洪潮、排涝、水污染防治、灌溉供水和水景观建设，协调好各功能之间的矛盾；改善和维持蕉岭县境内河流和河涌的水生态环境是水景观规划的基本要求。根据景观生态学原理，模拟自然江河岸线，以绿为主，运用天然材料，创造自然生趣，保护生物多样性，增加景观异质性，强调景观个性，促进自然循环，构建城市生态走廊，实现景观的可持续发展。

（2）以人为本、与水亲和的原则。水景观规划注重体现人与自然和谐相处的理念，考虑"人与生俱来的亲水特性"。水的魅力主要通过视觉、听觉、触觉而为人所感受，因此，应提供更多位置能直接欣赏水景、接近水面，满足人们对水边散步、娱乐等的要求。同时，水系建设规划应与土地利用和岸线整体环境资源有机结合。保持山、水、人、城的关系结构性的关联，视线通畅，生产、生活岸线有序拓展。开放活动空间和亲水平台沟通人与水、人与山的关系，形成人与自然空间的对话。强化水景观形象界面可识别性，提高相应的景观视觉的有序度。各种景观要素之间建立呼应关系，增设标志性的节点和市民活动区域。

（3）尊崇自然、因地制宜的地域原则。城市水空间设计的地域原则是：设计应充分考虑到设计地理位置和自然环境、社会文化及经济发展的地域特征，形成地域特色，延续和传承地域文脉。蕉岭县河流众多，河流景观要体现河流的自然形态，保护河流的自然要素。天然河流蜿蜒曲折，深潭和浅滩相间。河流景观设计可运用曲流、浅滩、深潭、河漫滩等手段，使城市河流重归自然。

顺应当地的自然特点，反映当地的岭南客家文化特征，按照蕉城规划的总体框架，进行水景观布局；水景观和周边的绿地、林地以及建筑群等统一规划；营造一个景色靓丽、环境怡人、底蕴深厚、休闲舒适的山水城市。水景观与原生自然风景及人文景观高度协调。无论是整体设计，还是细部设计，在景观规划中应体现城市文化的特色，展示城市个性，并使景物具有生命力，塑造出独具特色的城市景观。

（4）尊重城镇体系规划、土地利用规划等相关规划的原则。本次水景观规划以构筑"山、水、城、田，客家新邑"生态城市为规划目标，需尊重城镇体系规划、土地利用规划等相关规划，并与之充分衔接。

2. 总体空间布局规划

水域是城市景观、生态的核心部分，本规划依托蕉岭县现状山水格局，以水为脉，做好"滨水、秀水、兴水"文章，按照"点、线、面"各不相同的规划要求，通过"引、通、串、清、环"，形成"一轴、两涌、三区、五湖、多节点"的水城格局。一轴指以蕉岭县的母亲河——石窟河为水系布局景观主轴；两涌指纵横穿过蕉城镇的长潭东干圳和溪峰河两条河涌；根据城市滨水开发功能定位分为三大区，包括城北水秀稻香生态区、城中滨江生活区、城南田园旅游养生区；五湖包括梦幻水园、金星水上大世界、碧桂园湿地公园、锡林公园、城南名木公园 5 个人工湖，力求打造出"一轴贯通、两涌流畅、三区相融、五湖串联"的蕉城水系总体布局结构，凸显"沿河画廊、沿湖乐园、滨水绿道"的水景特色。

"多节点"是指以水为媒，由北向南构筑渔人码头（娱乐、养生文化广场）、游艇俱乐部和水上运动中心、逢甲大桥桥头公园、香榭丽湾滨江休闲廊道、碧水新街、三圳湿地生态岛群 6 大水主题节点项目，在保持岸线和城镇水景观连续性和空间整体性的基础上，为城市提供了市民休闲、旅游观光和多种主题体验的复合性功能区域，完善城市景观构架，营造特色标志空间，如图 10.4－1 所示。

3. 分区意向规划

（1）一轴规划。石窟河是本项目最为重要的物质空间载体，是区域功能整合与空间布局的依托核心。以蕉岭县的母亲河——石窟河为中轴、核心，以水为脉，以水兴城，塑造多样的江岸风貌，形成自然与人文交融的滨江景观风貌。

上游段从长潭水库景观开始，沿途打造石窟河十里风光画廊；中游段结合石窟河东、西岸线功能，以近水、观水为主要特色，协同蕉城镇打造具

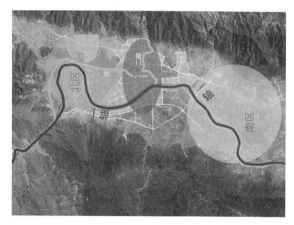

图 10.4－1　规划分区图

有历史特色和客家文化内涵的滨江城镇形象；下游段以亲水、游水为主要特色，营造湿地景观魅力，满足人们生态体验与旅游休闲需求。

（2）两涌规划。两涌分别指穿城镇中心区的长潭东干圳和溪峰河两条河涌。

长潭东干圳：通过由北向南穿城而过的长潭东干圳"引水入城"，以水为脉网络渗透，构筑以碧水街为雏形向城区延伸的水绿低碳生态格局。近期规划致力于碧水街的升级改造以及"分水入湖"，打造城区段具有动感的"滨水绿道"水景观网络体系。

溪峰河：通过"治水治岸、添绿添景"的溪峰河整治工程，突出观水、亲水文化。对现有直立水泥堤岸利用悬挂垂吊植物作"岸绿"修饰，结合实际情况；在河涌城区段空置地段设置亲水平台和地方文化休闲场所，打造"水清、岸绿、景美"的滨水景观，描绘蕉城和谐、绿色、长寿之乡的特点。

（3）三区规划。三区分为城北水秀稻香生态游憩区、城中都市滨江湖畔生活区、城南田园旅游养生区。

城北区：以"山、水、田"自然格局为基础，以石窟河十里风光画廊、城郊及长潭镇客家乡村风貌、水上大世界亲水景区为组团，形成诗情画意般的水秀稻香生态格局。

城中都市生活区：以"引脉营城、开湖筑心、生态低碳"为基本思路，依托蕉城镇（中心城镇），构筑都市滨江生态、宜居、悠游、乐业多元融合的核心城区。

城南水绿景观娱乐养生区：由北向南上段以城南公园和拟建的世纪大桥公园为"抓手"，下段则理水成岛，建立"三圳湿地生态岛群"，结合"美丽乡村"农业休闲度假区，形成一条"水绿生态带"，营造出集旅游、休闲、养生与生态体验为一体的山水田园生态格局。

（4）五湖规划。城市因水而兴，因水而活，规划拟通过沟通现有河、渠、涌、湖，建立联通、完整的水网络和城镇湿地生态系统，根据蕉城现有的空间、水系和地貌，打造"梦幻水园""金星水上大世界""碧桂园湿地公园""锡林新园""城南名木公园"5 个人工

湖项目（图 10.4 - 2～图 10.4 - 5）。

梦幻水园：位于长潭陂头下游约 100m 处，含水上乐园、游艇停靠码头、休闲公园、沿江全景休闲长廊等。

图 10.4 - 2　金星水上大世界

图 10.4 - 3　碧桂园湿地公园

图 10.4 - 4　锡林新园

图 10.4 - 5　城南名木公园

（5）节点规划。沿长约 10km 的石窟河岸线布置了各种功能组团，由北向南形成"渔人码头（娱乐、养生文化广场）""游艇俱乐部和水上运动中心""逢甲大桥桥头公园""香榭丽湾滨江休闲廊道""长寿文化广场""三圳湿地生态岛群" 6 个主题景园，在保持岸线景观连续性和空间整体性的基础上，为市民、游客提供娱乐、运动、休闲、旅游观光多种主题体验的复合性功能岸段。

1）渔人码头（娱乐、养生文化广场）：娱乐、文化、养生区：含客家特色的游客服务中心、客家美食长廊、水上演绎舞台、尊贵的水上高尔夫练习场、休闲垂钓平台、游艇出发码头等。

2）游艇俱乐部和水上运动中心：含游艇停靠码头、人造沙滩戏水区、水上自行车、水上透明球、水上降落伞、水上摩托艇，客家文化长廊，皮划艇及龙舟队集训基地，摩托艇比赛场地、沙滩排球集训基地等。

3）节点规划还包括逢甲大桥桥头公园、香榭丽湾滨江休闲长廊、长寿文化广场、三圳湿地生态岛群。

4．水景观细部构建

（1）绿化。水和绿是不可分割的，滨水绿地可以营造一个利于生物迁徙的环境，提高物种多样化的程度，改善生态环境，同时可以丰富城市轮廓线，提供观景的视线走廊，绿地系统应采取统一规划，可将滨水绿地纳入公共绿地系统中，互相渗透，形成点、线、面布局。

绿化范围应包括岸上建立滨水区绿地和开放空间，为市民提供丰富的滨水游憩环境，本次规划河涌两岸的控制用地（用于绿地或公共休闲用地）宽度为6～30m，建成后与河涌形成一条水绿景观带。行人小径应尽可能地采用预制混凝土网格，避免过多的硬化地面。

绿化植物包括浮水植物、水下沉水植物、挺水植物等，绿化树种应根据地理气候特点及河涌所处的位置选择，以常绿阔叶树种为主，配以观花树种及耐水树种。

（2）堤岸材料。护岸尽量不采用硬质材料，或用块石、卵石堆砌自然驳岸，使其有利于植物生长和生产微生物，并在河岸上种植绿化带，恢复、加强、与扩大该河沿岸带植物，充分发挥沿岸带的过滤、拦截能力，达到减少入涌污染物的作用。

（3）桥。新建桥梁必须满足防洪排涝的要求，不得阻水，同时外形应注重美观，造型应别致，具有地区、时代的特征，使之成为水景观治理的标志性景观之一，满足人们的通行、观光活动的要求。人行桥可采用轻型拱桥，视条件桥下可通龙舟及游船。需改造的桥梁应从实际出发，在稳固结构的基础上，加以美观，注意与滨水步行道之间的关系，使滨水步道能贯通无阻。

对现有桥梁属保护建筑的，应按其原有建筑风格进行维护和装饰。例如，进行表面建筑材料破损部分的重新修复，"整形如旧"并配以灯光夜间照明加以烘托，切不宜大肆翻造，避免丧失其传统文化特征，造成与固有建筑环境脱节。

（4）栏杆与灯饰。河涌两岸如有居住区、商业区、学校等，涌边应设安全及景观栏杆，栏杆应以质朴的石料等材质，避免过于细质、精巧的室内装饰材料。不设安全栏杆的涌边，可考虑设防滑坎、墩，提醒路人注意安全。

商业、居住区、工业区等地河涌两岸应设灯饰，材料及形状的选取应与周边环境相协调，美化滨水景观，方便群众生活。

（5）亲水平台。亲水平台应自然、低缓、贴近水面，采用阶梯状，可伸入水下数级，便于游人亲水或游船通行等，考虑到安全因素，亲水平台下应避免陡坎，防止嬉水儿童滑入深水区。

**二、河流水景观工程建设实例**

广东省中小河流水生态景观建设需要在保障行洪安全的基础上，尊重河道自然规律，保持河道原有形态和河势，同时注重原始植物群落、生物生境的保护，兼顾河道水环境改善、防止水土流失，为水生植物生长、水生动植物繁殖创造条件，使河流生态系统实现可持续发展。广东省地貌以丘陵为主，大体上属于东南丘陵地区。地势北高南低，北部、东北部和西部都有较高山脉，中部和南部沿海地区多为低丘、台地或平原，山地和丘陵约占62%，台地和平原约占38%。

1. 山区型河流水生态景观建设

广东省中小河流在全省7大流域均有分布，但大多河道的中上游起始于偏远山区。一般交通不便，经济条件差，经常遭受山洪、滑坡、泥石流和水土流失等自然灾害的威胁。山区型中小河流具有山多、地少，石头多、泥土少，且河道主要受山洪、暴雨影响较大，洪水一般历时较短，但来势迅猛。因山区地少，不适用缓坡型护岸；因山区暴雨流速快、冲刷大的特性，单纯的植草护坡不适用；因山区经济发展滞后，运输成本高，预制生态砌块、多孔混凝土构件也不适用。因此山区型河流水生态景观应因地制宜，清理河道淤积，采用当地易获取的材料，保留河道曲线及边滩，种植乡土植物，适当用景观植物点缀即可。

以清远阳山七拱河治理为例。七拱河具有典型的山区河流特色：平时水流量较小，汛期河道水位涨落较快，河道主槽不明显，护岸冲刷严重。生态治理理念：不随意裁弯取直，固定河道主槽，局部保留深潭，放缓河道边滩，不渠道化、不硬底化河道。

七拱河流域大块石资源丰富，根据这一特点，选用较为生态的叠砌大块石护脚方式。叠砌大块石选用块石重量一般不低于400kg，开始宽度为600～800mm，厚度约500mm，埋深约500mm。上部叠石紧贴岸脚错层摆放，层间块石需错位摆放稳固，能起到良好的防淘刷作用，并且具有较高的抗冲刷性能。块石之间留有空隙，适宜植物生长，以及两栖及水生动物栖息，是较好的维系河道原生态环境的护脚方式。在河道局部运用大块石砌筑水陂，利用水体高差形成跌水景观，块石组成连接两岸的水中汀步。既方便两岸村民的出行，又增加了构筑物的观赏性。

山区中小河流域淤积材料大多为砂卵石，以往清淤料为外运或沿岸堆放。在七拱河治理中，利用清淤料掺入黏土，并碾压密实。掺土后的护坡，利用了河道淤积清淤料，减少了料场开挖的生态破坏，并利于乡土植物的生长，且其抗冲刷性能高于普通植草护坡。

七拱河治理尊重河道现状，保留河道蜿蜒曲折的形态；充分利用当地材料大块石，降低工程造价的同时，又不会造成其他材料对现有环境的污染。经过一段时间的运行，叠砌块石与岸坡之间的咬合程度好，空隙间已有乡土植物生长，河道鱼虾蟹等也栖息其间，块石本身与周边山水环境融为一体。七拱河整治后现状如图10.4-6所示。

图 10.4-6 七拱河整治后现状

2. 平原城镇型水生态景观建设

城市建设挤占河道，使河道空间减少，水面缩窄，行洪能力降低。以东莞麻涌为例，工业和生活污水处理滞后，致河流水质普遍恶化，影响城市环境。由于水生态系统比较脆弱，必须提高对生态景观的设计要求，在满足防洪、排涝、排污的功能前提下，以"安全、自然、生态、亲水、景观"为设计目标。

麻涌河道的岸线已基本定型（麻涌标准断面如图 10.4 - 7 所示），且受周边城市建设的约束，对岸线进行自然岸线回复处理，对河道清淤挖深，增大河道过流断面，增加涌容。河道局部断面过窄，采用松木桩进行部分挡土，挖深达到清淤底高程。

在非乡镇村庄段护岸采用缓坡型自然护岸，植物群落护坡，松木桩固土；在乡镇村庄段新建、已建的浆砌石挡墙脚种植水生植物，采用松木桩固土。水生植物的种植可以保护动植物物种的多样性，起到一定的净化水质的作用，提高土壤的持水性，且水生植物的发达根系能有效地防止水的侵蚀和冲刷。既改善了水生态，又美化了景观，增加了人与水的互动性。

麻涌河道整治多在乡镇村庄段结合当地民俗人文风情，在每段河道建架空凉亭为村民提供集会休闲空间，并在河道较宽处设置连接木栈道和小型码头，为村民出行和游览提供方便。水生植物多以开花的美人蕉、鸢尾、再力花、千屈菜等为主，使整个空间颜色丰富、层次感强，并美化了河道浆砌石硬质挡墙。麻涌整治后现状如图 10.4 - 8 所示。

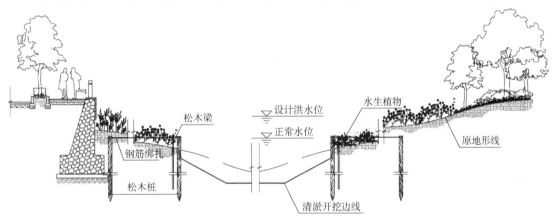

图 10.4 - 7　麻涌标准断面

图 10.4 - 8　麻涌整治后现状

# 第五节　小　　结

　　河道硬化、渠化、直线化的传统治理方式对河道生态系统造成了较为严重的破坏，妨碍了人们的亲水活动，隔断了岭南文化的传承。本节从岭南水文化建设、河道生态廊道恢复与构建、水景观营造原则、技术要求、评价指标体系等方面探讨了广东省中小河流综合治理中的水文化、水生态及水景观建设问题。

　　（1）基于岭南传统文化、新岭南文化分析了中小河流建设需要传承的岭南文化特质。并从方言与艺术、聚落、庙宇与祠堂、民居、民俗、人才与科技、水街景观等方面分析了岭南文化元素组成。结合文化主题挖掘及表达分析了基于岭南文化景观建设方法。

　　（2）河道生态廊道植被恢复是广东中小河流水生态建设的重要任务。植被恢复要遵循生态优先原则、适地适树原则、生物多样性原则。本章提出了植被恢复要求的河岸滨水带乔木、灌木、藤本类、竹类、草本植物、花坛植物、水生植物的选取标准、种类数据库。

　　（3）本章提出水景观建设的功能定位、生态系统构建、文化传承、以人为本、高效土地利用、管养机制的可持续性等中小河流水景观设计原则、景观营造技术要求以及景观营造方法，并从生态性、亲水性和景观性等三方面提出了景观评价的指标体系。

　　（4）结合蕉岭县水景观规划、七拱河山区型河流水生态景观、东莞麻涌平原城镇型水生态景观等实例剖析了基于岭南文化的中小河流水景观营造理念及技术。

# 第十一章

# 中小河流治理建设及管护措施

## 第一节　广东省水利建设和管理调查与评价

广东省地处低纬度，面临南海，背靠五岭，北高南低，由于自然地势和天然气候的影响，形成了春秋易旱，夏易洪涝，旱涝交错的地理特征。

中华人民共和国成立后，广东水利产业经过全面规划，重点兴建，标本兼治，远近统筹，开发建设，经营管理，注重效益，有计划有步骤地发展起来。1992 年以来，广东水利在治水思路转变、水利工程建设、水利管理等方面都取得了显著成就，水利建设改革发展历程大致可划分为以下三个阶段：

第一阶段：加强江河防洪，统筹资源利用，提升保障能力（1992—1998 年）。

在工程建设上，实行项目法人责任制、招标投标制、项目监理制，实行建设、治理与开发相结合。在水利投资体制改革方面，长期以来，水利投资不足严重制约着水利的发展，如何解决这一问题已成为振兴水利的关键，广东大胆探索创新水利投资改革体制，努力将水利推向市场。

第二阶段：突出防灾减灾，加强资源保护，推进现代水利（1999—2007 年）。

第三阶段：注重民生水利，严格资源管理，发展生态文明（2008 年至今）。在水利建设模式及投融资体制改革方面，全省公共财政投入逐年增加，市场融资取得显著成效。2008 年制定《广东省水利建设工程总承包（试点）暂行办法》，开展总承包试点工作。2009 年，广东省水利厅制定了《广东省水利建设工程试行 BT 模式的指导意见》。从 2008 年开始，省水利厅开始探索《建立广东省水利投入稳定增长机制》，初步建立了水利投融资平台。除 BT 模式外，还通过土地资源拍卖、以地换堤、水利工程经营权拍卖、社会捐资等形式，广泛吸纳社会资本，筹集水利建设资金。

水利工程管理包括工程的运行、维修和经营，以确保水利设施安全和充分发挥效益。由国家投资修建的水利工程，属于国有资产，由各级政府设置相应的机构管理；民办公助或集体自筹资金修建的工程，属于农业集体经济组织所有，由乡镇或者管理区集体管理。改革开放以来，广东省水利工程管理体制改革不断推进，重点领域的改革取得明显成效，水利工程管理体制机制逐步完善，保障了水利事业的快速发展。

从最近 20 年投资完成情况看，水利投入呈现较快增长趋势。"九五"期间全省实际完成投资 377 亿元，"十五"期间全省累计投入 514 亿元，"十一五"期间水利建设总投入为

885 亿元,"十二五"期间,截至 2014 年 11 月底,完成水利总投资 847 亿元。

从 20 世纪 90 年代中期开始我国推行项目法人责任制,在取得效果后,项目法人责任制的推行扩大到了包括公益性项目在内的几乎所有基本建设领域。2008 年,广东开始水利建设工程总承包模式的试点工作。2009 年,广东开始试行 BT 建设模式。2011 年制定《关于采用社会资金建设广东水利工程的指导意见(征求意见稿)》,进一步完善有关融资规定,并增加引入 BOT、PPP 等模式,扩大社会资金建设水利工程的范围,进一步加大利用社会资金建设水利工程的力度。

广东省水利建设与管理仍然存在不少问题:"重建轻管"思想严重,事权划分不明晰、资金拨付程序复杂、水利投入机制未完善、地方配套资金严重不足、项目审批流程烦琐、地方项目竣工验收率低下、基层管理能力薄弱、管理经费投入不足、水利工程社会化管理机制未形成、基层水利人才匮乏等问题。

## 第二节 水利建设和管理的国内外经验借鉴

水利工程建设和管理环节众多,过程复杂。分别从水利投融资、水利工程建设模式、水利工程管理体制机制、水利建管法规制度建设四个方面对地方水利建设与管理实践中涌现的典型经验进行总结提炼。

(1)水利投融资。现阶段,我国正在逐步完善以公共财政投入为主导,金融机构支持、社会资本参与的水利投融资体制。近年来,在公共财政投入及金融机构支持两方面,国家陆续制定实施了一系列政策,地方的实践亦较为充分。社会资本投入水利建设的相关政策,从国家层面看,相关政策正在制定之中,地方亦在积极探索。为此,地方在水利投融资方面的有益实践经验将从公共财政投入、水利融资、社会资本参与三方面进行总结梳理。

(2)水利工程建设模式。由于水利工程建设规模的不同,各地涌现的水利建设模式普遍是对大中型水利工程,推行工程总承包和代建制等模式,将建设权交给工程总承包或代建单位,促进专业化、社会化管理;对中小型水利项目,以县级区域为单元,组建水利建设项目管理中心(简称"建管中心")作为项目法人,以招标等方式选取施工单位,组织工程建设并集中管理。推行建设权与监督权"两权分离",水行政主管部门,不再直接插手工程建设,重点落实监督权,告别了"既当运动员又当裁判员"的模式。此外,有关地方还创新了小型农田水利建设模式,并在规范水利工程建设市场等方面进行积极探索。

(3)水利工程管理体制机制。现阶段,国有大中型水利工程及小型水利工程的管理体制机制存在差异。国有大中型水利工程实行管养分离,小型水利工程管理改革正在有序推进中。

(4)水利建管法规制度建设。建立健全法规制度,是保障水利建设与管理工作的重要支撑。地方政府在水利投融资、水利建设、水利管理方面开展实践探索的同时,相应的建立健全了有关法规制度,有效保障了相关实践工作的开展。江苏、安徽、湖南、辽宁等典型省份的水利建设管理体制机制分析表明,针对水利建设与管理的相关环节,各地因地制宜,有针对性出台了相关环节的法规政策,进而将典型经验制度化、规范化。

广东省各地市也积极探索水利建设管理新模式。佛山市在集中建设管理和信用体系建设方面等进行了积极探索。梅州市在推行工程总承包方面取得了一定成效，在小型工程运行管理和信用体系建设方面积累了一定的经验。肇庆市结合本地实际，通过实施 BT 模式建设，有效解决地方配套资金，加快推进了水利工程建设。

# 第三节　完善良性运行的工程管理模式

### 一、严格落实工程管护经费

目前，为了解决水利工程管理养护的定额标准过低的问题，需要尽快研究制定出台有关水利工程管理养护的定额消耗标准，便于规范管理，合理支出提供科学依据。积极应对堤围防护费减收对水利工程管理运行的影响，探索从水利总投入中安排一定比例用于工程管理，切实增加与保障工程管理经费。省以下各级财政要确保水利建设基金用于工程维修养护的比例不低于 30％，并将财政承担的水利工程管理维护经费纳入预算，确保管理经费足额到位。同时，争取把两项经费到位率纳入各市县政府目标考核体系，建立政府主要领导责任追究制。

### 二、稳步推进管养分离

全省各地市从水管单位中分离出来的维修养护队伍，应依据自身参与市场竞争的生存能力，合理选择管养分离方式，直接或联合组建维修养护队伍。对于有业务承担和市场竞争能力的，可以单独组建维修养护企业；对于单个队伍没有业务承担或市场竞争能力的，可以由水行政主管部门统筹，将一定区域内的多个队伍联合组建成一个维修养护企业。不管是单独组建或联合组建，社保部门都应该承担解决水管单位分流人员与维修养护企业从业人员社保问题。

### 三、积极推进工程社会化管理

一是积极培育市场。培育水利工程运行维护市场，推行市场准入制，规定维修养护企业的注册资本金、企业总资产、各责任人及从业人员专业及职称等准入条件。同时，要求维护企业从业人员通过参加技能和管理岗位培训取得相应工程管理岗位和操作技能合格证书。探索建立守信激励和失信惩戒机制，推进水利工程建设领域项目信息公开和诚信体系建设，积极开展市场主体信用等级评价。

二是政策规定跟上。尽快出台水利工程物业化相关政策和技术规定，结合广东实际，尽快研究制订《广东省水利工程运行维护购买社会服务管理办法》，对参与水利工程运行维护向社会力量购买服务行为的相关单位应承担的职责、购买服务的主体和对象及具体购买服务方式、购买服务经费保障等内容作出明确规定，提升水利工程运行维护市场管理的系统性和规范性，同时研究制订与之相配套的《广东省水利工程物业管理办法》《广东省水利工程物业管理技术标准和要求》，为水利工程物业管理企业进行工程运行维护提供技术指导，同时为工程管理单位和物业管理企业双方履行义务和监督考核提供参考依据。

三是推进开展试点。在珠三角地区选择条件较好的地区，探索水利工程物业管理试点，制订试点方案，省财政适度倾斜维修养护资金补助，引导和鼓励各地有条件的水利工程开展物业化管理试点。

#### 四、以产权改革为重点深化小型水利工程管理体制改革

按照谁投资、谁所有、谁受益的原则，以确保粤境小型水利工程安全运行和效益发挥为目标，以明晰工程产权为核心，以创新工程管理模式为重点，以落实管护资金为抓手，深化小型水利工程管理体制改革。科学划定改革范围，在客观公正的原则下界定工程产权，在统筹各方利益的前提下明确管护主体和管护方式，采取多种渠道落实管护经费，从而实现小型水利工程的良性运行。

一是分类推进改革。小型水利工程量大面广，功能差异大，投资主体复杂，需要根据实际情况，划分工程类别，分类推进改革。按照"谁投资、谁所有"的原则，可划分为三类：第一类，以公共投入为主，包括中央及地方各级财政投入为主的小型水利工程；第二类，以农村集体经济组织投入为主的小型水利工程；第三类，以社会投资为主，包括企事业、个人投资和社会捐资的小型水利工程。

二是创新工程管护模式。针对不同类型工程的特点，因地制宜采取专业化集中管理及社会化管理等多种管护方式。政府所有的工程以及非政府所有涉及公共安全的小型水库、中小河流堤防、小型水闸、大中型淤地坝等工程，产权所有者可组建专门的管理单位集中管理，也可划归或委托国有大中型水管单位管理，或聘请专门的管护人员进行管理。其他各类工程，工程所有者应明确管护主体，可委托专业管理单位或农民用水合作组织管理，也可因地制宜，采取承包、租赁、拍卖、股份合作等多种管理模式。

三是加强管护经费财政补助。小型水利工程设施受益范围涉及千家万户，大多经济效益低，但社会效益明显，具有较强的公共性、公益性特征，必须建立由政府、集体与社会投资主体共同承担的小型水利工程管护经费保障机制，公益性（准公益性）小型水利工程管护经费须纳入县级财政预算。省级财政需加大对小型水利工程管护经费的支持力度。地方政府管护经费补助资金要纳入年度财政预算，不足部分可以从水利建设基金、水资源费、河道工程修建维护管理经费等规费中划出一定比例弥补。此外，考虑到粤东西北地区县级政府地方财力不足较为普遍，建议省级财政视情况对这些地区小型水利工程的维修养护经费给予一定程度的奖补。

#### 五、完善水利工程运行管理考核机制

根据水利部颁发的《水利工程考核管理办法》，结合广东实际，尽快制定水利工程绩效考核管理办法和实施细则。管理考核实行分级负责，省水行政主管部门负责全省管理考核的组织指导和省级水利工程管理单位考核的验收、复核工作（其中灌区、泵站工程由省水利厅农水处负责，其他工程由省水利厅建管处负责）。各市、县（市、区）水行政主管部门负责所辖范围内年度考核和省级水利工程管理单位考核的初验、申报工作。省直管工程由其主管部门负责其下属工程管理单位的年度考核和省级水利工程管理单位考核的初验、申报工作。各市、县（市、区）水行政主管部门应加强水利工程管理考核的组织管理，成立管理考核领导小组，负责所辖工程管理考核日常督导和年度考核工作。各市、县（市、区）水行政主管部门应将管理考核纳入年度目标责任考核范围，考核结果应进行公示，并作为水管单位评先创优的依据，并制定相应的奖惩措施。

#### 六、进一步明确水利工程管养定额

水利工程维修养护定额主要适用于广东省水利工程年度日常维修养护经费预算的编制

和核定。定额由维修养护项目工作（工程）量及调整系数组成。调整系数根据广东省各市的实际情况、水利工程维修养护实际内容和调整因素采用。定额单价根据广东省水利厅《关于发布我省水利水电工程系列定额与相应编制规定的通知》（粤水基〔2006〕2号）确定。

根据水利部、财政部《关于印发〈水利工程管理单位定岗标准（试点）〉和〈水利工程维修养护定额标准（试点）〉的通知》（水办〔2004〕307号），原有的水利工程维修养护定额已不适应广东省经济社会的快速发展，为加强水利工程管理，确保水利工程安全运行，充分发挥水利工程综合效益，进一步规范广东省水利工程维修养护经费预算编制、核定，提高资金使用效益，开展广东省水利工程维修养护定额编制工作是十分必要的。

### 七、建议加强基层水利管理能力

建议进一步解决基层水利管理单位体制问题，建立健全经费保障机制。各级政府要根据本地水利设施分布及社会经济发展等实际情况，逐步完善和加强水利设施管护机制，按照"属地管理、分级负担"的原则，建立健全区、街道两级水利服务机构经费财政保障制度，确保基层水利服务机构有稳定的经费来源渠道。建议将各镇（街道）水利管理单位所需经费列入镇（街道）级财政预算安排，将其编制内的在职人员经费、公用经费等基本支出由街道财政保障，离退休人员经费已基本纳入社保，偏低部分人员可由街道财政适当补贴，改变基层水利所现有的体制局面。且街道水利所是从事社会公共利益服务的事业单位，符合社会公益一类事业单位的功能特点，建议把基层水利服务单位由公益三类事业单位调整为公益一类事业单位。

建议探索建立村级水管员制度。可选择部分乡镇开展建立村级水管员的试点工作。每个行政村安排1名水管员，由行政村推荐，乡镇审定，报县级水行政主管部门备案。村级水管员的补助报酬主要由省、市、县三级财政解决，乡镇财政给予适当补贴。村级水管员原则上由威信高、身体好、责任心强的村干部兼任或村民担任，具体负责本行政村范围内水利工程的日常巡查、管理、维护以及水利突发事件上报和应急处置工作。

## 第四节　建立"河长制"长效管护模式

广东省中小河流众多，集水面积在 $50 \sim 3000 km^2$ 的中小河流有1211条，河道总长达3.6万km，尤其是山区五市，中小河流密集、水系发达，合计共有中小河流536条，河长1.7万km，分别占全省的44％和49％。河道既具有防洪、调蓄、排涝、灌溉、供水、航运、水能发电等多种功能，也是水资源和生态环境的重要载体，对防范自然灾害，保障生态流量，维护生态平衡，保障经济社会发展和人民群众生产生活具有重要作用。

中小河流治理工程与建好后的运行管护要同步考虑、同步推进，不能出现工程建好了、管护跟不上导致过几年废掉重建的情况。要建立长效运行管护机制，落实运行管护责任、人员和经费，明确管护范围，确保工程良性运行和长期发挥效益。这也是贯彻水利部《关于加强河湖管理工作的指导意见》，创新河湖管护机制，建立符合我国国情、水情的河湖管护长效体制机制的需要。

### 一、　"河长制"长效管护模式研究

"河长制"是指由各市及相关县（市、区）党委政府主要领导担任行政区域"总河长"

"河长"，推动各级党委政府及镇村级组织全面履行河流保护管理责任，创新河流保护管理体制机制，建立水陆共治、部门联治、全民群治的河流保护管理长效机制。

市、县、镇政府领导按照分级管理原则和管辖权限分别担任"市级总河长""市管河道河长""县级总河长""县管河道河长""镇级河段长"，有条件的地区可由行政村（社区）领导担任"村级河段长"。有市管中小河流河道的地市，"市级总河长""市管河道河长"可分别由市政府主要领导、分管领导担任；没有市管中小河流河道的地市，无须设置"市管河道河长"；"县级总河长""县管河道河长"可分别由县政府主要领导、分管领导担任；"镇级河段长"可由乡镇政府主要领导或分管领导担任；"村级河段长"可由各村党支部或村委会负责人担任。

"市级总河长"的职责：对全市范围内中小河流的河道治理、河道管理与保护、水资源管理与保护、河道长效管护机制建立、河道管护经费投入等工作负总责，指导、协调、督促辖区内各"总河长""河长"做好相关工作；协调解决跨县中小河流治理和管护工作中存在的问题；考核评价"市管河道河长"和"县级总河长"。

"市管河道河长"的职责：负责市管中小河流河道治理、河道管理与保护、水资源管理与保护、河道长效管护机制建立等工作，明确各有关部门协助"河长"工作的职责并指导、协调、督促其开展工作；承接"市级总河长"交办的事项。

"县级总河长"的职责：对全县中小河流河道治理、河道管理与保护、水资源管理与保护、河道长效管护机制建立、河道管护人员和经费投入等工作负总责，指导、协调、督促各"河长""河段长"做好相关工作；考核评价辖区各级"河长""河段长"；承接上级河长交办的事项。

"县管河道河长"：负责县管中小河流河道治理、河道管理与保护、水资源管理与保护、河道长效管护机制建立等工作，明确各有关部门协助"河长"工作的职责并指导、协调、督促其开展工作，督促设立河道管护机构、落实运行管理人员及管护经费；组织、指导辖区"镇级河段长"开展工作；依法组织查处各类涉及辖区县管河道和水资源的违法行为；考核和评价河道内的"镇级河段长"；组织做好宣传和公示工作；承接上级河长交办的事项。

"镇级河段长"的职责：负责全镇范围中小河流河道巡查、河道保洁、日常维养等工作的具体组织实施；落实辖区内中小河流河道的巡查员、保洁员及其工作职责；落实管护经费；指导、协调、督促辖区"村级河段长"做好相关工作；做好宣传和公示工作；考核评价"村级河段长"；承接上级河长交办的事项。有关具体职责由县予以明确。

"村级河段长"的职责：负责全村范围中小河流河道巡查、河道保洁、日常维养等工作的具体组织实施；督促落实辖区内中小河流河道村级巡查员、保洁员及其工作职责；落实和使用好管护经费；做好宣传和公示工作；承接上级河长、河段长交办的事项。有关具体职责由县予以明确。

加强组织领导，建立"河长制"领导机构。市、县、镇（乡）政府应分别成立"河长制"工作领导小组，由河长任组长，成立"河长制"办公室，落实相应工作人员；建立联席会议制度，研究解决"河长制"工作存在的主要问题。

各地应建立健全"河长制"检查考核制度，对中小河流"河长制"设立及运行情况、河道长效管护机制的建立情况和管护责任、人员、经费等的落实情况进行检查考核，奖优罚劣。考核结果靠前的市、县，省水利厅将优先上报水利部争取列入河湖管护体制机制创新试点，优先将该地区的中小河流列入治理规划，优先安排对河流管护的中央、省级投资补助。各地也同样应建立"以奖代补、先做后补"的激励机制，将考核结果与维修养护资金安排、工程项目立项等挂钩，奖优罚劣。

建立"河长制"分级考核制度。各级"河长制"工作领导小组应制定完善的考核评价办法，明确相应的考核内容、考核指标、指标分值、评分标准等内容，统一标准，公平、公开，按照各级"河长"职责，分级定期实施考核和评价；考核结果公布前宜先公示，接受社会监督。正确使用考核评价结果，对因失职、渎职导致河道资源环境遭受严重破坏，甚至造成严重灾害事故的，要依照有关规定调查处理，追究相关人员责任。

建议各级河长的主要任务如下：

（1）统筹河流保护管理规划。遵循河流自然规律和经济社会发展规律，坚持严格保护和合理利用，根据河流功能定位，将生态理念融入乡村建设、河流整治、旅游休闲、环境治理等规划、设计、建设、管理全过程，科学编制经济社会发展规划和各领域、各部门、各行业专项规划。规划应统筹考虑地区水资源条件、环境承载能力、防洪要求和生态安全。

（2）实施河道系统治理。按照清障清违先行、清淤护岸并重、因地制宜筑堤修陂的治理原则，解决河道行洪通畅，提高流域综合防灾减灾能力，考虑沿河截污，保护河流自然生态；同步推进山洪灾害防治非工程措施项目建设，发挥综合效益；将河道治理与美丽乡村、新农村建设有机结合，发挥河道综合功能。实现中小河流"防灾减灾、河畅岸固、自然生态、安全经济、长效管护"的治理目标。

（3）建立河道长效管护机制。加强河道管理与保护，严格涉河建设项目和活动审批，开展河道水域岸线登记、河道管理范围和水利工程管理与保护范围划界确权工作；按照治理后河道的行洪能力和防护标准，加强河道堤岸维修养护、河道清淤及水面保洁管理，保持"河畅、岸固、水清、生态"的治理成效；创新河道管护机制，按照分级负责、分级管理原则，层层落实河道管护主体、人员、责任和经费，特别是明确县级以下基层河道管理责任主体，充实基层管护人员，确保每一条河流都有相应的管护单位、管护人员和保洁员，实现河道长效管理全覆盖。积极落实河道管护资金，明确本级政府补助标准和资金来源，确保长期稳定投入；涉及中央针对完成治理任务的中小河流已下达县级以下公益性水利工程维修养护补助资金的地区，按照同比例配套原则应筹措落实相应的地方配套资金；积极探索对中小河流实行标准化管理和社会化管护。经过治理的中小河流应当依法划定为河砂禁采区并进行公告。依法严禁涉河违法活动，强化日常巡查和检查，严厉打击占河、占滩、占堤岸和破坏水工程设施等河道违法违规行为。

（4）落实最严格水资源管理制度。加强水资源管理与保护，严格执行水资源开发利用控制、用水效率控制和水功能区限制纳污"三条红线"，构建水资源合理配置和高效利用体系。

（5）加强水体污染综合防治。贯彻国家有关水污染防治相关规定，加强工矿企业污染、城镇乡村生活污染、畜禽养殖污染、农业面源污染的综合防治，落实管理部门职责，推进防治措施。

## 二、"互联网＋河长制"管理模式研究

随着移动互联网的飞速发展，人们对地理空间信息的 4A（Anytime，Anywhere，Anybody，Anything）服务需求与日俱增。为贯彻落实《国务院关于积极推进"互联网＋"行动的指导意见》、广东省"互联网＋"行动计划（2017—2020 年）、积极践行五大发展新理念和新时期水利工作方针，以信息化驱动传统水利向现代水利转变，为广东省水利事业改革和发展提供有力支撑，本书提出在中小河流管护方面利用"互联网＋"技术深入推进落实"河长制"。

通过利用"互联网＋"创新技术，集成现有政府资源，开发全市统一、面向公众的"河道治理 APP"或"河长制"管理信息系统，通过该系统，市、县、镇三级河长可以通过 PC 端和移动端进行管理，公众可以通过 APP、微信公众号参与治水管河。通过"互联网＋河长制"管理方式，让该平台以落实"河长制"信息公开事项、接受社会公众监督、推进河道治理工作、保护河流生态环境等为主要内容，实现数据开放共享建设，集信息公开、通知公告、经验交流、履职管理、公众互动、成果展示为一体，向社会公众公开中小河流管护信息，提供数据在线浏览、简单在线分析和下载等功能，方便社会公众了解和参与中小河流管理，推动管护工作的信息化、规范化、长效化。同时利用无人机加强河道巡查工作，将无人机巡查与河道管护人员的日常检查有机结合，开展面向中小河流的移动巡查支撑技术，对巡查人员、时间、频次、路线、发现的安全隐患等信息进行记录，移动实时上报工情、险情，将巡查结果集成入管理系统中，实现上下联动，建立河道管护的长效机制。

## 三、河道建后管护标准研究

河道治理工程"三分在建，七分在管"。随着大量中小河流治理项目的完工，当前面临的一项重要工作就是如何加强中小河流治理后的管理维护，要在加快工程建设的同时，尽快研究建立保障工程良性运行的长效管护机制，巩固治理成果，确保工程建得起、管得好、长受益，这既是水利部门的重要职责，更是间接的社会责任。在河道管护体制提出做到"五有"，即有管理组织和专职管理人员，有管理设施，有管理规章制度，有必要的交通、通讯设施，有管理人员经费和工程维修经费来源。在管护目标研究工作中上提出要做到"五无"，即水域无障碍、工程和堤岸无损害、河道无淤积、河面无杂物、绿化无破坏，实现"水清、流畅、岸绿、景美"的河道管理工作目标。

河道管护包括以下内容：

（1）河道巡查。巡查人员主要职责是承担管理范围内各设施的巡视、检查工作，做好记录，发现问题及时报告处理；参与害堤动物防治工作、参与防洪抢险；承担河道安全工作，每次巡查结束后，应做好记录，如有违法、违规事件应及时做好记录并上报上级主管部门。

（2）河床管护。对河道日常检查内容、河道断面监测及河床疏浚提出明确要求。

（3）堤岸管护。对堤防及护岸的日常检查内容提出明确规定。堤防护岸检查分为经常检查、定期检测和特别检查，堤防堤顶、堤坡、堤脚、堤面的检查内容；护岸主要对坡式护岸、坝式护岸、墙式护岸、护脚、岸滩等的检查规定；穿堤、跨堤建筑物及其与堤防接

合部等检查要求以及堤防护岸监测要求；堤防护岸管护目标及具体标准，应急抢险措施等要求。

（4）水体管护。

（5）水质监测。河道管护单位应对管护区域内每一条河道水质进行定期检测，为水质污染综合防治提供决策依据。

（6）水体评价。河道应做到水清、面洁、水流畅通、无异味、无漂浮物、无障碍物。

（7）河道建筑物管护。

（8）绿化和景观管护。

（9）其他设施管护。主要包括安全设施、排水设施、水文监测设施等管护工作的要求。

主要管护标准包括：

（1）河道要通畅，河床常疏浚。河道通畅，无阻水障碍物，无围垦和违规种植。

（2）河岸要稳固，岸坡常维护。堤防、护岸、护坡、建筑物等水工设施、设备完好，运行正常。

（3）设置标志牌，界线要明晰。河道管理范围、工程范围和保护范围要明确，设立标志牌。

（4）河道无障碍，岸线要保护。无乱堆乱建乱放，堤顶道路通畅。

（5）河道无垃圾，常清常维护。河面清洁，无倾倒垃圾废弃物等。

（6）岸坡无杂草，环境要整洁。岸坡杂草要定期整理，维护河道两岸自然环境。

# 第五节　河道确权划界研究

划定河湖管理范围和水利工程管理与保护范围是加强河湖管理和水利工程管理的一项重要基础工作，是水利部门依法行政的前提条件，更是贯彻党的十八大和十八届三中、四中全会精神以及习近平总书记关于国家水安全的重要讲话精神，落实水利部深化改革和加强河湖管理工作部署的重点任务，对于进一步加强河湖管理与保护、充分发挥水利工程效益具有重要意义。

2014年8月，水利部印发了《水利部关于开展河湖管理范围和水利工程管理与保护范围划定工作的通知》（水建管〔2014〕285号），决定开展河湖管理范围和水利工程管理与保护范围划定工作，要求到2020年，基本完成国有河湖管理范围和水利工程管理与保护范围划定工作，其中2017年底前完成省级水行政主管部门直管的河湖管理范围和水利工程管理与保护范围划定。2014年9月，水利部办公厅部署在全国范围内开展河湖及水利工程划界确权情况调查工作（办建管〔2014〕186号）；2015年3月，水利部办公厅印发了《河湖管理范围和水利工程管理与保护范围划定工作实施方案编制大纲》（办建管〔2015〕59号），要求各地在已开展调查工作的基础上，根据编制大纲要求和分级管辖权限，抓紧组织编制"河湖管理范围和水利工程管理与保护范围划定工作实施方案"。

2015年5月，广东省水利厅下发了《关于切实做好河湖管理范围和水利工程管理与保护范围划界确权工作的通知》（粤水建管〔2015〕45号），转发了水利部关于开展河湖管理范围和水利工程管理与保护范围划界确权工作的通知，以及工作实施方案编制大纲：①要求各地明确工作负责人、责任单位、责任人、抽调专人、落实经费；②要求按时限编制实施方案；③要求结合中小河流治理重点突破划界与确权；④要求协调市直有关部门推进划界确权工作。针对广东省划界确权实施方案编制滞后的情况，2015年10月，广东省水利厅组织召开了全省划界确权工作推进会，就实施方案的编制方法思路上提出了导向性意见，同时要求各地尽快完成实施方案的编制。

### 一、现状及存在问题

河道是工农业生产以及人民群众生活和防洪度汛的重要基础设施，大力开展河道管理工作是保障两岸人民生产生活安全的重要措施，关于经济发展以及社会稳定。河道管理范围划定是水行政主管部门依法进行河道管理、执法的基础和前提。

目前，国家法律对河道划界范围有两种定义：一是历史最高水位；二是河道设计洪水水位。根据以往河道管理经验，无堤河道管理范围按照历史最高水位划分将会导致管理范围偏大，定界更加困难，一些河道可能会出现整个城市和乡镇都被划分在河道管理范围内的情况，因而历史最高水位进行划定可行性不高。一些地方的小河道往往没有进行过规划，缺乏洪水设计水位，因而河道管理划界十分困难，管理上也产生了一定的缺失。尤其在一些土地资源紧缺的地区，土地价格十分高昂，利益驱使使得违法占用河道的情况十分严重。目前的河道管理工作中，由于权属不明，界限划分不明确，导致了很多的水事纠纷，影响河道管理工作的正常进行，因此水利部门想要提高河道管理水平，就需要高度重视河道划界管理工作，对河道管理以及保护的范围进行进一步明确，为河道保护管理工作提供可操作性依据。

### 二、工作思路

根据调查结果，广东省需要划界确权的河道有2万多km，水库范围250多万亩，水闸范围3万多亩，分布在22个地级市辖区，牵涉范围广。全省的划界确权工作所需经费大，且该项工作既需要国土部门的协作支持，也需要河湖周边群众的理解配合，不然即使有经费也"划"不了界更"确"不了权，由于目前还没有上级水利、国土、财政等部门的联合发文，相关协调工作很难开展，各地从事河湖管理工作的人手不足，工作开展任重道远。本书提出如下工作思路：

（1）重点突破。①利用土地利用总体规划调整的时机，解决水利建设用地问题，为水利工程的划界确权打好基础；②以山区五市中小河流治理和中央规划的中小河流治理为契机，以治理带动管理，中小河流治理好一段，完成划界确权一段，长效管护好一段。

（2）先易后难。划界还没有涉及划定界限范围权限的归属，也不影响划界范围的现状，与部门的协调、与相关群众的协调要容易一些；划界所需的工作经费比确权所需的经费要少很多，工作程序也没有那么复杂。因此，先划界、后确权。

（3）协调推动。划界确权，牵涉国土、财政、住建、交通、林业等部门，没有各级政府的主导，很难推进。可以强调工作的重要性、部门协作的重要性，但要有效，必须有政策和经费作为前提条件。

### 三、划界确权工作的主要内容

划界，是划定河道以及堤防的管理范围，而确权是申领管理范围内的土地使用权。河道划界确权的主要任务是划定河道管理范围，立桩明示界限，领取权证。通过划界确权，对河道管理范围以及保护范围进行明确，明确河道管理范围内管理权以及使用权。该项工作主要内容如下：

（1）要明确划界的对象。广东省流域面积在 50km² 以上的河流；完成竣工验收（或投入使用验收）的国有水管单位管理的水库、堤防和水闸等水利工程。需要对河流的管理范围、水利工程的管理范围和保护范围进行划界。

（2）确定管理范围内土地使用权属。对于水利工程管理范围内已经征地的范围，如依法确定土地使用权和办理土地使用证的手续尚未办完的，要按程序完成。

划界工作主要事项：一是协调确定测绘图的来源；二是根据确定的测绘图来源，制作测绘图纸；三是确定界桩设计图纸；四是与河道沿线、水利工程周边群众协调埋设界桩事宜；五是根据界桩技术标准和河道沿线、水利工程周边情况，现场确认布设界桩位置；六是计算界桩数量，制作界桩；七是埋设界桩，拍摄实体照片；八是电子图上标示埋设的界桩；九是公告河道管理范围划界成果；十是开发建设划界确权成果信息库及信息管理软件。

确权工作主要事项：一是梳理统计确认能够确权的堤段；确权的对象主要是已征地的堤防占压地和已征地的河道管理范围土地，以及已征地的水库坝区、库区土地，已征地的水闸管理范围土地，前往国土部门咨询协调确权程序手续等；二是土地登记申请；三是完成地籍调查报告、地籍调查表；四是申领宗地图及宗地界址坐标；五是收集相关税费文件、标准及缴费凭证；六是申领国有土地使用证；七是在电子图上标注确权坐标、范围、面积等；八是录入完善划界确权成果信息库及信息管理软件。

目前，为规范河湖管理范围及水利工程管理和保护范围的划界确权工作，根据国家和行业有关界桩、标示牌设立及管理的规定，广东省研究编制了《广东省河湖及水利工程界桩、标示牌技术标准》，并由省水利厅正式印发了《广东省河湖及水利工程界桩、标示牌技术标准》（粤水建管函〔2016〕1292 号）。

## 第六节　中小河流工程试行 100％独立第三方质量检测研究

广东省重要领导在听取中小河流治理工作汇报时曾指出，"中小河流治理工程规模小、项目多、质量标准相对较低，容易出现偷工减料现象，质量监督必须到位。省有关部门要对每一项治理工程进行检查验收，也可委托第三方去做，一定要把好质量关"。为加强广东省山区五市（韶关、河源、梅州、清远、云浮）中小河流治理工程质量监督管理，确保工程优质、长效管理，按照省委省政府的部署，根据《关于切实加强水利工程安全与质量监督管理工作的意见》（粤水安监〔2012〕34 号）、《转发水利部关于印发贯彻质量发展纲要提升水利工程质量的实施意见的通知》（粤水安监〔2013〕8 号）和《关于印发〈广东省水利工程质量对比检测实施办法〉的通知》（粤水质监〔2009〕31 号）等有关规定和要求，研究制定了《广东省山区五市中小河流治理实施方案》的治理项目试行 100％独立第三方质量检测工作意见，省水利厅于 2015 年 7 月印发了《关于广东省山区五市中小河流治理工程试行 100％独立第三方质量检测的意见》的通知。

### 一、检测工作现状与问题

现阶段我国主要有三种检测单位：第一种是专业检测单位，为独立法人；第二种为检测机构，这类单位在行政管理部门下设；第三种为检测公司或实验室，这类单位在施工企业下设。第二种单位从业务上来看需要受到行政管理部门的指导，在执法过程中接受社会的委托，其检测收费活动是营利性的，正是由于这种单位的地位较为特殊，很容易会受到行政干预，进而影响其公正性，同时法律地位也不明确，这种情况下一旦出现错误、虚假的检测数据报告，他们很难为其承担独立的民事法律责任。第三种单位由于与施工单位之间存在隶属关系，在经济上双方存在利害关系，他们出具的报告只能为施工单位提供自检结果，根本无法作为竣工验收依据而存在，在整个质量检测工作中都缺少了第三方的质量控制检测，难以确保工程质量检测结果的公正性和客观性。

目前，大部分水利工程的检测活动是由本施工企业完成的，质量监督部门再对工程的质量情况进行一定比例的抽检。施工企业的自检存在一定问题，主要表现为：①检测试验室或试验部门作为施工单位的附属部分，其发展和作用发挥受到一定限制，且考虑到经济成本及工程质量和工程进度存在矛盾，企业对检测试验室重视程度有限。此类试验室在工程现场往往建得比较简陋，试验室的环境条件难以达到规范要求，虽属按照 ISO 17025 标准建立的试验室体系，但不用通过国家强制认证，试验设备往往不够齐全，检测项目偏少，检测人员技术水平参差不齐，检测结果不易达到科学准确，也就不能正确反映工程质量。施工单位的试验室，通常不具备标准条件，对于从事工程检测工作而言，温度和湿度对建筑材料的各种性能有很大影响，环境条件不能满足，试验结果会存在一定的偏差。②一些施工企业内部的试验室，从业人员未经过专业培训，没有持证上岗，试验技能参差不齐，取样制样及试验过程很难达到标准规范要求。这些因素势必会影响到检测结果，从而影响到工程质量。③为了工程通过验收，有些施工单位试验室受到本企业管理人员的干预，存在弄虚作假，篡改不合格试验数据，瞒报、抛弃不合格样品等现象。更有一些施工企业，为了节约成本，偷工减料，购买劣质的建筑材料，指令企业试验室捏造数据、出具合格检测报告，以达到工程验收的目的。④施工单位通常不会动用足够的资金来保证工程检测的全面开展。企业是以追求利益最大化为原则，并非每个施工企业在工程质量检测上都能做到有足够的投入，种种因素造成的检测运转资金短缺也无法保证工程质量检测工作的正常进行。

因此，第三方质量检测单位应该如何选择，才能将独立第三方作用充分发挥出来，具有非常重要的现实性意义。第三方检测，即不归属建设单位也不归属施工单位，而是独立于建设单位和施工单位的第三方检测机构。这类检测机构要靠诚信、质量和市场竞争来生存，必须建立健全完善的质量检测管理制度和体系，所出具的检测报告真实可靠。

第三方检测单位通常具有独立法人，独立运作，有健全的管理体系和质量保证体系，管理制度完善，检测过程具有公正性，能够承担民事法律责任，与供方没有经济利益关系，依靠市场和社会效益而生存；第三方检测单位需符合 ISO 17025 标准体系要求并通过计量认证评审，检测试验室规模大，试验面积满足试验开展的需要，试验温度湿度等标准规范要求的试验条件均得到满足，具有技术先进性；第三方检测单位试验设备齐全并定期计量校准，确保检测精度和准确度。检测人员配备充足，有较高的专业水平，受过相关专业培训，并取得官方认可的上岗证，具有广博的专业知识背景和工程经验，可以通过检测结果，分析质量原因，提出合理化建议或改进施工工艺和施工方法。

总之，第三方检测能提高工程质量，提高投资效益，合理应用新的检测技术和检测手段，提高工程安全运行的可靠性，是应该大力推广的最佳质量监管模式。现今，多数工程还不是完全的 100％ 第三方检测，只是工程的一部分检测由第三方检测来抽检，大部分检测还是施工单位自检。尤其是中小河流治理项目，由于工程总价不高、工程措施相对简单，项目招标对施工单位、监理单位资质要求相对较低，导致施工队伍较多、施工技术参差不齐。由于其"线长面广"的特殊性，施工单位对项目管理监管不够，加上监理单位的监理局限性，导致工程质量存在隐患，实行 100％ 独立第三方质量检测就十分很有意义。

**二、工作总体要求**

本书提出山区五市中小河流治理项目实行 100％ 独立第三方质量检测工作，明确项目法人应采用公开招标的方式，选择具有相应水利工程质量检测资质、与被检测工程参建各方不存在其他利益关系的独立第三方质量检测单位；提出将检测费用列入项目设计概算。

水利工程质量检测单位资质等级标准：岩土工程、混凝土工程、金属结构、机械电气和量测 5 个类别，每个类别分为甲级、乙级两个等级。

**三、质量检测工作内容**

山区五市中小河流项目要依据《水利工程质量检测管理规定》《水利水电工程施工质量检验与评定规程》等相关规程规范开展质量检测工作，包括施工单位自检和工程专项检测的全部检测内容，检测项目、参数、频率、数量应满足施工、检测和工程验收相关规范的要求。

中小河流治理项目质量检测内容包括工程原材料、中间产品、实体质量和金属结构、机电设备。原材料包括钢材、水泥、粉煤灰、填筑料、格宾网等；中间产品包括砂石骨料、石料、混凝土拌和物、砂浆拌和物、混凝土预制构件等；实体质量包括填土、堆石、砌石、混凝土、地基处理及基桩、断面复核等。具体检测项目和数量应结合工程实际情况由项目法人确认；检测单位应在监理单位的见证下到现场取样。

工程质量检测是指对工程实体的一个或多个特性进行的诸如测量、检查、试验或度量，并将结果与规定要求进行比较，以确定每项特性的合格情况而进行的活动。检测要经过"测、比、判"活动，对不符合质量要求的情况做出处理，对符合质量要求的情况做出安排。在工程建设期间，还要检测各种原材料及中间产品，杜绝一切不合格产品应用到工程中，确保工程质量。中小河流治理工程施工具有线路较长、单个工作面工程量小等特点，施工质量控制存在一定难度，因此检测工作还应加强工程实体质量的抽检。

**四、设计概算质量检测费用编列**

根据现行概算编制规定，对中小河流治理工程实行 100％ 独立第三方质量检测后，应核减计入工程单价中的施工单位自检费用，即工程单价中"其他直接费"的"检验试验费"，其他直接费费率核减 0.3％，同时取消"独立费"中按建筑安装工作量 0.3％ 计算的"第三方强制性检测费用"，改为"100％ 独立第三方检测费用"。

计费办法标准：

（1）其他直接费费率：建筑工程 1％ 改为 0.7％，安装工程 1.5％ 改为 1.2％。

（2）100％独立第三方检测费用费率：检测费用以建筑安装工作量为基数计算，当建设项目在地市（区）内时，费率取 1.2％；当建设项目在地市（区）外时，考虑调整系数 1.25，费率取 1.5％。

**五、管理要求**

（1）质量检测报告应提交给项目法人，并由项目法人报当地水行政主管部门备案。

（2）质量检测报告纳入竣工资料，作为单位工程质量评定和验收的重要依据。检测单位应严格执行国家有关规定和工程技术标准，建立相应管理制度和质量控制措施，认真履行检测合同，对检测数据和质量检测报告的真实性和准确性负责。

# 附　　录

## 附录 A　广东省山区中小河流治理工程设计指南

广东省水利水电科学研究院
广东省山区五市中小河流治理工作领导小组办公室
广东省水利水电技术中心

二〇一六年七月

# 前　言

按照《关于加强中小河流治理项目质量管理工作的意见》（水建管〔2014〕144号）和《关于进一步提高中小河流治理勘察设计工作质量的意见》（水规计〔2013〕495号）要求，为规范和指导广东省山区中小河流治理工程初步设计工作，科学规划工程布局，合理确定治理方案，规范主要设计内容，提高设计工作质量，特制定本指南。指南于2015年4月由广东省水利厅颁布试行，经试行一年后，编制组在征求使用单位意见和建议的基础上，修编完成本指南。

本指南按照《水利技术标准编写规定》（SL 1—2014）的要求，并参考《水利水电工程初步设计报告编制规程》（SL 619—2013）、《中小河流治理工程初步设计指导意见》（水规计〔2011〕277号）编制，指南共包括17章81节和1个附表。

本指南由广东省水利厅提出并归口管理，由广东省水利水电科学研究院负责具体技术内容的解释。本指南在执行过程中，请各单位注意总结经验，积累资料，随时将有关意见和建议反馈给广东省水利水电科学研究院（地址：广州市天河区天寿路116号；电话：020-38036683；邮政编码：510635），以供今后修订时参考。

本指南主编单位、参编单位、主要起草人和主要审查人：

主编单位：广东省水利水电科学研究院
　　　　　广东省山区五市中小河流治理工作领导小组办公室

参编单位：广东省水利水电技术中心
　　　　　广东水科院勘测设计院
　　　　　广东省水动力学应用研究重点实验室
　　　　　广东省山洪灾害突发事件应急技术研究中心
　　　　　广东省岩土工程技术研究中心

主要起草人：黄本胜、陈晓文、黄锦林、王　庆、钟伟强、邓　健、郭　威
　　　　　　杜秀忠、倪培桐、王立华、任启伟、唐造造　董　明、洪昌红
　　　　　　邓宗勇、张　挺、杨永民、黄健东、张　婷、苗　青、谭　超
　　　　　　刘　达、魏俊彪、王　飞、吴杨熙、孙昌利、张晓艳、张荣上

主要审查人：何承伟、边立明、陈仲策、林锡雄、赵晓琳、刘振威、么振东
　　　　　　黎开志、林　彬

# 目　次

## 1 总则

**1.0.1** 为适应山区中小河流治理工程建设需要，科学规划工程布局，合理确定治理方案，规范主要设计内容和技术要求，制定本指南。

**1.0.2** 山区中小河流治理工程应在已批复的《广东省山区五市中小河流治理实施方案》及完成"清违清障"工作的基础上实施，项目直接进行初步设计报告编制，无需编制项目建议书和可行性研究报告。

**1.0.3** 本指南适用于流域面积 $50\sim3000\mathrm{km}^2$ 的山区中小河流治理工程初步设计，流域面积小于 $50\mathrm{km}^2$ 的山区中小河流治理工程可参照使用。

**1.0.4** 山区中小河流治理工程应在满足防洪安全的前提下，适应河道自然性、生态性、亲水性的要求，因地制宜，以人为本，充分体现人与自然和谐相处的治水理念，努力实现河道流畅、水清、岸绿、景美的治理目标。

**1.0.5** 山区中小河流治理应遵循防灾减灾、岸固河畅、自然生态、安全经济、长效管护的治理原则，以整条河流为治理单元，按照"先受灾严重后受灾一般，先上游后下游，先支流后干流"的原则分期分批推进实施，优先治理人口集中、洪水威胁大、洪涝灾害易发、保护对象重要、治理成效突出的河段。

**1.0.6** 山区中小河流治理应按照清障清违先行、清淤护岸并重的治理思路，合理确定治理范围、防洪标准和建设任务，以河道整治、河势控导、河道疏浚、护岸护脚等措施为主，因需设防，重点解决河道行洪通畅问题。在河道治理的同时同步推进当地山洪灾害防治非工程措施建设，提高区域综合防灾能力。

**1.0.7** 在保障防洪排涝安全的前提下，治理河道应兼顾生态建设，鼓励河道治理与美丽乡村、新农村建设有机结合，发挥河道综合功能。有条件的地区可结合河道治理开展水生态环境、水景观和水文化工程建设。

**1.0.8** 山区中小河流治理工程初步设计应符合下列要求：

　　1　应以流域综合规划及专业规划为依据。

　　2　应加强基础资料的收集、整理和分析，根据工程规模和工程特点开展必要的现场调查和勘测等工作。

　　3　应兼顾干支流、上下游、左右岸利益，协调防洪、排涝、灌溉、供水、航运、水力发电、生态环境保护和文化景观等方面的关系。

　　4　应重视水文分析、河流冲淤演变及河势变化分析，加强整治河宽和堤距的分析论证，因地制宜，因势利导，尽量维持河道的自然形态，保持河势稳定及河道冲淤平衡。

　　5　应进行方案论证，选取技术可行、经济合理、低成本维护的治理方案。

　　6　应贯彻因地制宜、就地取材的原则，积极慎重地采用新技术、新工艺、新材料。在保障防洪安全的前提下，优先考虑生态治理措施，优先选择经济环保的建筑材料。

**1.0.9** 山区中小河流治理工程初步设计报告章节安排应按照本指南第 2 章的编制要求将"综合说明"列为第一章，以下各章应按照本指南第 $3\sim17$ 章的编制要求依次编排。报告文字应规范准确，内容应简明扼要，图纸应完整清晰。

**1.0.10** 山区中小河流治理工程初步设计报告的编制除应符合本指南规定外，尚应符合国家、行业及广东省现行有关规程、规范和标准的规定。

## 2 综合说明

**2.0.1** 绪言应简述以下内容：

1 简述工程地理位置、兴建缘由、工程任务与规模。

2 简述《广东省山区五市中小河流治理实施方案》批复情况、项目治理内容与实施方案的相符性、"清违清障"工作开展情况、主要勘察设计过程及各相关部门与地方达成的协议。

**2.0.2** 水文应简述工程所在流域自然地理概况，包括气象、水文、泥沙、水质等资料情况，说明主要特征值和分析计算成果。

**2.0.3** 工程地质应简述区域地质、工程区及建筑物场址的地质概况、主要工程地质问题及其结论性意见，天然建筑材料勘察的主要成果。

**2.0.4** 工程任务和规模应简述以下内容：

1 简述工程所在地区的经济社会概况及发展状况、项目对地区经济社会发展所发挥的作用。

2 简述工程任务、工程建设内容。

3 简述工程规模、水利计算成果及各项特征值。

**2.0.5** 工程布置及建筑物应简述以下内容：

1 方案比较与选择结论，工程总体布置方案。

2 各主要建筑物的规模、等级、标准、结构、型式、比选结论、布置等。

**2.0.6** 机电及金属结构应简述机电及主要金属结构选型、数量和布设。

**2.0.7** 施工组织设计应简述施工条件、料场选择、施工导截流方案、主要建筑物施工方法、主要场内外交通、施工总布置、总工程量及主要建筑材料用量、施工进度及总工期。

**2.0.8** 工程建设征地应简述工程建设征地及移民范围，实物指标调查的内容、方法和成果，工程建设征地补偿与安置概算。

**2.0.9** 环境保护设计应简述设计依据、主要环境保护措施设计、环境管理与监测、环境保护设计概算编制依据及投资。

**2.0.10** 水土保持设计应简述设计依据、主要水土保持措施布置和设计、监测与管理、水土保持设计概算编制依据及投资。

**2.0.11** 劳动安全与工业卫生应简述劳动安全和工业卫生的标准、存在的主要劳动安全与工业卫生问题及相应的防护措施设计。

**2.0.12** 节能设计应简述建设项目能源消耗种类、数量和能耗指标，主要节能措施和节能效益评价。

**2.0.13** 工程管理设计应简述工程管理原则、机构、办法、管理及保护范围、主要管理设施及工程管理费用来源。

**2.0.14** 设计概算应简述编制原则及依据、价格水平年和工程静态总投资、总投资及其投资构成。

**2.0.15** 经济评价应简述经济评价的主要成果及结论。

**2.0.16** 结论与建议应综述工程建设总的结论意见，并提出今后工作建议。

**2.0.17** 附件应包含以下内容：

    1　工程特性表（格式见附录）。

    2　流域水系及工程地理位置示意图。

    3　工程总布置图。

# 3　水文

## 3.1　流域概况

**3.1.1** 说明流域自然地理概况、流域和河流特征等概况。

**3.1.2** 说明流域内已建和在建的水利水电工程名称、位置以及各工程的主要任务。

## 3.2　气象及水文

**3.2.1** 概述流域的气象特征和气象要素特征值。

**3.2.2** 说明设计流域内水文测站分布情况，工程场址以及设计依据站、参证站的流域特征值。

**3.2.3** 简述设计依据站、参证站的水文观测项目、观测年限和资料整编等情况。

**3.2.4** 明确工程设计采用或参考的水文站或雨量站资料系列，并分析资料的可靠性、一致性和代表性。

**3.2.5** 没有水文站或水位站的河道，可根据需要结合地形测量同时进行水位测量，供水面线计算使用。

## 3.3　洪水

**3.3.1** 概述流域暴雨特性、暴雨成因，说明洪水成因、洪水特性及其时空分布。

**3.3.2** 说明上游水利水电工程对洪水的影响、洪水系列的还原和插补延长情况。

**3.3.3** 山区中小河流治理应进行历史洪水调查，查清历史洪水发生情况，成果应满足设计计算要求。

**3.3.4** 设计洪水计算

    1　有实测流量资料时，应采用频率分析法、水文比拟法进行计算，对已有规划设计成果的需整治河段，应对成果进行复核，并进行分析比较，确定采用的设计洪水成果。

    2　无实测流量资料时，应由设计暴雨推求设计洪水。有实测雨量资料时，应对雨量系列资料进行分析，并与根据《广东省暴雨参数等值线图》查取的暴雨参数进行分析比较，确定点设计暴雨；无实测雨量资料时，可根据《广东省暴雨参数等值线图》（2003年）和《广东省暴雨径流查算图表》（1991年）查取各历时暴雨参数（均值、变差系数 $C_v$ 等），确定点、面设计暴雨；由设计暴雨推求设计洪水。

    （1）对于集水面积小于 $1000 km^2$ 的流域，采用广东省综合单位线法和推理公式法计算设计洪水，在对参数（综合单位线滞时 $m_1$，推理公式汇流参数 $m$）结合工程集水区域下垫面条件合理调整的基础上，协调两种方法的设计洪峰流量相差不超过 20%，原则上采用广东省综合单位线方法计算的设计洪水成果。

    （2）上游有对设计洪水产生较大影响的蓄水工程（如水库）时，应考虑水库的洪水调节作用，分析区间设计洪水和水库下泄洪水的组合方式，合理确定工程设计洪水成果。

**3.3.5** 根据施工设计要求的施工时段计算非汛期分期设计洪水，应说明非汛期分期时段、分期洪水计算方法，并确定分期设计洪水成果。

1 有实测流量资料时，应按上述根据实测流量资料推求设计洪水的方法计算分期设计洪水。

2 无实测流量资料时，根据分期实测雨量资料，可统计各施工时段最大24h雨量，其他短历时雨量根据暴雨力 $S_p$ 推求，再按上述根据降雨资料推求设计洪水的方法计算分期设计洪水。

3 无分期雨量资料地区可采用临近气象站的雨量资料，并参考相同河流已有工程的批复设计成果，计算分期设计洪水。

**3.3.6** 设计洪水应按以下要求进行合理性分析：

1 根据流量资料计算设计洪水时，应说明洪水系列年限、经验频率计算公式、设计洪水计算成果，经合理性分析并与已有规划设计成果进行分析比较后，确定采用的设计洪水成果。

2 根据暴雨资料推算设计洪水时，应说明设计暴雨、产汇流的计算方法和设计洪水计算成果，经合理性分析比较后，确定采用的设计暴雨、设计洪水成果。

3 应根据类似地区或相邻河流的设计洪水成果，以及治理河段的历史洪水调查分析成果等资料，对采用的设计洪水成果进行合理性分析。

## 3.4　排水流量

**3.4.1** 说明排水区域地理特征值、资料情况。

**3.4.2** 应根据相关规划和涝区自然地理条件、经济社会情况合理确定排涝原则和标准，划分排涝分区，进行排涝水文计算。

**3.4.3** 穿堤涵闸的排水流量宜按排峰考虑，并说明计算方法和成果。

## 3.5　泥沙

**3.5.1** 简述泥沙来源以及上游水利水电工程拦沙影响、实测的泥沙系列情况，确定多年平均悬移质、推移质年输沙量。缺乏泥沙实测资料的河流，可根据广东省水文总站1988年印发的《广东省水资源》中的广东省悬移质多年平均年输沙模数分区图估算输沙量。

**3.5.2** 泥沙问题严重的河流，应进行泥沙分析计算，分析泥沙淤积演变情况，并提出预防措施。

## 3.6　水位与水位流量关系曲线

**3.6.1** 概述河道已有的水位计算分析成果，选取合理的计算方法确定河道设计水位。

**3.6.2** 说明设计断面位置、采用的资料情况、水位流量关系曲线推求方法。

**3.6.3** 经合理性分析后，说明推荐采用的设计断面水位流量关系曲线。

## 3.7　附图与附表

**3.7.1** 本章可附以下图：

1 流域水系图（标明水文站、雨量站、气象站及已建、在建水利水电工程位置）。

2 洪峰、洪量或暴雨频率曲线图。

3 典型洪水及设计洪水过程线图。

4 主要水文站和设计断面的水位流量关系曲线图。

5 其他附图。

**3.7.2** 本章可附以下表：

1 设计依据站或参证站历年水文测验情况统计表。

2 年、月雨量系列表。

3 洪峰、洪量（或暴雨量）系列表。

4 典型洪水和设计洪水过程线表。

5 其他附表。

# 4 工程测量及地质勘察

## 4.1 工程测量

**4.1.1** 对拟治理的河段和重要建筑物，应进行地形和断面测量。地形测量比例尺及断面测量间距应根据实际地形情况按照满足设计和计算工程量需要确定。

**4.1.2** 对整治河道周边受洪水影响的村庄、镇圩控制地坪标高进行测量复核，调查河道附近受淹范围的洪痕，测量洪痕高程。

**4.1.3** 工程总布置图可采用1∶5000～1∶10000的地形图，也可采用相同比例尺正射影像图。

**4.1.4** 工程平面布置图一般采用1∶1000～1∶2000的地形图，穿堤建筑物、拦河建筑物宜采用1∶500的地形图。新建堤防测绘宽度为堤线内侧（背水侧）50～100m；加固堤防和修建护岸的堤（岸）线内侧可适当缩窄，但历史险段及堤防背水侧存在坑塘的堤段应适当加宽。若为单边建堤，应根据设计需要测绘至对岸的堤顶或岸坡顶，以示河宽和河势。

**4.1.5** 断面测量要求：

1 一般水平比例尺采用1∶100～1∶500，竖直比例尺采用1∶100～1∶200。

2 有工程布置河段，根据工程实际情况并结合施工图设计要求，一般每50～200m测一个横断面，对于地形地貌变化较大或历史险段、堤防背水侧存在坑塘的堤段、存在穿堤建筑物等特殊位置需增加横断面测量。

3 无工程布置河段，一般200～500m测一个横断面。

4 整治终点难以确定起推水位时，测量长度下延3km。

**4.1.6** 对仅采取河道清淤疏浚措施的河段，可不进行河道平面测量，但应进行河道断面测量，测量间距按满足工程量计算精度要求确定。

## 4.2 工程地质勘察

**4.2.1** 勘察单位宜为水利行业单位，勘察成果应符合水利行业规定并满足水利相关规范要求。

**4.2.2** 应根据治理工程措施的型式，参照《堤防工程地质勘察规程》（SL 188）和《中小型水利水电工程地质勘察规范》（SL 55）进行工程地质勘察。

**4.2.3** 应收集区域地质资料和区域内其他工程的相关地质资料；调查了解拟治理河段历次暴雨山洪灾害情况、冲刷深度及抢险或加固措施等基本资料。

**4.2.4** 工程地质条件简单地区，物理力学参数可根据区内地质环境、场地地层和工程特性，结合本地区已建工程经验，采用工程类比法提出；工程地质条件复杂地区，应结合必要的试验，按照《水利水电工程地质勘察规范》（GB 50487）有关岩土物理力学参数取值的有关规定，经综合类比后提出物理力学参数建议值。物理力学参数包括容重、抗剪强度、地基承载力、压缩模量、变形模量、渗透系数、允许渗透比降、允许不冲流速等。

**4.2.5**　新建堤防、穿堤建筑物及拦河建筑物设计应进行针对性的工程地质钻探，其他可结合探坑、探槽等方法适当简化。以下几种情况，可结合已掌握的地质资料和实地查勘情况适当减少勘工作量，但应满足工程地质评价内容和深度的要求。

　　**1**　堤防工程沿线道路、桥梁、房屋建筑已有地勘资料的。

　　**2**　平原地区地质条件变化不大，地层情况基本一致的。

　　**3**　山区河道覆盖层很浅，甚至岩基出露的。

**4.2.6**　对河道疏浚清淤料应进行分段勘察和描述，对其是否适用于堤身填筑及能否用于挡墙、护坡、路面等作出评价。

**4.2.7**　天然建筑材料的勘察，料场应以调查为主，建材质量、特性指标以类比为主，结合适量勘探试验方法和手段开展工作。对拟实施项目所需的天然建筑材料的种类、储量、质量、场址位置以及开采运输条件等作出评价。

**4.3　工程地质勘察报告编制要求**

**4.3.1**　概述

　　**1**　说明本阶段勘察（含调查）工作过程、收集的已有勘探成果、主要勘察成果及结论。

　　**2**　说明本阶段勘察工作内容、累计完成的主要勘察工作量。

**4.3.2**　区域构造稳定性和地震动参数

　　**1**　说明工程所在区域构造稳定性与地震动参数的结论。

　　**2**　当场地及其附近存在与工程安全有关的活断层时，应进一步论证其规模和活动性，评价其对工程安全的影响。

**4.3.3**　工程地质

　　**1**　简述堤防、护岸、穿堤建筑物、拦河建筑物等工程地质条件，评价各比选方案工程地质条件及存在的主要工程地质问题，提出比选的工程地质意见，提出主要岩土体物理力学参数建议值。

　　**2**　评价穿堤建筑物、拦河建筑物、护岸工程等工程地质条件及存在的工程地质问题，提出工程处理措施建议，提出主要岩土体物理力学参数建议值。对护岸工程还应分段评价岸坡稳定性。

　　**3**　对于新建堤防，宜根据堤防沿线的地形地貌、堤基岩（土）层的组成和结构，特别是影响堤基稳定的不良地层的分布和性质，以及含水层的分布、结构和渗透性等，划分堤基地层结构，进行工程地质分段，分段评价堤基抗滑稳定、渗透变形、沉降变形、抗冲能力等工程地质问题，提出工程处理措施建议。

　　**4**　对于已建堤防，除符合前一款的规定外，还应结合堤身结构、堤身土组成和物理力学性质、险情隐患及以往加固处理情况等，评价堤身质量及存在的问题；结合堤基险情隐患分布、特征和地形、地质条件，分析产生险情或隐患的地质原因等；对堤基及堤身存在的险情、隐患，提出工程处理措施建议。

5 对地质报告提交的岩土体物理力学参数建议值进行合理性分析。

**4.3.4 天然建筑材料**

1 说明本工程所需天然建筑材料的种类、数量和质量要求。

2 简述本阶段对天然建筑材料料场进行详查的成果，包括储量、质量及开采运输条件。

**4.3.5 结论**

扼要综述主要工程地质问题的评价及结论，提出施工图设计阶段工程地质工作的建议。

**4.3.6 附图及附表**

1 区域地质图（附地层柱状图）或区域构造纲要和地震震中分布图。

2 主要建筑物工程地质图、剖面图。

3 天然建筑材料料场分布图，必要时附料场综合图。

4 试验成果汇总表。

## 5 工程任务和规模

### 5.1 概述

**5.1.1** 概述工程所在地区的行政区划、经济社会现状和自然、地理、资源状况，相关水利工程等建设现状。

**5.1.2** 重点分析治理河道历年来的洪灾情况、损失情况、灾害发生的主要原因，河道现状及两岸情况、存在问题，以及区域社会经济发展对水利提出的新要求等，论述工程建设的必要性。

**5.1.3** 进行规划的相符性论述，简述与本工程相关的流域规划、实施方案、上下游治理实施情况以及本工程河段"清违清障"实施情况。

### 5.2 工程任务

**5.2.1** 山区中小河流治理工程任务以防洪安全为主，在保障河道行洪安全的前提下，兼顾改善河流生态环境。

**5.2.2** 简述工程总体布局、主要建设内容和工程措施，分析不同防护对象的要求，确定工程的防洪保护范围和防洪保护对象。明确工程相关任务、标准和规模，明确治理河长，即实施清淤疏浚、护岸及堤防等的河段累计长度。

**5.2.3** 根据《防洪标准》（GB 50201），结合河流洪涝灾害特点和防护区经济社会发展要求，根据保护的对象和范围，统筹考虑本河流治理对下游的防洪影响，与流域区域防洪标准相协调，因地制宜确定防洪标准、排涝标准。同一条河流可根据不同区域的保护对象分区分段确定防洪标准。对于山区河流，保护农田区的河段治理宜以岸坡防冲、疏通和稳定河槽为主要目的，允许洪水在农作物耐受时间内淹浸农田。乡镇人口密集区的防洪标准取10～20年一遇；村庄人口集中区的防洪标准取5～10年一遇；农田因地制宜，按照5年一遇以下防洪标准或不设防考虑。穿堤涵闸宜按排水区5～10年一遇的洪水标准设计。

### 5.3 工程规模

**5.3.1** 论述堤防工程规模应包括以下内容：

1　应以不侵占河道行洪通道为原则，合理确定治理河段的治导线（河岸线、防洪堤线等）；堤防工程按照防洪封闭原则进行设计。

2　明确河道、堤防的防洪标准、线路布置及堤距，提出各河段的安全泄量。

3　通过技术经济比选，合理确定工程规模。工程建设内容要与现状问题对应，做到因害设防、因地制宜。设计中应明确工程规模和建设内容，如工程新建、加固堤防长度。

4　经复核河道断面不能满足行洪能力要求时，应综合考虑流域特点、地形地质、施工条件、环境影响、工程占地、工程量及投资等因素，兼顾水资源利用、环境保护，对新建（改建）堤防、现有堤防加固扩建、河道清淤疏浚、堤防与疏浚工程结合等河道整治方案进行技术经济比选，提出经济合理的河道整治方案。

5　在河道断面满足行洪能力要求的情况下，堤防工程原则上以原有堤防除险加固为主，尽量维持原堤线及堤距。原堤距不满足河道行洪要求的，经分析论证后堤防可适当退建；加固或新建堤防原则上不得缩窄河道行洪断面。

确需新建（改建）堤防的，堤线选择应按照治导线要求，综合考虑堤线顺直、与上下游协调、与原有堤防平顺衔接等因素，尽量兼顾两岸城乡规划、生产布局和当地群众的需求，经技术经济比选确定。不得将近岸河滩地和低洼地纳入堤防保护范围，维护好现有行洪通道和洪水滞蓄场所。

6　新建堤防应统筹考虑防护区的排水要求，根据排涝分区和排涝标准，在排水方案论证的基础上，合理确定穿堤建筑物的布置、型式和规模；加固堤防涉及的穿堤建筑物，应根据建筑物现状情况，可采取接长加固、拆除重建等处理措施。

**5.3.2**　论述河道疏浚清淤工程规模时应包括以下内容：

1　对存在明显淤积的河道，通过分析河势变化以及实测断面情况，根据河道输水和行洪排涝要求，结合灌溉、水质改善、生态保护的要求，确定疏浚范围和规模。

2　应对河道的特征和功能进行分析，重视综合整治的整体设计。河道断面尽量体现形态的多样性，在满足行洪排涝等基本功能的基础上，尽量维持原有浅滩、深槽和植物群落等。

3　分析治理河段的设计水位、设计流量和设计河宽、滩面控制高程等。

4　合理确定河道清淤疏浚工程的规模和主要参数。

5　疏挖的河槽断面一般宜与河段造床流量相适应。在河道扩挖和疏浚设计时，应根据水流条件、河相关系、来水来沙量、地形、地质条件等，确定相应的坡比。

6　分析河道清淤疏浚对跨河及穿堤建筑物的影响，选定建筑物改造或加固方案。

**5.3.3**　论述岸坡整治及护岸工程规模应考虑以下内容：

1　应根据河流和地形的自然特点以及生态的要求，合理确定河道岸线的走向，尽量维护河流的自然形态，避免裁弯取直、侵占河道。

2　因地制宜的选择岸坡形式。可根据整治河道所在区域划分为生活区护岸与生产区护岸（流经村镇等人口聚居区域的河段划为生活区护岸，流经农田、林地等无人或少人居住的河段划为生产区护岸），并提出适宜的护岸形式。护岸形式宜优先选用坡式护岸，在保证河岸具有一定抗冲刷能力的前提下，尽量考虑保留原有坡或采用生态型护坡。

3　对崩岸、塌岸、迎流顶冲、淘刷严重河段的堤岸，可采取护坡护岸措施。护岸工程原则上应采取平顺护岸形式，并与周围环境相协调，安全实用，便于维护，生态亲水，应避免对河道自然面貌和生态环境的破坏；对岸坡垃圾堆积、杂乱的河段，采取河岸整坡措施；对水土流失严重、有预留用地的堤岸，采取植物护坡措施；对人口聚居区域，应考虑护岸工程的亲水和便民。

4 应进行综合比选确定护岸工程位置、形式、高度、深度等参数。

**5.3.4** 水陂、控导等其他工程时应考虑以下内容：

1 重视分析整治河段内水陂、控导工程、穿堤建筑物工程的行洪影响分析，并提出针对性治理措施。如人行交通便桥可纳入本次治理工程中，其他公路交通桥梁等阻水严重的建筑物，应在报告中提出其行洪影响程度，建议由地方政府在其他规划中提出解决实施。

2 通过综合分析合理确定水陂、控导工程、穿堤建筑物工程的位置、规模、型式、尺寸。

3 河道内各类建（构）筑物的设置以及清淤疏浚工程，应满足河势稳定的要求。对有河势控制任务的整治河段，应说明河势控制的基本情况和要求。

4 有河势控制任务的整治河段中水河槽的设计整治流量应为该河段的造床流量，一般可采用平滩流量法计算。

5 整治河段的河相关系宜根据造床流量、来水来沙量、河道纵横断面、河段地形、地质资料分析确定，或根据同一河流的典型河段的实际资料确定，在进行河道整治时，都应加以控制。

**5.3.5** 水生态环境、水景观与水文化工程应考虑以下内容：

1 山区中小河流治理工程要树立生态治理的理念，水利部门主要负责河道管理范围内的河道整治，在人口活动密集地区可适当进行简单的景观设计，地方可结合河道整治制定当地的景观规划，其中水生态环境工程方案应结合工程建成后管护要求确定。

2 应提出水生态保护与修复的措施。

**5.3.6** 水面线应按以下原则进行推算：

1 重视历史洪水水面线及常遇水面线的调查与测量，作为水面线计算的依据。对不容易确定下游设计水位控制断面的水面线推算，建议起推水位位置下延 3km，可采用谢才公式推求下游控制水位。

2 应分析代表性河段设计水位与流量的关系，确定尾闾及主要控制点设计水位；分析主槽和滩地的设计糙率，考虑干支流洪水遭遇情况、潮汐影响等。推算河道水面线和陂、闸、桥、渡槽等拦（跨）河建筑物壅水高度，说明计算方法和成果，并进行成果合理性分析，分析整治河段内桥梁、水陂等阻水建筑物的过流能力及阻水影响，并提出针对性治理措施。

## 5.4 附图与附表

**5.4.1** 流域（河段）、区域综合利用规划示意图。

**5.4.2** 工程总体布局示意图。

**5.4.3** 设计水面线成果表。

**5.4.4** 其他图表。

## 6　工程布置及建筑物

### 6.1　设计依据

**6.1.1**　简述主管部门对工程实施范围的意见及相关规划文件资料。

**6.1.2**　简述工程布置及主要建筑物布置设计所需的相关专业基本资料。

**6.1.3**　说明设计所采用的主要技术标准。

### 6.2　工程等级和标准

**6.2.1**　根据保护对象的重要性和有关规范，确定工程等别和主要、次要建筑物的级别和相应防洪标准。

**6.2.2**　依据《水利水电工程合理使用年限及耐久性设计规范》（SL 654）确定工程及其水工建筑物的合理使用年限并进行耐久性设计。

**6.2.3**　依据《中国地震动峰值加速度区划图》（GB 18306）确定地震动参数设计采用值及相应抗震设计烈度。

### 6.3　工程总布置

**6.3.1**　中小河流治理应尽量维持河流天然形态，充分体现自然、生态的河道治理理念，宜弯则弯，宜滩则滩，避免裁弯取直，对局部不合理的河段可根据实际情况进行局部调整。

**6.3.2**　中小河流治理堤线走向布置，原则上应尽量利用已有堤防，堤线应平顺连接，不得采用折线或急弯。

**6.3.3**　中小河流治理对已有的建筑物应尽量保留或加固处理。经分析论证确需拆除重建时，应通过综合比选，确定建筑物的布置及结构型式，并尽可能在原址或靠近原址重建。

**6.3.4**　中小河流治理应充分考虑已治理河段，并对护岸、堤防结构型式及疏浚清淤措施等进行技术经济比选，综合选定工程布置方案。

### 6.4　河道疏浚清淤

**6.4.1**　河道疏浚清淤工程应在河床演变分析的基础上，根据河道整治工程总体布局，结合河道治导线确定疏挖范围。河道疏浚、清淤的纵、横剖面应满足河道行洪安全、河槽与岸坡稳定、河道水域环境整治等要求。

**6.4.2**　为适应山区中小河流不同时段流量差异较大的特点，应尽可能采用复式断面进行河道断面清淤设计，清淤后的行洪断面按满足畅泄多年平均洪峰流量要求确定，枯水河槽断面按枯季多年平均流量设计。河道清淤断面形式也可参考治理河段附近天然优良河段断面形式确定。

**6.4.3**　河道需扩挖时，应沿滩地较宽的一侧或沿凸岸扩挖，并尽可能使河线圆顺。疏挖段的进、出口处应与原河道渐变连接。未经充分论证，不宜改变整治河段的河道比降。

**6.4.4**　对多沙河道应分析疏浚回淤的可能性，预测、评价疏浚工程效果。

**6.4.5**　河道疏浚与清淤应注意防止影响堤防、岸坡稳定及邻近建筑物的安全。涉及堤岸稳定的，应进行相关的堤岸稳定计算。

**6.4.6**　疏浚与清淤应维护河道原生态河貌，在满足防洪要求的前提下，宜尽量保留原河道河势与形态，维持河道天然滩（洲），注重保持河道生态系统。

**6.4.7** 为保证清淤及疏浚工程的实施效果、稳定河势和堤岸安全，必要时应实施辅助性的控导工程措施。

**6.4.8** 应提出河道疏浚清淤布置、断面型式、控制高程和主要尺寸。疏浚与清淤设计内容应包括清淤疏浚范围、宽度与底高程、两侧边坡坡比及距已建成建（构）筑物的最小安全距离。

**6.4.9** 应说明河道清淤疏浚边坡稳定计算方法并提出成果。

## 6.5 岸坡整治及护岸工程

**6.5.1** 河岸受水流、潮汐、波浪作用可能发生冲刷破坏影响岸坡安全时，应采取防护措施。护岸工程的设计应统筹兼顾、合理布局，综合考虑绿化、景观和生态等要求，并宜采用工程措施与生物措施相结合的方式进行防护。

**6.5.2** 护岸工程可根据水流、潮汐、波浪的特性，以及地形、地质、施工条件和应用要求等，选用坡式、墙式或其他形式护岸。护岸设计应充分利用当地材料，在满足结构和防冲安全的基础上，选择生态护岸，满足促进生物多样性、提高水体自净能力、美化环境的要求。

**6.5.3** 护岸工程的结构、材料应符合下列要求：

  1 坚固耐久，抗冲刷、抗磨损性能强。

  2 多孔隙、透水、透气、生态友好，适于生物繁衍生息。

  3 适应河床变形能力强。

  4 就地取材，经济合理，便于施工、修复、加固。

**6.5.4** 护岸的位置和长度应根据水流、潮汐、波浪特性以及地形、地质条件，在河床演变分析的基础上确定，在不同的河段宜采用不同的护岸结构。在凹岸水流对冲段，护岸设计以满足防冲安全要求为主，宜采用绿化混凝土、隐形护岸、干砌石护岸等；凸岸及其他防冲要求较低的区段，应充分考虑生态的要求，宜选择植物措施、植生土工网垫、植生土工袋、植生卵石堆石岸、生态格宾护垫等。

**6.5.5** 在设计流速小于 2m/s 的顺直河段，可直接选用植物护坡；设计流速小于 4m/s 的顺直河段，可选用由三维土工网为底层结构的植物护坡；设计流速大于 4m/s 的顺直河段和河流弯道的迎水面，以及有工程措施衔接的河段，不宜采用植物护坡。

**6.5.6** 堤防护坡顶部高程应超过设计洪水位 0.5m，护岸工程的上部护坡，其顶部高程应与岸顶相平或略高于岸顶。护岸工程的下部护脚延伸范围应符合下列规定：

  1 在深泓近岸段应延伸至深泓线，并应满足河床最大冲刷深度的要求。

  2 在水流平顺、岸坡较缓段，宜护至坡度为 1∶3～1∶4 的缓坡河床处。

**6.5.7** 护坡与护脚应以设计枯水位进行界定，设计枯水位可按月平均水位最低的三个月的平均值计算。

**6.5.8** 无滩或窄滩段护岸工程与堤身防护工程的连接应良好。

**6.5.9** 护坡应优先选用具有良好反滤和垫层结构的堆石、土工合成材料和自然材质制成的柔性结构、生态混凝土结构，为植物生长及鱼类、两栖类动物和昆虫的栖息与繁殖创造条件。

**6.5.10** 城镇河段护岸应考虑景观休闲和亲水的需要，常水位以上宜采用生态护坡。复式断面的滩面设计应分析行洪和土地利用等因素，可以将滩地设置为不影响行洪的绿化地。

**6.5.11** 乡村河段护岸应结合水土保持和坡面植物措施。在平原流速较小的河段，除有通航要求的河段外，宜采用植物护岸；对山区流速较大的河段，宜采用干砌石、浆砌块石、卵石、绿化混凝土和混凝土护岸。

**6.5.12** 护岸工程应进行稳定计算分析。坡式护岸整体稳定安全系数不应小于1.25，边坡内部稳定安全系数不应小于1.20。墙式护岸挡土墙沿基底面的抗滑稳定安全系数不应小于《堤防工程设计规范》表3.2.5的规定、挡土墙的抗倾覆稳定安全系数不应小于《堤防工程设计规范》表3.2.7的规定。

**6.5.13** 坡式护岸按如下要求设计：

　　1　坡式护岸可分为上部护坡和下部护脚。上部护坡的结构型式应根据河岸水文、地质、地形、河床形态、周围环境、生态、经济等条件，按以下顺序选用植物、土工合成材料、生态网格、绿化混凝土、干砌石、浆砌石、混凝土等护坡形式。下部护脚部分的结构型式应根据岸坡地形、地质情况、水流条件和材料来源，采用抛石、石笼等，经技术经济比较选定。

　　2　护坡工程可根据岸坡的地形、地质条件、岸坡稳定及管理要求设置枯水平台，枯水平台顶部高程应高于设计枯水位0.5～1.0m，宽度可为1～2m。

　　3　护坡厚度按《堤防工程设计规范》附录D确定。绿化混凝土护坡厚度宜为0.10～0.20m，砌石护坡石层的厚度宜为0.30～0.40m，混凝土预制块的厚度宜为0.08～0.12m。砂砾石垫层厚度宜为0.10～0.15m，粒径可为2～30mm。当滩面有排水要求时坡面应设置排水沟。

　　4　有条件的河岸应采取植树、植草等生物防护措施，树、草品种应根据当地的气候、水文、地形、土壤等条件及自然景观、生态环境、养护管理要求选择。植物群落宜乔木、灌木和草相结合，采用乡土植物，外来物种应通过试验确定其适用性和生态特性。对护岸范围内原有林木、灌木应进行保护、利用。植物的护坡特性和抗冲刷能力应通过试验确定。

　　5　抛石护脚应符合下列要求：

　　（1）抛石粒径应根据水深、流速情况，按《堤防工程设计规范》附录D的有关规定计算确定。

　　（2）抛石厚度不宜小于抛石粒径的2倍，水深流急处宜增大。

　　（3）抛石护脚的坡度宜缓于1:1.5。

**6.5.14** 墙式护岸按如下要求设计：

　　1　对河道狭窄、堤防临水侧无滩易受水流冲刷、保护对象重要、受地形条件或已建建筑物限制的河岸，宜采用墙式护岸。

　　2　墙式护岸的结构型式可采用直立式、陡坡式、折线式等。墙体结构材料宜按如下顺序选择生态混凝土、生态砌块、石笼、混凝土等。断面尺寸及墙基嵌入河岸坡脚的深度，应根据具体情况及河岸整体稳定计算分析确定，顶高程宜控制在常水位以上0.2～0.3m，埋深应根据计算的冲刷深度确定，在水流冲刷严重的河岸应采取护基措施。石笼高度不宜高于 2m。

3 墙式护岸在墙后与岸坡之间宜回填砂砾石。墙体应设置排水孔，排水孔处应设置反滤层。在水流冲刷严重的河岸，墙后回填体的顶面应采取防冲措施。

4 墙式护岸沿长度方向应设置变形缝，钢筋混凝土结构护岸分缝间距可为 15～20m，混凝土结构护岸分缝间距可为 10～15m。在地基条件改变处应增设变形缝，墙基压缩变形量较大时应适当减小分缝间距。

5 墙式护岸墙基应优先选用天然地基。当天然地基不能满足要求时，应进行地基处理，处理的措施应通过技术经济论证确定。

6 墙式护岸宜设置鱼巢，并进行垂直绿化，改善其生态特性。

**6.5.15** 其他护岸形式按如下要求设计：

1 护岸形式可采用桩式护岸维护陡岸的稳定、保护坡脚不受强烈水流的淘刷、促淤保堤。

2 桩式护岸的材料可采用钢桩、预制钢筋混凝土桩、大孔径钢筋混凝土桩等。桩式护岸应符合下列要求：

（1）桩的长度、直径、入土深度、桩距、材料、结构等应根据水深、流速、泥沙、地质等情况，通过计算或已建工程运用经验分析确定；桩的布置可采用 1～3 排桩，排距可采用 2.0～4.0m。

（2）桩可选用透水式和不透水式；透水式桩间应以横梁联系并挂尼龙网、铅丝网、竹柳编篱等构成屏蔽式桩坝；桩间及桩与坡脚之间可抛块石、混凝土预制块等护桩护底防冲。

3 坝式护岸应按治理要求依河岸修建，可选用丁坝、顺坝及丁坝、顺坝相结合的勾头丁坝等形式。坝式护岸可按结构材料、坝高及与水流流向关系，选用透水或不透水、淹没或非淹没、正挑、下挑或上挑等形式。丁坝设计宜通过河工模型试验确定。

4 有条件的河岸可设置防浪林台、防浪林带、草皮护坡等。防浪林台及防浪林带的宽度、树种、树的行距、株距，应根据水势、水位、流速、风浪情况确定，并应满足消浪、促淤、固土保岸、生态等要求。

## 6.6 堤防工程

**6.6.1** 堤防工程设计应符合《堤防工程设计规范》（GB 50286）的有关规定。

**6.6.2** 堤防工程设计主要内容有：

1 堤线布置。

2 堤型选择。

3 堤身设计。

4 堤基处理。

5 堤防设计计算。

6 防冲措施设计。

7 节点设计（视工程需要而定，如公园、与现有建筑物交叉的处理、重要建筑物的保护等）。

8 安全监测、安全警示等设计。

9 主要工程量的提供。

10 相关计算成果及附图。

**6.6.3 堤防结构设计主要计算内容有：**

1 堤顶高程计算。

2 渗流及渗透稳定计算。

3 堤坡稳定计算。

4 防洪墙抗倾、抗滑和基底应力计算。

5 沉降计算。

6 防冲计算。

7 堤基处理计算。

**6.6.4 堤线布置**

1 堤线布置以"能宽则宽，不缩窄河道"的原则布置，旧堤加固以现状堤线布置为基础，不缩窄河道；新建堤防以规划堤线布置为依据，河宽和堤距原则上不能小于规划河宽和规划堤距。

2 对于山区河道应保留自然弯曲，并保留原来的"卡口"和"宽肚子"，即有宽有窄，避免上下游河宽相等的"管道型"堤线布置。对于河道宽处，可允许河滩地存在，如有必要，应对高滩地作适当防护。

**6.6.5 堤型确定**

1 堤防型式应根据河段所在的地理位置、重要程度、行洪断面、地形、地质、筑堤材料、水流特性、施工条件、运用管理、环境景观、工程造价等因素，经综合比较确定。

2 新建堤防应按照因地制宜、就地取材的原则，选择生态型堤型，优先选择土堤型式，原则上不采用浆砌石型式。堤防断面型式可采用直立式、斜坡式、复合式等。

（1）受地形条件或已有建筑物限制、拆迁量大的河段的堤防，可采用直立式。直立式挡墙高度不宜超过2.5m，并可通过垂直绿化、选用透水、透气材料等措施，为水生生物、陆生生物和两栖生物的生存繁育创造条件。

（2）乡村河段的堤防宜采用斜坡式。可采用植物护坡，减少河道两岸硬化白化面积，减少工程建设对河道自然面貌和生态环境的破坏。应从有利于植被生长、堤防管理养护、防止水土流失等方面选择合适的斜坡坡度。

（3）城镇河段的堤防可采用复合式。可结合市政园林建设，采取水土保持和植物措施，使河道堤防与周围自然环境和谐。

3 旧堤加固应尽量保留原有植被，尽量保持堤线自然化、堤身断面多样化、结构材料生态化，不宜硬化河道。加固方案可采用加高培厚、放缓边坡、设置防浪墙等。

（1）对堤顶高程、堤坡稳定不满足要求的堤防，可选择加高培厚、放缓边坡等加固方案。

（2）对拆迁量大的堤段，可选择加高防洪墙、增设防浪墙或路面加高等加固方案。

（3）对堤线布设基本合理，堤身植被较好的堤防，行洪断面不满足要求时，可采取清淤疏浚、堤顶增设防浪墙、堤脚临水侧抛石固脚等工程措施进行加固。

**6.6.6 堤身设计**

1 堤顶高程按 GB 50286 中 7.3.1 条规定确定,堤顶超高值一般不宜大于 1.0m。

2 堤顶宽度宜根据堤防等级及实际需求合理确定,一般可取 2~4m;堤顶路面结构宜采用泥结碎石型式。

**6.6.7 筑堤材料与填筑标准**

1 筑堤材料宜就地取材。采用碎石土筑堤时,需通过充分的试验研究和论证,使其满足抗滑稳定、渗透稳定的要求,并提出检测方法。

2 应考虑加高培厚的材料与原堤材料的适应性,临水侧可采用渗透性较弱的材料,背水坡应采用渗透性相对较强的材料。

3 填筑标准按 GB 50286 中 7.2.4 条和 7.2.5 条规定确定。

**6.6.8 堤防防渗**

1 渗流控制的基本准则是"前截中压后排",防渗和排渗相结合,渗流出口反滤层保护。

2 渗控措施主要包括防渗措施、排渗措施和反滤措施等。

(1)堤身防渗常用的有堤身灌浆、黏土心墙、黏土斜墙、复合土工膜、背水侧设反滤排水等。

(2)堤基防渗常用的有水平铺盖、防渗帷幕、塑性混凝土防渗墙等。对堤防背水侧的坑塘,可采用填塘固基结合排水等加固方案,压渗材料应选用渗透性相对较强的材料。

(3)乡村河段堤防的防渗措施可按"允许渗漏但不允许渗透破坏"的原则进行设计。全截式的垂直防渗措施应慎用。

3 防渗措施的选用需根据堤身情况、堤基地质条件、地形条件以及渗透破坏危害程度等,通过技术、经济和施工可行性比较确定。

**6.6.9 堤基处理**

1 堤防地基承载力不足、抗滑稳定安全性不足、沉降不均匀且不满足要求时应进行地基处理。

2 地基处理应尽量通过调整结构尺寸,改变结构型式,或避开软弱地基等方法来满足要求。

3 必须进行地基处理的,处理时需遵循"从易到难,从省到贵"的原则。

**6.6.10 堤脚防冲**

1 常用的堤脚防冲措施有基础埋深、抛石防冲、金属网兜、生态网箱以及桩类等。

2 各种防冲措施特点:

(1)基础埋深和抛石防冲较为常用,投资较省,一般河道都可采用,但应注意流速大时容易破坏。

(2)金属网兜整体性好,适应变形能力强,但投资略高,网兜露出水面影响景观,且在大粒径推移质多的河道中,网丝易磨损。

(3)生态网箱抗冲能力好,适应变形能力好,透水透气,表面常生长植物,较美观,可作普通挡墙。山区、平原河道均可采用,但是在大粒径推移质多的河道中,网丝易磨损。

(4)桩类一般为预制桩、板桩,防冲效果较好,但是施工繁琐,造价高,桩前冲刷深度较大时容易导致桩失稳。宜结合抛石等其他措施一起应用。

### 6.7 穿堤建筑物

**6.7.1** 穿堤建筑物设置应结合地形、地质条件、引（排）水流量、水流流态、施工、投资、运行条件等方面，通过方案比选综合分析确定。地形条件许可时，宜合并设置，减少穿堤建筑物数量。

**6.7.2** 穿堤建筑物设计应满足下列要求：

1 位置应选择在水流流态平顺、岸坡稳定，不影响行洪安全的堤段。

2 采用整体性强、刚度大的轻型结构。

3 荷载、结构布置对称，基底压力的偏心距小。

4 结构分块、止水等对不均匀沉降的适应性好。

5 减少过流引起的震动。

6 进口引水、出口消能结构合理可靠。

7 水闸边墙与两侧堤身连接的布置应能满足堤身、堤基稳定和防止接触冲刷的要求。

**6.7.3** 排水建筑物的底部高程宜高于堤防设计洪水位，当在设计洪水位以下时，应设计能满足防洪要求的闸门，并能在防洪要求的时限内关闭。

**6.7.4** 当旧堤加固时，必须对原穿堤建筑物按新的设计条件进行验算，原穿堤建筑物满足防洪、结构强度、渗透稳定、消能防冲等要求时可保留利用，不满足上述要求时，应加固、改建或拆除重建。

**6.7.5** 穿堤建筑物与土堤接合部应能满足渗透稳定要求，在建筑物外围应设置截流环或刺墙等，渗流出口应设置反滤排水。

**6.7.6** 穿堤建筑物宜建于坚硬、紧密的天然地基上。其基础应沿长度方向、地基条件改变处设置变形缝和止水措施。

**6.7.7** 穿堤建筑物周围的回填土的填筑标准不应低于堤防设计的填筑标准。

**6.7.8** 穿堤建筑物应进行稳定、应力、变形、渗流和结构等计算，提出计算成果。

### 6.8 水陂工程

**6.8.1** 需要从中小河流引水而新建的水陂工程，原则上不纳入中小河流治理工程。

**6.8.2** 河道现有满足从中小河流引水的水陂工程，其改造、加固或重建可根据实际情况纳入中小河流治理工程。

**6.8.3** 现有的水陂工程，应根据水陂的实际情况，复核其结构安全性，通过综合比选，确定其改造、加固或重建方案。

**6.8.4** 对确需移址重建的水陂应作充分论证。

**6.8.5** 对水陂工程进行改造，原则上不得抬高河道水面线；对造成河道水面线抬高，并影响上游堤防（护岸）安全时，应采取工程措施确保上游地区防洪安全。

**6.8.6** 水陂的结构设计、消能防冲设计按《水闸设计规范》（SL 265）中规定执行。

**6.8.7** 水陂按堰流公式计算复核水陂宽度。

**6.8.8** 水陂结构设计计算应包括如下内容：

1 边墙顶高程计算。

2 稳定及建基面应力计算。

    3　上下游翼墙稳定应力计算。

    4　下游消能防冲设计计算。

**6.8.9**　水陂地基处理设计应根据水陂及上下游翼墙稳定应力计算成果，经过方案比较，确定地基处理设计方案。

**6.8.10**　对于经论证需要重建的水陂工程，应将现状水陂进行整合，尽量减少水陂数量。

## 6.9　控导工程

**6.9.1**　为约束主流摆动范围、稳定河势、护滩保堤，中小河流治理中可设置控导工程，引导主流沿设计治导线下泄。控导工程应按治理要求修建，并应按整治线布置。

**6.9.2**　控导工程设计应认真分析整治河段水沙特性、河势变化和河床演变特点及其影响因素，按照河床演变规律和预估发展趋势，做到切合实际、治理有效。

**6.9.3**　控导工程应根据河流水文泥沙特性、河道边界条件、整治工程总体布置的要求，合理选用丁坝、顺坝（或护岸）、锁坝、潜坝等。各种控导工程方案应通过河工模型试验验证。

**6.9.4**　对弯曲型河段进行整治，可采用控导工程控制凹岸发展及改善弯道。对分汊型河段进行整治，可修建顺坝和丁坝调整水流，包括在汊道入口处修建；也可在上游节点修建控制工程，以控制来水来沙条件；为改善江心洲尾部水流流态，可在洲尾修建导流顺坝。对游荡型河段进行整治应循序渐进、逐步进行，逐步缩小主流的游荡摆动范围，最终达到稳定河势目的。

**6.9.5**　控导工程设计应进行冲刷计算，计算时应合理选用河床面上允许不冲流速、坡脚处土壤计算粒径、水流的局部冲刷流速等计算主要参数，并对成果进行合理性分析。

**6.9.6**　控导工程应强化生态型技术的应用，尽量减少影响河道的天然状态。

## 6.10　水生态环境、水景观与水文化工程

**6.10.1**　中小河流治理应把恢复和改善河道生态和环境放在重要位置。在工程建设中应尽量保持河流的自然状态，保留河流连续性、蜿蜒性，保留河流的深潭、浅滩、沙洲等原有河流地貌形态，防止对现有水生态环境的破坏。

**6.10.2**　河道生态设计应引入植物群落概念，在不影响河道行洪安全的前提下，创造出丰富多彩的水边环境，维持水生生物生存、繁育等的自然环境，促使建成的人工群落与自然群落相适应，维护河流生物群落多样性和系统稳定性。

**6.10.3**　在有条件的地区，应结合水环境综合治理措施，采取生态湿地、生态滤沟、生物浮岛、跌水复氧和微生物等水生态修复技术，充分利用河道生物对污染物的吸收、吸附、分解、代谢等功能，提高河道自净能力，实现河道的水质净化和生态修复。

**6.10.4**　河道水景观建设应尽量采用自然景观，与沿河的自然环境、历史文化、生态环境相协调。城市（镇）河段的河道景观设计，应注重对沿河历史文化、生态环境和景观特色的调查，应结合相关规划和市政园林等建设，将河道堤防、护岸等工程融入城市景观和市民休闲场所中，美化河道及其周边环境。乡村河道应尽量保持原有的自然景观。对于已遭受破坏，但仍有一定历史人文价值的河道自然景观，应采取有效的保护措施，并结合河道建设，逐步加以恢复。

**6.10.5** 在河道断面结构型式、岸坡与河床护砌材料、施工工艺等方面的选择过程中，应充分考虑河道内各种生物生存环境，采取必要的措施，维持河道生物的生存条件，尽量避免平面形式规则化、断面形式单一化和建筑材料硬质化。

**6.10.6** 河道绿化应结合护坡措施、水土保持、植物对污染物的降解作用、防护林、护堤林、经济林建设以及区域绿化规划要求等统筹安排，提高绿化的综合效益，减少养护管理成本。应结合河道绿化，尽可能保留河道江心洲、边滩上的林木和其他植物，尤其是古树名木、成片林地、特色植物等；宜推广种植或保留对水体污染物有降解作用和对堤岸有保护作用的本土护堤植物。

**6.10.7** 在不影响行洪的情况下，河道内的滩地和近岸水域宜保留或种植有利于治污和净化水体的低秆植物。河道两侧的宜林地段，应结合林业规划建设营造绿化林带。城市河道绿化带宜在堤防背水坡和迎水坡常水位或设计洪水位以上一定范围进行布置。

**6.10.8** 城市（镇）河段应通过对河道水质控制、河道水面保洁、保留或扩大河道两岸堤防及周边的绿化面积等措施，改善城市河道及周边环境面貌。乡村河道应保护沿岸和江心洲原有的林带。堤防保护范围、迎水坡前较高较宽滩地、面积较大的江心洲等区域，宜选用合适的树种，形成防护林带。

**6.10.9** 城市（镇）河段的堤防、护岸工程及沿河的水闸、泵站等工程设施，应结合绿化措施，美化工程环境，并与周边环境相协调。对堤防和护岸用硬质材料的部位，可采用适当的植物覆盖或隐藏，但应避免植物的根系生长或腐烂对堤防和护岸的破坏。排洪骨干河道两岸堤防的迎水坡、堤顶、背水坡渗流出逸区域不应种植高秆植物或根系发达、枝叶茂盛的树木，以保持行洪通畅，防止对堤防破坏。

**6.10.10** 绿化的草种和树种应从因地制宜、便于养护管理、适应本地区自然条件、有利于形成良好的自然群落、对工程运行和生态环境无负面影响等方面考虑，慎重选择和使用外来物种。

**6.10.11** 对常水位变幅小于0.5m的城市（镇）河段，可布置亲水平台；常水位变幅在0.5～2.0m之间的河段，宜布置亲水台阶。亲水平台和亲水台阶设置应充分考虑亲水过程中的安全因素，亲水平台高程宜略高于设计常水位高程。

**6.10.12** 采用矩形断面的城市（镇）河段，常水位变幅大于2.0m以上时，可设置沿直立护墙的上下台阶。采用梯形断面的城市（镇）河段，边坡宜控制在1∶1.75～1∶5或者更缓，作为行走、休闲便道的道路宽度宜大于2m。

**6.10.13** 城市（镇）河段或经过村庄的乡村河段，可在河道适当的部位设置固定坝或活动坝，拦蓄枯季水流，形成一定水面，以满足景观休闲、生态环境等功能要求。固定坝或活动坝的设计除满足功能要求外，还应与环境景观协调。固定坝宜采用低矮的宽顶堰，应以当地建筑材料为主。活动坝设计时应考虑放水时下游的安全。固定坝或活动坝的设置应防止在较长的河段内形成梯段，降低河道水体自净能力，破坏鱼类洄游。

## 6.11 图表与附件

**6.11.1** 本章可附以下图：

1 工程总体布置方案比较图。

2 选定工程总体布置图。

　　3　工程轴线及型式方案比较图。

　　4　工程布置图。

　　5　工程剖面图。

　　6　工程地基处理设计图。

　　7　工程稳定及应力计算成果图（表）。

　　8　工程安全监测设备布置图。

　　9　永久性房屋及其他建筑物布置图。

　　10　工程场地（区）及其景观规划图。

　　11　工程场地（区）主要建筑透视图。

**6.11.2**　本章可附以下表：

　　1　工程总体布置方案比较主要指标表。

　　2　各永久建筑物项目表。

　　3　主要建筑物稳定及应力计算成果表。

　　4　工程量汇总表。

**6.11.3**　本章可附以下专题报告：

　　1　重要建筑物的计算专题报告。

　　2　其他相关专题报告。

# 7　机电及金属结构

## 7.1　基本要求

　　针对广东省山区中小河流治理的实际情况，合理选择机电及金属结构型式。机电及金属结构选型应满足防盗、操作简单、维护管理方便、经济实用的要求。供电线路较长或供电投资较大，可考虑移动式电源；手工操作可满足要求的建筑物应尽量选择手工操作。金属结构主要指涵闸，对规模较小的箱涵、涵管出口的闸门应尽量选择操作运行方便的铸铁闸门，同时做好防盗措施。

## 7.2　电气

### 7.2.1　接入系统

　　概述涵闸工程的地理位置，用电负荷分布。确定工程供电电压等级、供电线路回数与供电电源的连接点、距离等。电压等级低、用电负荷小时可以简化或省略。

### 7.2.2　供电系统

　　根据工程用电负荷的大小、供电电源点的距离等综合因素，分析供电系统接线方案，确定永久建筑设施和工程管理设施供电方式。根据工程的性质，分析堤围等照明设计方案。

## 7.3　金属结构

　　进行必要的方案比选，说明各建筑物的闸门布置方案、型式、数量及主要尺寸及技术参数；选定启闭机设备布置、型式、容量、数量及主要参数，说明操作运行条件，提出启闭机动力措施；说明金属结构防腐要求；说明金属结构闸门、埋件、启闭机及防腐面积等工程量。

## 7.4 附图与附表

**7.4.1** 附图 供电系统接线图。

**7.4.2** 附表 金属结构设备汇总表。

# 8 施工组织设计

## 8.1 施工条件

**8.1.1** 工程条件

1 概述工程地理位置、对外交通情况。

2 描述工程布置及主要建筑物（包括中小河流建筑物组成、工程规模等）。

3 分析施工特点，说明主要工程量。

4 分析主要外来建筑材料的来源及水、电等供应。

**8.1.2** 自然条件

1 简述地形、地质条件。

2 简述水文、气象情况。

## 8.2 天然建筑材料及弃渣场

**8.2.1** 天然建筑材料

1 总体描述工程所需砂、土及石料总量，分述各主要建筑物所需砂、土及石料数量。

2 根据天然建筑材料的勘察成果，分析各土料场、砂料场、石料场的分布、储量、质量、开采运输条件及主要技术参数，选定料场，并说明开采的主要工艺、运输及加工设备。

**8.2.2** 弃渣场

施工过程应尽量保持土石方平衡。根据弃渣运输方式、运输距离、占地补偿条件等，结合土方平衡计算结果，明确弃渣场位置及占地面积，说明弃渣安排。

## 8.3 施工导流

**8.3.1** 导流方式

堤防、护岸一般可不进行施工导流，如需导流，宜采用分期、分段施工导流方式；穿堤及拦河建筑物一般宜采用一期施工、一次导流方式。

**8.3.2** 导流标准

依据《水利水电工程施工组织设计规范》（SL 303）规定，并结合河流实际情况，确定导流建筑物的级别和洪水标准。

**8.3.3** 导流时段

中小河流堤防、护岸、穿堤及拦河建筑物等施工，应根据施工工期安排，结合山区河流洪水特点，合理选择导流时段及导流流量，一般宜选择枯水时段。

**8.3.4** 导流建筑物设计

1 分述各导流建筑物的设计要素。

2 分列各导流建筑物的工程量表。

## 8.4 主体工程施工

根据中小河流清淤、疏浚及主体建筑物特点，阐述主体工程（包括导流工程）的施工方法、施工程序，列出主要施工机械设备及施工技术要求。

## 8.5 施工交通运输

**8.5.1** 描述工程区对外交通情况，明确对外交通运输方案。

**8.5.2** 描述场内交通情况，结合现有线路，分析是否布置新建场内施工道路，并说明新建道路的长度、设计要素等。

## 8.6 施工工厂设施

**8.6.1** 说明施工期间所需主要施工机械、主要材料加工、运输设备、金属结构等种类及数量，提出修配加工能力。

**8.6.2** 确定场地和生产建筑面积。

**8.6.3** 确定施工期水、电及通信设计方案。

## 8.7 施工总布置

**8.7.1** 确定主要施工工厂、生活设施的规模，并进行具体布置。

**8.7.2** 确定弃渣场位置、规模，并提出临建工程量及施工占地。

## 8.8 施工总进度

**8.8.1** 设计原则

1 合理安排，尽量利用枯水期的有利时机施工。

2 尽可能做到均衡施工，使建设安排与投资能力相适应。

3 施工进度安排应考虑技术可能性与经济合理性，尽量避免洪水期施工。

4 工程建设宜分段实施。

**8.8.2** 施工强度、劳动力投入

1 根据施工进度安排，分析月施工高峰强度（主要包括土石方开挖、混凝土浇筑及土石方回填等）。

2 根据工程实际需要，确定施工高峰人数及施工总工日。

**8.8.3** 进度安排

结合工程实际情况，说明工程施工总工期，描述总工期的 3 个组成部分（施工准备期、主体工程施工期及工程完建期）。

1 施工准备期：

(1)说明施工准备期的期限。

(2)描述施工准备期需要完成的工程项目，主要包括"四通一平"、导流工程施工等。

2 主体工程施工期：

(1)说明主体工程施工期期限。

(2)描述主体工程需要分几个时段施工；分述不同施工时段需要完成的主体工程项目。

3 工程完建期：

(1)说明工程完建期限。

(2)描述工程完建期需要完成的工程项目。

## 8.9 附图与附表

**8.9.1** 附图

1 施工总平面布置图。

2 施工导流布置及建筑物结构图。

**8.9.2 附表**

1 主要工程量汇总表。

2 分期完成主要工程量表。

3 主要施工机械设备表。

4 施工总进度表。

# 9 建设征地与移民安置

## 9.1 概述

**9.1.1** 概述工程建设内容、征地涉及地区的自然条件和经济社会情况。

**9.1.2** 概述工程建设征地的编制依据、编制原则和方法。

**9.1.3** 对堤防加固工程、护岸护坡工程和河道疏浚工程原则上不新征管理用地，对新建堤防根据堤防级别和相关规范设置少量的护堤地，护堤地宽度应从严控制，以减少占地和投资。

## 9.2 征地范围

**9.2.1** 根据工程总布置和工程管理设计成果，确定工程永久用地性质及范围。

**9.2.2** 根据施工总布置、施工组织设计，确定临时用地性质及范围。

## 9.3 征地实物指标

**9.3.1** 根据《水利水电工程建设征地移民实物调查规范》（SL 442），说明工程建设征地实物调查的范围、内容和方法。

**9.3.2** 说明工程建设征地范围内专项项目的实物指标。

**9.3.3** 确定工程建设征地范围内的实物指标。

## 9.4 移民安置规划设计

**9.4.1** 根据《水利水电工程建设农村移民安置规划设计规范》（SL 440），合理确定移民安置方案。

**9.4.2** 编制建设征地移民安置规划设计报告。

## 9.5 补偿投资概算

**9.5.1** 会同地方政府等多方研究，落实永久征地和临时用地处理具体措施。

**9.5.2** 根据国家及地方有关政策或当地有关规定，合理确定永久征地、临时征地及专项项目的补偿单价。

**9.5.3** 参照《水利水电工程建设征地移民安置规划设计规范》（SL 290），编制工程建设征地概算。其他费用原则上仅列勘测设计费、实施管理费和征地勘测定界费。

## 9.6 图表及附件

**9.6.1** 附图附表包括：

1 建设征地范围红线图。

2 建设征地移民补偿投资概算表。

**9.6.2** 附件包括：

1　专业项目主管部门对专业项目迁移实物指标的确认意见。

2　县级以上人民政府对永久征地和临时征地实物指标的确认意见。

3　相关协议、合同和承诺等文件。

4　其他附件。

## 10　环境保护设计

### 10.1　概述

**10.1.1**　确定保护对象及标准。

**10.1.2**　说明环境保护设计依据的主要技术标准。

### 10.2　水环境保护

**10.2.1**　评价工程调度运用方式是否满足环境用水要求。

**10.2.2**　确定重点保护水域和饮用水源地保护措施设计方案。

**10.2.3**　确定工程废污水处理措施设计方案。

**10.2.4**　确定河流纳污能力恢复与补偿措施方案。

### 10.3　生态保护

**10.3.1**　评价工程调度运用及泄放设施与方式是否满足河道内生态用水要求，提出工程下泄生态用水监控方案。

**10.3.2**　生态敏感区需确定珍惜、濒危、特有水生动植物保护措施设计方案。

**10.3.3**　确定水生生物保护工程设计方案。

**10.3.4**　确定生态补水引流措施设计方案。

### 10.4　土壤环境保护

**10.4.1**　确定土地退化防治工程、生物和管理措施设计方案。

**10.4.2**　确定环境底泥疏浚与处置措施方案，提出限制利用要求。

### 10.5　大气及声环境保护

**10.5.1**　针对保护对象，确定施工粉尘污染防治及污染底泥产生臭气防治措施设计。

**10.5.2**　针对施工产生的噪声影响对象，确定声环境保护措施。

### 10.6　人群健康保护

**10.6.1**　提出施工区疫情调查和检疫计划。

**10.6.2**　确定自然疫源性、介水传染病等疾病防治措施方案。

**10.6.3**　确定施工场地卫生清理方案。

**10.6.4**　提出施工区饮水安全保障措施方案。

### 10.7　其他环境保护

**10.7.1**　提出施工区及管理区生活垃圾和建筑垃圾处置方案。

**10.7.2**　提出景观保护、生态恢复等措施方案。

### 10.8　环境管理及监测

**10.8.1**　制定施工期环境监测计划。

### 10.9　附图

**10.9.1**　环境保护措施总体布局图和各类环境保护措施设计图。

## 11　水土保持设计

### 11.1　水土流失防治责任范围

**11.1.1**　简述项目概况和项目区概况。

**11.1.2**　说明水土流失防治责任范围确定的原则和方法。

**11.1.3**　确定水土流失防治责任范围的面积和分布。

**11.1.4**　简述主体工程水土保持分析与评价。

### 11.2　水土流失预测

**11.2.1**　项目区水土流失现状。

**11.2.2**　分析计算工程建设的扰动土地面积，弃土、弃石和总弃渣量，损坏水土保持设施的类型和数量。

**11.2.3**　预测防治责任范围内工程建设可能造成的水土流失类型、面积及新增水土流失量，分析可能造成的危害。

### 11.3　水土保持措施设计

**11.3.1**　结合工程布置，按防治分区进行水保工程措施、植物措施、施工临时工程的设计。要分析工程的土石方平衡，确定挖、填、弃、借土石方数量，明确土石方料场和弃渣场的具体位置、储量及运输条件等，并进行相关防治措施设计。其中，堆渣场占地设计应根据规模，提出渣体挡护建筑物级别及设计洪水标准、允许安全系数、防护设计参数、稳定分析及排洪措施设计、工程量等。

**11.3.2**　提出本工程水土流失防治目标。

**11.3.3**　提出本工程水土流失防治总体布局和措施体系。

**11.3.4**　进行各类防治措施典型设计，提出分区防治措施。

**11.3.5**　提出水土保持措施的工程量。

**11.3.6**　明确水土保持措施进度安排，进行水土保持施工组织设计。

### 11.4　水土保持监测与管理

**11.4.1**　提出水土保持监测及监理计划，明确水土保持监测频次、监测内容、监测方法、监测点布设及监测要求。

**11.4.2**　明确水土保持管理机构、人员，提出建设期运行期管理要求或方案。

### 11.5　水土保持投资概算

按照《水土保持工程概（估）算编制规定》《水土保持工程概算定额》《水利工程设计概（估）算编制规定》等进行水土保持概算编制，并进行分年投资。

## 12　劳动安全与工业卫生

### 12.1　危险与有害因素分析

**12.1.1**　说明设计依据的法律法规、主要技术标准和相关文件。

**12.1.2**　根据工程所在地自然条件、社会条件和周边环境情况，确定工程建设与运行中劳动安全与工业卫生的主要危险因素和危害程度，尤其是山洪、山体滑坡和滚石。

### 12.2　劳动安全措施

**12.2.1**　确定可能产生火灾爆炸伤害的场所，提出针对性的防范防护措施、设施布置等。

**12.2.2** 确定可能产生电气伤害、雷电伤害的场所，提出针对性的防范防护措施、设施布置等。

**12.2.3** 确定可能产生机械伤害、坠落伤害的场所，提出各种起重运输机械通道处的防范防护措施、设施布置等。

**12.2.4** 提出工程区防范山洪、防台风的措施，说明各种排水措施的布局。

### 12.3　工业卫生措施

**12.3.1** 确定可能产生噪声、振动与尘埃等有害因素影响的工作场所，提出减免影响或防护的措施。

**12.3.2** 确定各工作场所的采光与照明、通风、温度与湿度控制、防水与防潮要求，提出相应的保障措施设计。

**12.3.3** 提出工程运行管理范围内，保障环境卫生的措施。

### 12.4　安全卫生管理

**12.4.1** 结合工程特点，确定安全卫生管理措施。

**12.4.2** 选定安全卫生仪器、设备配置。

## 13　节能设计

### 13.1　设计依据

**13.1.1** 明确项目应遵循的合理用能标准及节能设计规范。

**13.1.2** 说明工程所在地的自然条件。

**13.1.3** 说明工程所在地域的能源供应状况、能源消耗状况及主要指标，以及国家、地方和行业制订的节能中长期专项规划和节能目标。

### 13.2　节能设计

**13.2.1** 根据工程任务，确定工程总体布置及相关建筑物选型的节能原则和节能要求。

**13.2.2** 根据工程的施工条件，提出施工组织设计的总体布置、天然建筑材料的开采和运输方式、施工程序和机械选择等的节能原则和要求。

**13.2.3** 提出金属结构的节能设计及能耗指标。

**13.2.4** 提出工程管理设施的节能设计及能耗指标。

**13.2.5** 提出采取节能措施后，建设期和运行期的能耗总量。

### 13.3　节能效益评价

**13.3.1** 分析工程项目是否符合国家、地方和行业节能设计的要求。

**13.3.2** 对工程的总体布置及建筑物、施工组织设计、机电及金属结构设备、工程管理等进行节能评价。

**13.3.3** 对工程建设中采用的节能措施进行节能效益综合评价。

## 14　工程管理设计

### 14.1　管理体制和机构设置

**14.1.1** 管理机构及人员编制

　1　根据中小河流行政管理权限明确工程建设项目法人，说明管理机构的性质及资金筹集方案。

2　根据工程建成后管理单位性质，说明管理机构现状人员编制，确定中小河流治理后管理人员的编制。

3　管理机构的设置及人员编制可根据国家水利部、财政部印发的《水利工程管理单位定岗标准（试点）》确定或按经政府批复的管理机构体制改革实施方案执行。

4　中小河流治理完成后应建立"河长制"进行管护，"河长"宜按照中小河流行政管理权限，由各级党政主要负责人担任。

**14.1.2　生产、生活的用房规模**

说明中小河流工程现状生产、生活的用房情况，确定整治后生产、生活的用房规模。

## 14.2　管理办法

**14.2.1**　确定中小河流的管理任务、管理办法及长效管护运行机制。

**14.2.2**　结合管理机构已制定的规章制度，考虑改革创新，确定中小河流建筑物安全监测、水质监测办法及建筑物管理办法。

**14.2.3**　提倡中小河流从河道的实际要求出发，按照行政管理权限分为省级河道、市级河道、县级河道、县级以下河道，并按行政区域划分采用分级管理办法，并明确责任人。

**14.2.4**　管理机构的任务是确保工程安全运行，进行科学管理，充分发挥工程综合效益。根据管理机构的任务，明确管理单位的职责。

**14.2.5**　提出防洪避险应急管理办法，建立群众避险安全转移应急机制。

## 14.3　工程管理范围及保护范围

**14.3.1**　确定中小河流水工建筑物和管理设施的管理范围，并在工程管理范围的基础上明确工程保护范围，设置界桩，界桩一般按间距为500m设置，在重要下河通道（车行通道）、码头、桥梁、取水口、电站、河道拐弯（角度小于120°）处、水事纠纷和水事案件易发地段或行政界等地根据实际情况增设。

**14.3.2**　中小河流的管理范围应根据工程级别结合当地的自然条件、历史习惯和土地资源开发利用等情况综合分析确定，一般宜以河道两岸堤防（护岸）背水侧坡脚起，各向外延伸5～10m确定管理边界线，两岸管理边界线之间的区域（含水域、陆域）为管理范围；穿越城镇、农田的，工程管理范围根据实际情况可以适当缩小；背水侧顺堤向设有护堤河的，以护堤河为界。对于不设堤防的河段，河道两岸管理边界线宜按现状岸线向外延伸10～15m确定。

**14.3.3**　工程管理范围及保护范围应根据《广东省水利工程管理条例》及县、乡镇人民政府划定的水利工程管理范围及保护范围，并结合工程所在地的自然地理条件、历史原因和社会经济等具体情况进行确定。

**14.3.4**　工程管理单位应对沿河穿堤建筑物（水闸、引水口、排水口、排污口等）进行统计和编号，加强管理。

## 14.4　工程管理设施

**14.4.1**　说明中小河流工程管理单位现有管理设施的内容及数量。

**14.4.2**　根据中小河流特点和工程管理运行的需要，确定需要增加的工程管理设施的项目内容和数量。工程管理设施一般可包括工程观测设施、通信设备工程维护设备、办公辅助设备及防汛物料储备等。有条件的地区应尽量完善以上工程管理设施，其他地区可适当简化项目。

## 14.5 工程管理运行费用及资金来源

**14.5.1** 明确工程管理运行费用。工程年管理运行费主要包含工程维护费、材料燃料动力费、管理人员工资及福利费、管理及其他费用等。

**14.5.2** 明确工程年运行费的资金来源，资金来源应满足维持中小河流治理工程正常运行的需要。

## 15 设计概算

### 15.1 概述

**15.1.1** 简述工程概况，包括兴建地点、对外交通条件、工程任务与规模、施工总工期、主要工程量、主要建筑材料及天然建筑材料料源供应情况、主要材料用量、水电供应条件、弃渣场位置等。

**15.1.2** 说明工程项目概算主要指标，包括总投资，分列建安工程费、设备费、独立费、预备费、专项部分投资（工程征地补偿投资、环境保护投资、水土保持投资）。

### 15.2 编制内容及依据

**15.2.1** 设计概算应包括内容

1 说明采用的编制规定、定额及其他有关规定、编制设计概算的水平年，以及主要材料、次要材料、机电和金属结构设备、砂石料等价格的依据。

2 根据《广东省水利工程设计概（估）算编制规定》和工程类别明确设计概算项目划分。

3 分析计算主要材料预算价格，确定次要材料价格。根据施工组织设计计算基础单价及工程单价，调查分析确定交通、房屋、供电线路等工程造价指标。

4 调查分析确定发电机、闸门、启闭机等主要设备价格。

5 其他建筑工程、其他机电设备及安装工程，应结合工程实际情况列示项目并分别计算投资。

6 专项部分投资（工程征地补偿投资、环境保护投资、水土保持投资），按照相应专题设计报告的投资计列。

**15.2.2** 设计概算依据

1 中小河流治理工程严格控制投资，工程设计概算原则上采用地方标准。

2 以《广东省水利工程设计概（估）算编制规定》为编制依据。

3 一般以编制年作为编制设计概算的价格水平年。

4 以《广东省水利水电建筑工程概算定额》《广东省水利水电设备安装工程概算定额》《广东省水利水电建筑工程施工机械台班费定额》《广东省水利水电工程概预算补充定额》为主要定额依据，涉及其他行业的单项工程概算，可依据相关行业规定和定额编制。

5 在满足质量、供应能力的前提下，就近选取主要材料的供应地。主要材料价格一般情况下可采用工程所在地县级以上建设工程造价管理部门颁布的当期材料信息价格，但应根据施工组织设计中分仓库的布设及材料运进方式,计算确定主要材料预算价格。次要材料价格一般情况下可直接采用广东省水利厅公布的当年地方水利工程次要材料预算价格。

6 概算中的工程量按照《水利水电工程设计工程量计算规定》(SL 328)的规定进行计算。

7 工程量清单按项计列的内容必须在初步设计报告及图纸中有相应的基础资料。概算工程量计算必须同定额计算规则相一致。临时工程量内容及数量必须与施工组织设计相一致。

8 土方开挖按照自然方计量,土方回填按压实方计量,在套用定额时要考虑两者之间的换算系数。

9 根据确定的弃渣场和土、石料场地点明确相应的运距,以确定土石方开挖、回填的单价。

10 人工工资、税金及其他相关费率的计算执行广东省及国家相关规定。

## 15.3 设计概算成果

### 15.3.1 设计概算表

1 总概算表。

2 建筑工程概算表。

3 设备及安装工程概算表。

4 临时工程概算表。

5 独立费用概算表。

6 建筑工程单价汇总表。

7 安装工程单价汇总表。

8 主要材料预算价格汇总表。

9 施工机械台班费汇总表。

10 主要工程量汇总表。

11 主要材料量汇总表。

### 15.3.2 设计概算附件

1 主要材料预算价格计算表。

2 混凝土材料单价分析表。

3 建筑工程单价分析表。

4 安装工程单价分析表。

5 设备询价资料。

6 勘测设计、监理等费用计算书。

7 工程量计算书。

8 编制期当地工程材料价格。

## 16 经济评价

## 16.1 概述

16.1.1 山区中小河流治理工程属于社会公益性质的水利建设项目,经济评价应以国民经济评价为主，财务分析为辅。

**16.1.2** 简述建设项目的背景、任务、规模、效益、建设内容、工期、项目性质、管理机构等。

**16.1.3** 简述经济评价依据：

1 水利部发布的《水利建设项目经济评价规范》（SL 72）。

2 国家发改委和建设部〔2006〕1325 号《关于印发建设项目经评价方法与参数的通知》，国家发改委、建设部发布《建设项目经济评价方法与参数（第三版）》。

3 《已建防洪工程经济效益分析计算及评价规范》（SL 206）。

4 《水土保持综合治理效益计算方法》（GB/T 15774）。

5 国家现行的财税制度。

## 16.2 费用计算

**16.2.1** 说明山区中小河流治理工程项目费用内容，包括固定资产投资、流动资金、年运行费等。

**16.2.2** 固定资产投资在工程设计概算基础上按影子价格进行调整，按《水利建设项目经济评价规范》（SL 72）附录 B 进行计算，国内市场价格基本反映了影子价格，影子价格换算系数可取 1.0。

**16.2.3** 流动资金按照年运行费的比例估算，一般可取 20%。

**16.2.4** 年运行费中人员工资及福利费应根据实际工程情况确定是否需要增设管理机构，依据当地有关政策及标准计算人员工资福利费，运行管理及维修护理费可按照固定资产总投资的 1%～1.5% 进行计算。

## 16.3 效益计算

**16.3.1** 说明工程的主要效益，包括社会、经济和环境效益等，国民经济评价仅计入经济效益。

**16.3.2** 中小河流治理工程经济效益主要体现在防洪效益上，还包括水土保持、排涝效益等。

**16.3.3** 防洪效益按照工程可减免的洪灾损失进行计算，以多年平均防洪效益表示。应在洪灾损失基本资料调查与分析的基础上，按有无该项目对比可获得的直接经济效益和间接经济效益进行计算。

**16.3.4** 水土保持效益应分析水土保持工程措施实施前后的效益对比，差值为增加的效益。

**16.3.5** 排涝效益要求估算提高排涝标准增加的效益。

## 16.4 国民经济评价

**16.4.1** 说明国民经济评价的原则、方法、计算参数选取等。

**16.4.2** 计算参数选取：

1 社会折现率宜采用当前国家规定的 8%。

2 计算期。根据《水利建设项目经济评价规范》有关规定，结合全省山区中小河流治理特点，工程施工期一般为 1～2 年。中小河流治理以防洪为主，工程正常运行期计算时间为 30～50 年，经济评价计算期为施工期和运行期之和。

3 基准年和基准点。资金时间价值计算的基准年选在计算期第 1 年，并以第 1 年年初作为折现计算的基准点。投入的费用和产出的效益均按年末发生和结算，计算基准年选为建设期第一年年初。

**16.4.3** 计算经济净现值、经济内部收益率、经济效益费用比等国民经济指标。

**16.4.4** 选取固定资产投资和效益作为敏感因素进行国民经济评价敏感性分析。

## 16.5 财务分析

中小河流治理工程是属于社会公益性质的水利建设项目，本身无财务收益，按照非营利性项目财务评价的要求进行财务分析，主要是提出维持项目正常运行需要由国家补贴的资金数额和需要采取的经济优惠政策以及运行经费的来源。

## 16.6 综合评价

根据上述国民经济评价和财务分析成果，给出山区中小河流治理经济评价方面的合理性结论。

## 16.7 附表

1 费用效益流量表。

2 敏感性分析表。

3 其他附表。

## 17 结论和建议

**17.0.1** 结论应简述山区中小河流治理工程初步设计阶段的主要结论。

**17.0.2** 建议应对山区中小河流治理工程下一阶段的工作提出建议。

附表　　　　　××市××县××河治理工程初步设计阶段工程特性表

| 序号及名称 | 单位 | 数量 | 备　注 |
|---|---|---|---|
| 一、气象 | | | |
| 　1. 多年平均气温 | ℃ | | |
| 　2. 多年平均降水量 | mm | | |
| 　3. 多年平均蒸发量 | mm | | |
| 二、水文 | | | |
| 　1. 流域面积 | | | |
| 　　全流域 | km² | | |
| 　　工程地址以上 | km² | | |
| 　2. 河长 | | | |
| 　　全流域 | km | | |
| 　　工程地址以上 | km | | |
| 　3. 比降 | | | |
| 　　全流域 | ‰ | | |
| 　　工程地址以上 | ‰ | | |
| 　4. 设计洪水 | | | |
| 　　设计洪峰流量 | m³/s | | $P=5\%$ |
| 　　设计洪峰流量 | m³/s | | $P=10\%$ |
| 　　设计洪峰流量 | m³/s | | $P=20\%$ |
| 　5. 分期设计洪水 | | | |
| 　　设计洪峰流量 | m³/s | | $P=10\%$ |
| 　　设计洪峰流量 | m³/s | | $P=20\%$ |
| 　　设计洪峰流量 | m³/s | | $P=33.3\%$ |
| 　6. 起推水位 | | | |
| 　　起推水位 | m | | $P=5\%$ |
| 　　起推水位 | m | | $P=10\%$ |
| 　　起推水位 | m | | $P=20\%$ |
| 三、工程规模 | | | |
| 　1. 防洪工程 | | | |
| 　　保护面积 | km² | | |
| 　　设计标准 | % | | 现标准（$P=$　%） |
| 　　设计水位 | m | | 上游端至下游终端水位 |
| 　　设计流量 | m³/s | | |
| 　　河道安全泄量 | m³/s | | 现状 |
| 　2. 河道整治工程 | | | |

续表

| 序号及名称 | 单位 | 数量 | 备　注 |
|---|---|---|---|
| 治理河道长度 | km | | |
| 设计洪水标准 P | % | | 现标准（P=　%） |
| 设计水位 | m | | 上游端至下游终端水位 |
| 设计流量 | m³/s | | |
| 3. 治涝工程 | | | |
| 治涝面积 | km² | | |
| 设计标准 P | % | | 现标准（P=　%） |
| 排水流量 | m³/s | | |
| 承泄区最高水位 | m | | |
| 承泄区最低水位 | m | | |
| 四、工程占地和房屋拆迁 | | | |
| 1. 工程永久占用土地面积 | 亩 | | |
| 其中：耕地 | 亩 | | |
| 2. 工程临时占用土地面积 | 亩 | | |
| 其中：耕地 | 亩 | | |
| 3. 青苗补偿用地面积 | 亩 | | |
| 4. 房屋拆迁面积 | m² | | |
| 5. 迁移人口 | 人 | | |
| 五、主要建筑物 | | | |
| 1. 挡水建筑物（堤防、护岸、陂头） | | | |
| 型式 | | | |
| 地基特性 | | | |
| 工程场地地震动参数 | g | | |
| 地震基本烈度 | | | |
| 抗震设计烈度 | | | |
| 顶部高程（堤防、护岸、陂头） | m | | |
| 最大高度（堤防、护岸、陂头） | m | | |
| 顶部长度（堤防、护岸、陂头） | m | | |
| 2. 泄水建筑物（排涝涵、闸） | | | |
| 型式 | | | |
| 地基特性 | | | |
| 底板高程 | m | | |
| 设计泄流流量 | m³/s | | |
| 3. 引水建筑物（引水涵、闸） | | | |
| 设计引用流量 | m³/s | | |

续表

| 序号及名称 | | 单位 | 数量 | 备 注 |
|---|---|---|---|---|
| 进水口底槛高程 | | m | | |
| 引水型式 | | | | |
| 长度 | | m | | |
| 断面尺寸 | | m | | |
| 4. 其他建筑物 | | | | |
| 六、施工 | | | | |
| 1. 施工总工期 | | 月 | | |
| 2. 主体工程数量 | | | | |
| 明挖 | 土方 | 万 m³ | | |
| | 石方 | 万 m³ | | |
| 填筑 | 土方 | 万 m³ | | |
| | 石方 | 万 m³ | | |
| 干砌石方 | | 万 m³ | | |
| 浆砌石方 | | 万 m³ | | |
| 混凝土和钢筋混凝土 | | 万 m³ | | |
| 金属结构安装 | | t | | |
| 模板 | | 万 m² | | |
| 3. 主要建筑材料数量 | | | | |
| 水泥 | | t | | |
| 柴油 | | t | | |
| 块石 | | m³ | | |
| 碎石 | | m³ | | |
| 砂 | | m³ | | |
| 钢材 | | t | | 钢材含钢筋、锚筋、锚杆 |
| 4. 施工动力及来源 | | | | |
| 供电 | | kW | | 说明电源 |
| 5. 对外交通 | | | | |
| 距离 | | km | | |
| 6. 施工导流（标准、方式、建筑物） | | | | |
| 七、设计概算 | | | | |
| 概算总投资 | | 万元 | | |
| 其中：建筑工程 | | 万元 | | |
| 机电设备及安装工程 | | 万元 | | |
| 金属结构设备及安装工程 | | 万元 | | |
| 设备购置费 | | 万元 | | |

续表

| 序号及名称 | 单位 | 数量 | 备　注 |
|---|---|---|---|
| 临时工程 | 万元 | | |
| 独立费用 | 万元 | | |
| 基本预备费 | 万元 | | |
| 水土保持设计投资 | 万元 | | |
| 环境保护设计投资 | 万元 | | |
| 征地拆迁补偿投资 | 万元 | | |
| 八、经济评价 | | | |
| 经济内部收益率 | % | | |
| 经济净现值（$I_s=8\%$） | 万元 | | |
| 经济效益费用比（$I_s=8\%$） | | | |

# 附录 B 广东省河湖及水利工程界桩、标示牌技术标准

## 1 总则

**1.0.1** 为加强我省河湖及水利工程管理，规范水行政主管部门部署开展的河湖管理范围及水利工程管理与保护范围划界工作，参照国家和行业有关界桩、标示牌设立及管理的规定，结合我省实际，制定本标准。

**1.0.2** 本标准适用于我省河湖及水利工程界桩、标示牌的设计、测绘、埋设和管理。

**1.0.3** 界桩是由河湖主管部门或水利工程管理单位依法埋设的，用于指示河湖及水利工程管理范围边界的标志物。

**1.0.4** 标示牌是由水利工程管理单位依法设置的，向社会公众告知水利工程管理与保护范围及其划定依据、管理要求的标志物。

**1.0.5** 界桩、标示牌埋设后，任何单位和个人不得擅自移动或破坏。

**1.0.6** 界桩、标示牌除应符合本标准的规定外，还应符合国家现行有关法律法规和标准规范的规定。

## 2 设计

### 2.1 界桩

新设界桩应分为基本桩与加密桩。基本桩为控制性界桩，在管理范围界线的主要控制点埋设；对管理范围边界的拐点和复杂段可适当增设加密桩。

#### 2.1.1 结构

界桩可由桩体与基座组成，桩体应镶嵌于基座中；无法设置基座时，应适当增加桩体长度和埋设深度。

#### 2.1.2 材质

根据河湖及水利工程所在地建筑材料和管理需求的不同，界桩桩体可分别采用钢筋混凝土或易于从当地获得的青石、花岗岩、大理石等坚硬石材制作；也可在不可移动的坚硬岩石表面制作雕刻界桩。

对界桩桩体，混凝土强度应不低于 C25，石材强度应不低于 40MPa。界桩基座采用现浇或预制混凝土，强度不低于 C20；界桩埋设点为岩石时，可直接开凿基坑，将界桩桩体镶嵌于岩石基坑内。

#### 2.1.3 外形及尺寸

Ⅰ 基本桩

基本桩桩体外形宜采用棱柱体。地面以上桩体高度不小于 500mm。采用长方体（修边）外形时，有基座桩体尺寸应为 200mm×200mm×1000mm（长×宽×高）；无基座桩体尺寸应为 200mm×200mm×1200mm（长×宽×高）。见图 B-1。

采用六棱体外形时，桩体尺寸应为边长 180mm，有基座桩体高应为 1000mm；无基座

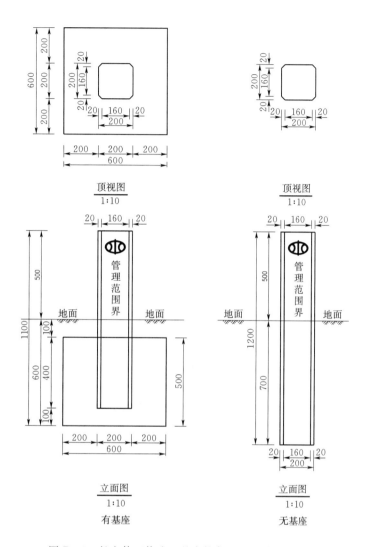

图 B-1　长方体（修边）基本桩断面图（单位：mm）

桩体高应为 1200mm。见图 B-2。

　　Ⅱ　加密桩

　　加密桩桩体外形宜采用长方体。地面以上桩体高度应不小于 400mm。有基座桩体尺寸应为 150mm×150mm×900mm（长×宽×高）；无基座桩体尺寸应为 150mm×150mm×1000mm（长×宽×高）。见图 B-3。

　　Ⅲ　基座

　　基座外形应采用长方体，尺寸应为 600mm×600mm×500mm（长×宽×高）。预制混凝土基座及岩石基座坑应较桩体外形尺寸略大，便于桩体镶嵌和砂浆固定；界桩材料为钢筋混凝土，基座为现浇时，受力筋应在桩体下端外露，长度不小于 100mm；基座顶面应低于地面 100mm。

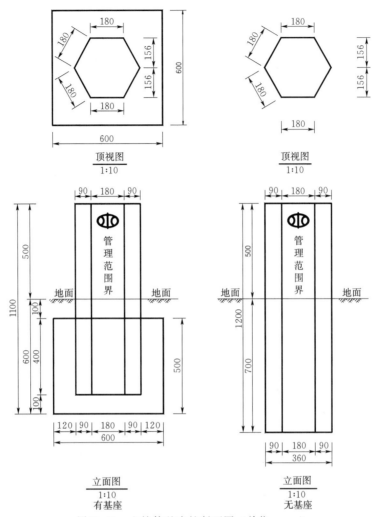

图 B-2　六棱体基本桩断面图（单位：mm）

**2.1.4　界桩布设**

Ⅰ　布设要求

（1）布设界桩时应以能控制河湖及水利工程管理范围边界的基本走向为原则。

（2）根据实际地形和周边环境确定埋设位置，选择界桩外形和材质。

Ⅱ　界桩密度

基本桩密度宜为 100～200m，加密桩密度宜为 20～50m；相邻两界桩之间应相互通视。在河湖无生产、生活人类活动的陡崖、荒山、森林等河段可根据实际情况加大间距。

在以下情况应增设界桩：①重要下河湖通道（车行通道）；②重要码头、桥梁、取水口、电站等涉河设施处；③河湖拐弯（角度小于120°）处；④水事纠纷和水事案件易发地段或行政界。

**2.1.5　标注**

长方体（修边）界桩地面以上各面均应标注，面向管理范围内立面为正面，面向管理范围外立面为背面。正面、背面应采用阴文标注，左面、右面可采用喷涂方式标注。

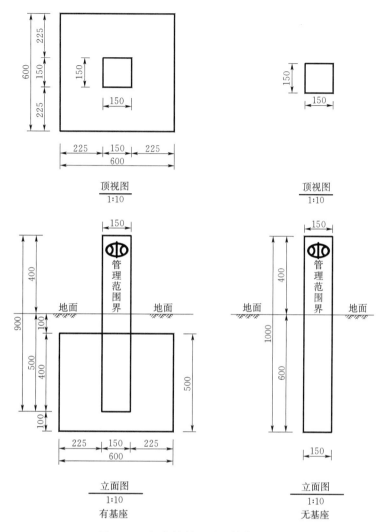

图 B-3 加密桩断面图（单位：mm）

长方体（修边）界桩正面、背面标注中国水利标志图形 和"管理范围界"5个汉字；长方体（修边）桩左面标注河湖或水利工程名称；长方体（修边）桩右面标注界桩编号及设立日期。各面标注推荐式样见图 B-4 和图 B-5。

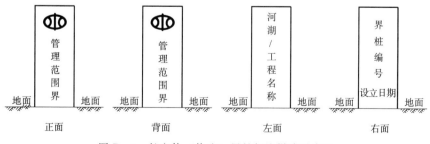

图 B-4 长方体（修边）界桩标注样式示意图

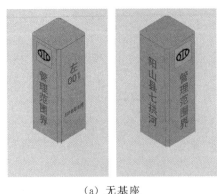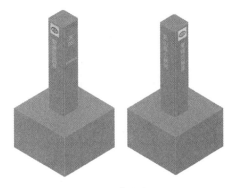

（a）无基座        （b）有基座

图 B-5　长方形（修边）基本桩效果图

六棱体界桩地面以上正面、反面均应标注，面向管理范围内立面为正面，面向管理范围外立面为背面。正面、背面应采用阴文标注。

六棱体界桩正面标注界桩编号及设立日期；背面标注中国水利标志图形和"管理范围界"5个汉字；各面标注推荐式样见图 B-6。

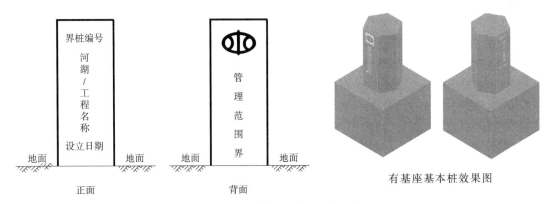

正面　　　　　　　　　背面　　　　　　　有基座基本桩效果图

图 B-6　六棱体界桩标注样式示意图

如堤防管理范围无法埋设界桩，可在堤防边界埋设，标注为"堤防边界"。

界桩标注均应采用白色作为底色，中国水利标志应采用蓝色，其他标注文字均应采用红色。

标注文字的字体均采用宋体，字号大小可根据字数适当缩放，以美观、清晰为宜。

### 2.1.6　编号

**Ⅰ　基本桩**

（1）河道编号格式为"岸别—界桩序号"。其中，岸别用"左"或"右"标识，界桩序号建议采用3位阿拉伯数字（如001）（下同），从上游到下游依次增大。

（2）湖泊编号格式为"岸别—界桩序号"。其中，岸别用"东""西""南"或"北"标识，界桩序号按照管理需要排列。

（3）堤防编号格式为"岸别—临水侧/背水侧—界桩序号"。其中，岸别用"左"或"右"标识，临水侧/背水侧用"临""背"标识，界桩序号从上游到下游依次增大，特殊情况时可根据管理需要排列。

（4）对有堤防河道、湖泊，堤防临水侧根据需要可设置水利工程界桩，采用堤防界桩编号规则；堤防工程背水侧界桩与河道或湖泊管理范围界桩重合，应分别采用河道界桩编号规则或湖泊界桩编号规则。

（5）水库编号格式为"库区/坝区—界桩序号"。其中，库区/坝区用"库""坝"标识，库区界桩序号按照先左岸后右岸，左岸从下游至上游、右岸从上游至下游依次增大的规则排列；坝区界桩序号按照管理需要排列。

（6）河湖整治工程、水闸、泵站和其他水利工程编号格式为"管理单位—界桩序号"。界桩序号按照管理需要排列。

Ⅱ　加密桩

加密桩编号通过在基本桩编号下方增添附加编号组成。其中，基本桩编号采用相邻两界桩中序号较小的编号，附加编号由"加"和加密桩序号组成。序号从基本桩编号较小一侧向较大一侧依次增加。例如：加 1，加 2 等。

Ⅲ　增设界桩

增设界桩编号是在上一个原有界桩序号后加注括号数字，例如：8（1），8（2），9（1）等。

## 2.2　标示牌

### 2.2.1　结构

标示牌由面板与支架组成。

### 2.2.2　材质

标示牌可采用铝合金、钢筋混凝土、仿木等材料制作。

### 2.2.3　外形及尺寸

标示牌外形采用长方形，尺寸宜为 2000mm×1500mm（宽×高）或 1500mm×1000mm（宽×高）。标示牌尺寸可根据工程规模选择；对临近村镇的工程，可选用较大尺寸的标示牌。

标示牌正面和背面均应标注，面向管理范围外立面为正面，面向管理范围内立面为背面。

采用铝合金等金属材质时，面板底色为蓝色，标注文字颜色为白色；采用混凝土材质时，面板底色为白色，标注文字颜色为红色。

标注文字的字体均采用宋体，字号大小可根据字数适当缩放，以美观、清晰为宜。

标示牌正面标注可包括但不限于如下内容：

---

**××工程管理与保护范围标示牌（序号）**

1. 广东省对水利工程实施保护。广东省内所有的水利工程应当按照我省有关规定划定工程管理和保护范围。

2. 在水利工程保护范围内，不得从事危及水利工程安全及污染水质的爆破、打井、采石、取土、陡坡开荒、伐木、开矿、堆放或排放污染物等活动。

3. 单位和个人有保护水利工程的义务，不得侵占水利工程管理范围内的土地和水域。国家建设需要征用管理范围内的土地，应当征得有管辖权的水行政主管部门同意。

4. 举报电话：×××××××××。

管理单位

日期

---

标示牌背面标注文字可包括但不限于如下内容：

---

**××工程管理与保护范围标示牌**

　　××工程管理与保护范围划界工作，已经××政府批准实施完成，根据《广东省水利工程管理条例》《广东省河道堤防管理条例》等法律法规的规定，现公告如下：

（叙述工程管理与保护范围）

　　　　　　　　　　　　　　　　　　××县（区、市）人民政府
　　　　　　　　　　　　　　　　　　水利工程管理单位（名称）
　　　　　　　　　　　　　　　　　　日期

---

**2.2.4　密度**

　　河湖及水利工程起点、终点各设一个标示牌，起点、终点之间设置的标示牌间距应小于3000m。

　　在下列情况应设置：①穿越城镇规划区上、下游；②重要下河湖通道（车行通道）；③人口密集或人流聚集地点河湖岸；④重要码头、桥梁、取水口、电站等涉河设施处；⑤水事纠纷和水事案件易发地段或行政界。

**2.2.5　编号**

　　标示牌编号书写于标题名称后面。格式为"（标示牌序号）"，序号根据管理需要排列。

## 3　测绘

### 3.1　坐标和高程基准

　　区域内原则上应采用北京54坐标系或西安80坐标系，确实无法采用以上坐标系的也可采用流域内乡镇规划的独立坐标系，但一条河流的划界坐标系应统一。

　　高程原则上应采用1985国家高程基准或珠江基面高程基准。确实无法采用以上高程基准时也可以采用流域内乡镇规划高程系统，但一条河流的高程系统应统一。

### 3.2　测绘范围

　　除河湖及水利工程占压地外，测量范围应向河湖管理范围边界外侧延伸10～50m（平面）；水利工程管理保护范围边界外侧延伸50m（平面）。

### 3.3　地形图绘制

**3.3.1**　河湖管理范围、水利工程管理和保护范围地形图测图比例1：2000，等高距为1m。

**3.3.2**　测绘范围内的建、构筑物应在地形图上标识清楚。堤防护岸、拦河坝、水闸、沿河提引水建筑物等水利工程应注明名称及关键特征参数。

### 3.4　界桩点放样标准

**3.4.1**　一般情况下要求采用CORS、RTK或全站仪进行界桩点放样，也可采用J2经纬仪配合测距仪或交汇法放样。

**3.4.2**　放样测站（RTK固定站点）宜选择基本控制网及以上等级的控制点，当采用全站仪或经纬仪在基本控制点上不能放样时，也可采用图根点或增设支线点。

**3.4.3** 界桩点放样时，平面位置与设计位置的允许差值为 5cm；高程实测值与设计高程值的允许差值为 ±5cm。

## 3.5 测绘成果

测绘工作应提交完整的测绘技术资料，主要包括：

（1）外业观测、记录手簿。

（2）平、高控制平差计算资料与成果。

（3）界桩、标示牌坐标测绘成果。

（4）界桩、标示牌埋设点位置应展绘到相应的河湖管理范围或水利工程管理和保护范围平面图上。

（5）界桩、标示牌埋设后的数码相片。

（6）测量检查报告、测量技术报告等。

以上成果的相应电子版资料。

# 4 埋设

## 4.1 埋设流程

（1）测绘河湖管理范围或水利工程管理和保护范围 1∶2000 地形图。

（2）根据实际地形，在图上画出河湖管理范围边界、水利工程管理和保护范围边界，标出界桩、标示牌埋设点。

（3）界桩、标示牌埋设点定点放样。

（4）开挖基坑并夯实。

（5）现场浇筑基座，或在基坑内安装预制混凝土基座。

（6）安装界桩、标示牌并确保与基座牢固结合。

（7）拍摄照片。

## 4.2 埋设位置

界桩、标示牌均应埋设在管理和保护范围界线内侧（近河湖、水利工程一侧）。所有已埋设的界桩、标示牌均应在河湖管理范围及水利工程管理和保护范围平面图上标注，并将埋设点的坐标、高程和界桩、标示牌照片整理入数据库。

当选定的埋设点在湿地、水塘等不适于埋设区域时，可先将界桩、标示牌埋设于岸边适当位置并在管理范围平面图上详细标注，待有条件时再按选定位置埋设。

少数民族地区应尊重当地习俗，避开敏感区域。

## 4.3 埋设深度

无基座基本桩埋设深度不小于 700mm；无基座加密桩埋设深度不小于 600mm；有基座的界桩，包括基座在内桩体埋设深度为 600mm。不具备深埋条件的地区在确保埋设牢固的前提下可适当减少界桩埋深。

标示牌宜安装在保护范围内明显位置。标示牌可采用柱式和附着式两种安装方式。柱式安装时，支撑件应美观、统一、牢固稳定，采用与标示牌相同材质；附着式安装时，标示牌应固定在表面平整的硬质底板或墙面等不可移动物体上。

## 5 管理

### 5.1 管理单位

界桩、标示牌的管理和日常维护工作由河湖主管部门或水利工程管理单位具体承担。

### 5.2 管理内容

#### 5.2.1 检查

管理单位应按相应水利工程养护修理规程要求进行经常检查和养护修理。重点检查是否松动、移动、损坏或丢失；日常维护工作包括清除界桩、标示牌周围杂草、淤泥和遮挡物，刷新注记，清洁桩体、牌面，保证界桩标示牌明显易见，做好检查记录，制止损坏界桩、标示牌的行为。

#### 5.2.2 移动

因建设项目确需移动界桩、标示牌的，建设单位应当提出书面申请，由河湖主管部门或水利工程管理单位批准。界桩、标示牌移动后，应及时更新相应管理范围平面图和数据库。

移动界桩、标示牌的费用由建设单位承担。

#### 5.2.3 增设

需要增设界桩、标示牌时，河湖主管部门或水利工程管理单位应确定增设界桩、标示牌的数量和埋设位置，明确界桩、标示牌管理责任方，提出增设方案报水行政主管部门批准后实施。

#### 5.2.4 修复

对主体完整、边角轻微损坏的界桩、标示牌应当修复；对基座松动但桩体完整的界桩应当在原地加固扶正。

#### 5.2.5 更换

对丢失或者严重损坏、修复困难的界桩、标示牌，应当重新制作并在原地恢复埋设，无法在原地恢复的，应就近选择适当位置移位埋设。

重新制作、埋设的界桩和标示牌，其标注年份为重新埋设时的年份。

#### 5.2.6 档案管理

河湖主管部门或水利工程管理单位应当建立界桩、标示牌日常管理档案，每年向上级水行政主管部门汇报界桩、标示牌管理情况。

# 附录 C 广东省山区五市中小河流试行"河长制"的指导意见

为加强我省山区韶关、河源、梅州、清远、云浮（以下简称"山区五市"）中小河流管理，维护河流健康生命，充分发挥河流综合效益，服务和促进经济社会可持续发展，鼓励山区五市中小河流试行"河长制"管理。根据《中华人民共和国水法》、水利部《关于加强河湖管理工作的指导意见》（水建管〔2014〕76号）、《水利部关于开展河湖管护体制机制创新试点工作的通知》（水建管〔2014〕303号）等法律法规和政策规定，现就进一步规范我省山区五市中小河流"河长制"相关工作提出如下意见。

**一、鼓励各地全面实施"河长制"**

我省中小河流众多，集水面积在 $50\sim3000km^2$ 的中小河流有1211条，河道总长达3.6万km，尤其是山区五市，中小河流密集、水系发达，合计共有中小河流536条，河长1.7万km，分别占全省的44％和49％。河道既具有防洪、调蓄、排涝、灌溉、供水、航运、水能发电等多种功能，也是水资源和生态环境的重要载体，对防范自然灾害，保障生态流量，维护生态平衡，保障经济社会发展和人民群众生产生活具有重要作用。

胡春华书记在听取省水利厅关于中小河流治理工作情况汇报时指出，要采取有效措施，加强山区中小河流治理工作，同时要同步建立中小河流治理项目的长效运行管护机制，明确管理范围，落实管护责任，确保工程良性运行，长期发挥效益。为全面贯彻落实胡春华书记的重要指示精神，根据水利部和省委省政府的部署要求，鼓励各地探索创新，试行"河长制"。

试行"河长制"是指由山区五市及相关县（市、区）党委政府主要领导担任行政区域"总河长""河长"，推动各级党委政府及镇村级组织全面履行河流保护管理责任，创新河流保护管理体制机制，建立水陆共治、部门联治、全民群治的河流保护管理长效机制。试行"河长制"，有利于将河流的管理、开发、治理纳入区域整体发展统筹考虑，充分调动和利用各部门资源、职能，更好维护河道健康生命，保障防洪安全、供水安全和生态安全，推进生态文明建设和新农村建设，促进山区五市乃至全省经济社会可持续发展。

**二、试行"河长制"的基本原则**

（一）属地管理、分级负责。市、县（含市、区，下同）、镇（含乡、街道，下同）三级政府领导分别担任"河长"或"河段长"，负责辖区内中小河流治理、开发、管理，加强水管理，保护水资源，防治水污染，维护水生态，提升水环境，建立长效管护机制等工作。

（二）逐条落实、全面覆盖。山区五市中小河流逐条落实"河长"，确保每一条河流都有市、县、镇三级"河长"或"河段长"，鼓励有条件的地区设立村级"河段长"。

（三）统筹兼顾、分步实施。结合河流治理情况、所在区域情况以及规划发展需求等，在部分河流先行先试，再逐步推广。山区五市列入水利部河湖管护体制机制创新试点县（市）实施方案的中小河流，应按照水利部的部署要求先行先试，积极探索试行"河长制";列入《广东省山区五市中小河流治理实施方案》的中小河流,宜在治理任务完成的同时建立"河长制";试点完成后在五市其他河流全面推行。

(四)长效管理、确保成效。建立完善的长效管理机制,健全管理制度,落实稳定的管理经费来源渠道、管理人员和各项管理措施,确保长期发挥效益。

(五)公示公开、社会监督。主动公开"河长制"有关信息,定期在当地主要新闻媒体公布"河长""河段长"名单,在河岸明显位置竖立"河长""河段长"公示牌,标明"河长""河段长"职责、河道概况和监督电话等内容,主动接受社会和群众监督。

三、"河长"的设置

市、县、镇政府领导按照分级管理原则和管辖权限分别担任"市级总河长""市管河道河长""县级总河长""县管河道河长""镇级河段长",有条件的地区可由行政村(社区)领导担任"村级河段长"。有市管中小河流河道的地市,"市级总河长""市管河道河长"可分别由市政府主要领导、分管领导担任;没有市管中小河流河道的地市,无须设置"市管河道河长";"县级总河长""县管河道河长"可分别由县政府主要领导、分管领导担任;"镇级河段长"可由乡镇政府主要领导或分管领导担任;"村级河段长"可由各村党支部或村委会负责人担任。

四、"河长"的职责

(一)"市级总河长"的职责。对全市范围内中小河流的河道治理、河道管理与保护、水资源管理与保护、河道长效管护机制建立、河道管护经费投入等工作负总责,指导、协调、督促辖区内各"总河长""河长"做好相关工作;协调解决跨县中小河流治理和管护工作中存在的问题;考核评价"市管河道河长"和"县级总河长"。

(二)"市管河道河长"的职责。负责市管中小河流河道治理、河道管理与保护、水资源管理与保护、河道长效管护机制建立等工作,明确各有关部门协助"河长"工作的职责并指导、协调、督促其开展工作;承接"市级总河长"交办的事项。

(三)"县级总河长"的职责。对全县中小河流河道治理、河道管理与保护、水资源管理与保护、河道长效管护机制建立、河道管护人员和经费投入等工作负总责,指导、协调、督促各"河长""河段长"做好相关工作;考核评价辖区各级"河长""河段长";承接上级"河长"交办的事项。

(四)"县管河道河长"。负责县管中小河流河道治理、河道管理与保护、水资源管理与保护、河道长效管护机制建立等工作,明确各有关部门协助"河长"工作的职责并指导、协调、督促其开展工作,督促设立河道管护机构、落实运行管理人员及管护经费;组织、指导辖区"镇级河段长"开展工作;依法组织查处各类涉及辖区县管河道和水资源的违法行为;考核和评价河道内的"镇级河段长";组织做好宣传和公示工作;承接上级河长交办的事项。

(五)"镇级河段长"的职责。负责全镇范围中小河流河道巡查、河道保洁、日常维养等工作的具体组织实施;落实辖区内中小河流河道的巡查员、保洁员及其工作职责;落实管护经费;指导、协调、督促辖区"村级河段长"做好相关工作;做好宣传和公示工作;考核评价"村级河段长";承接上级河长交办的事项。有关具体职责由县予以明确。

(六)"村级河段长"的职责。负责全村范围中小河流河道巡查、河道保洁、日常维养等工作的具体组织实施；督促落实辖区内中小河流河道村级巡查员、保洁员及其工作职责；落实和使用好管护经费；做好宣传和公示工作；承接上级河长、河段长交办的事项。有关具体职责由县予以明确。

**五、"河长"的主要任务**

（一）统筹河流保护管理规划。遵循河流自然规律和经济社会发展规律，坚持严格保护和合理利用，根据河流功能定位，将生态理念融入乡村建设、河流整治、旅游休闲、环境治理等规划、设计、建设、管理全过程，科学编制经济社会发展规划和各领域、各部门、各行业专项规划。规划应统筹考虑地区水资源条件、环境承载能力、防洪要求和生态安全。

（二）实施河道系统治理。按照清障清违先行、清淤护岸并重、因地制宜筑堤修陂的治理原则，解决河道行洪通畅，提高流域综合防灾减灾能力，考虑沿河截污，保护河流自然生态；同步推进山洪灾害防治非工程措施项目建设，发挥综合效益，将河道治理与美丽乡村、新农村建设有机结合，发挥河道综合功能。实现中小河流"防灾减灾、河畅岸固、自然生态、安全经济、长效管护"的治理目标。

（三）建立河道长效管护机制。加强河道管理与保护，严格涉河建设项目和活动审批，开展河道水域岸线登记、河道管理范围和水利工程管理与保护范围划界确权工作；按照治理后河道的行洪能力和防护标准，加强河道堤岸维修养护、河道清淤及水面保洁管理，保持"河畅、岸固、水清、生态"的治理成效；创新河道管护机制，按照分级负责、分级管理原则，层层落实河道管护主体、人员、责任和经费，特别是明确县级以下基层河道管理责任主体，充实基层管护人员，确保每一条河流都有相应的管护单位、管护人员和保洁员，实现河道长效管理全覆盖。积极落实河道管护资金，明确本级政府补助标准和资金来源，确保长期稳定投入；涉及中央针对完成治理任务的中小河流已下达县级以下公益性水利工程维修养护补助资金的地区，按照同比例配套原则应筹措落实相应的地方配套资金；积极探索对中小河流实行标准化管理和社会化管护。经过治理的中小河流应当依法划定为河砂禁采区并进行公告。依法严禁涉河违法活动，强化日常巡查和检查，严厉打击占河、占滩、占堤岸和破坏水工程设施等河道违法违规行为。

（四）落实最严格水资源管理制度。加强水资源管理与保护，严格执行水资源开发利用控制、用水效率控制和水功能区限制纳污"三条红线"，构建水资源合理配置和高效利用体系。

（五）加强水体污染综合防治。贯彻国家有关水污染防治相关规定，加强工矿企业污染、城镇乡村生活污染、畜禽养殖污染、农业面源污染的综合防治，落实管理部门职责，推进防治措施。

**六、保障措施**

（一）加强组织领导，建立"河长制"领导机构。市、县、镇（乡）政府应分别成立"河长制"工作领导小组，由河长任组长，成立"河长制"办公室，落实相应工作人员；建立联席会议制度，研究解决"河长制"工作存在的主要问题。

（二）建立绩效考核机制。各地应建立健全"河长制"检查考核制度，对中小河流"河长制"设立及运行情况、河道长效管护机制的建立情况和管护责任、人员、经费等的落实情况进行检查考核，奖优罚劣。考核结果靠前的市、县，省水利厅将优先上报水利部争取列入河湖管护体制机制创新试点，优先将该地区的中小河流列入治理规划，优先安排对河流管护的中央、省级投资补助。各地也同样应建立"以奖代补、先做后补"的激励机制，将考核结果与维修养护资金安排、工程项目立项等挂钩，奖优罚劣。

（三）建立"河长制"分级考核制度。各级"河长制"工作领导小组应制定完善的考核评价办法，明确相应的考核内容、考核指标、指标分值、评分标准等内容，统一标准、公平、公开，按照各级"河长"职责，分级定期实施考核和评价；考核结果公布前宜先公示，接受社会监督。正确使用考核评价结果，对因失职、渎职导致河道资源环境遭受严重破坏，甚至造成严重灾害事故的，要依照有关规定调查处理，追究相关人员责任。

**七、其他**

各地市、县政府可参照本指导意见，根据试点先行、重点突破的原则，结合实际制订本市县中小河流"河长制"具体实施办法，积极高效地推行"河长制"。

# 参 考 文 献

［1］　鲁小兵，么振东．生态治理在七拱河流域的尝试［J］．广东水利水电，2016（7）．

［2］　陈明东，郭威．中小河流洪水致灾因素分析［J］．广东水利水电，2016（7）．

［3］　林蓉璇．基于ArcGIS对广东省暴雨洪涝灾害风险的初步研究［J］．广东水利水电，2016（7）．

［4］　陈国轩．MIKE SHE分布式水文模型在中小河流洪水预报中的应用研究［J］．广东水利水电，2016（7）．

［5］　范威．HEC模型在山区中小河流水面线计算的应用研究［J］．广东水利水电，2016（7）．

［6］　艾小榆．广东省中小河流构建"河长制"管理模式探讨［J］．广东水利水电，2016（7）．

［7］　肖桂明．提高云浮市罗定江流域中小河流防洪减灾能力的对策措施［J］．广东水利水电，2016（7）．

［8］　么振东．山区中小河流治理中对当地材料的生态应用研究［J］．广东水利水电，2016（7）．

［9］　戴跃华．浅谈中小河流治理中生态理念的应用［J］．广东水利水电，2016（7）．

［10］　谭颖科．山区中小河流治理如何与周边环境相协调［J］．广东水利水电，2016（7）．

［11］　陈广洲，么振东．山区河流河道建筑物的选择［J］．广东水利水电，2016（7）．

［12］　林文婧．山区中小河流治理冲刷深度计算及应用［J］．广东水利水电，2016（7）．

［13］　麦树锋．山区中小河的施工特色［J］．广东水利水电，2016（7）．

［14］　贺猛，王盛．生态混凝土关键指标和性能评述［J］．广东水利水电，2016（7）．

［15］　黄铭楷，么振东．几种陂路结合结构在山区中小河流治理中的应用［J］．广东水利水电，2016（7）．

［16］　冯伟添．中小河流治理中便民措施的布置及设计［J］．广东水利水电，2016（7）．

［17］　陈震宇，鲁小兵，么振东．谈安田河治理方案如何与现场充分结合［J］．广东水利水电，2016（7）．

［18］　林楷祥，么振东．生态及景观改造在金坑河治理工程中的尝试［J］．广东水利水电，2016（7）．

［19］　朱光源，冯伟添．谈太保河治理工程中设计方案如何适应岸线需求［J］．广东水利水电，2016（7）．

［20］　谭海劲．翁源县横石水治理方案实施过程中存在问题的思考［J］．广东水利水电，2016（7）．

［21］　梅飞朋．预制钢筋混凝土管在中小河流治理工程中的应用［J］．广东水利水电，2016（7）．

［22］　熊江玮．中小河流治理中的生态景观堤岸断面形式研究［J］．广东水利水电，2016（7）．

［23］　黄显东．广东省中小河流水生态现状及修复对策初探［J］．广东水利水电，2016（7）．

［24］　董迎宾．中小河流治理工程一些概算编制问题的探讨［J］．广东水利水电，2016（7）．

［25］　叶柳玲．浅谈中小河流治理与生态景观建设相结合的工程实践［J］．广东水利水电，2016（7）．

［26］　罗超．中小河流治理工程设计方案与见解［J］．广东水利水电，2016（7）．

［27］　广东省水利厅．广东省河湖及水利工程界桩、标示牌技术标准［S］．2016．

［28］　广东省水利厅．广东省山区五市中小河流试行"河长制"的指导意见［S］．2015．

［29］　广东省水利电力勘测设计研究院．广东省中小流域保护及水生态环境体系建设［S］．2015．

［30］　广东省水利水电科学研究院等．广东省中小河流综合治理创新研究与应用［S］．2017．

［31］　黄本胜，等．连续弯道水流结构及其底沙运动规律［C］//全国泥沙基本理论研究学术讨论会论文集，1992：461-466．

［32］　李义天．河流模拟理论与实践［M］．武汉：武汉水利电力大学出版社，1998．

［33］　黄本胜，白玉川，万艳春．河岸崩塌机理的理论模式及其计算［J］．水利学报，2002（9）：49-54．